走进新中国水利期刊

主　编　李中锋
副主编　刘玉龙　王　勤

中国水利水电出版社
www.waterpub.com.cn
·北京·

内 容 提 要

本书首次以新中国水利期刊的历史发展为主线，客观记载了新中国水利期刊由少到多的发展历程，真实反映了 70 多年来水利期刊在宣传政策、交流经验、传播科技、推动学术、促进创新、弘扬文化等方面所发挥的重要作用，生动展示了 50 多种水利期刊的创刊故事、办刊宗旨、历史沿革、特色栏目以及办刊成就与经验等内容。书后以附录的形式，为读者提供了研究水利期刊的相关学术信息和国内 120 多种水利期刊的主办单位、联系方式等实用信息。

本书文字叙述与图片展示相结合，具有较强的可读性、资料性和实用性，读者对象为水利科研人员、水利工程技术人员、高校师生、媒体工作者、文史爱好者以及广大水利管理人员等。

图书在版编目（CIP）数据

走进新中国水利期刊 / 李中锋主编. -- 北京 : 中国水利水电出版社, 2022.4
ISBN 978-7-5226-0583-8

Ⅰ. ①走… Ⅱ. ①李… Ⅲ. ①水利工程－科技期刊－发展－研究－中国 Ⅳ. ①G237.5

中国版本图书馆CIP数据核字(2022)第050555号

责任编辑：杨庆川 **封面设计：梁 燕**

书 名	走进新中国水利期刊 ZOUJIN XINZHONGGUO SHUILI QIKAN
作 者	主 编 李中锋 副主编 刘玉龙 王 勤
出版发行	中国水利水电出版社 （北京市海淀区玉渊潭南路 1 号 D 座 100038） 网址：www.waterpub.com.cn E-mail：mchannel@263.net（万水） sales@mwr.gov.cn 电话：（010）68545888（营销中心）、82562819（万水）
经 售	北京科水图书销售有限公司 电话：（010）68545874、63202643 全国各地新华书店和相关出版物销售网点
排 版	北京万水电子信息有限公司
印 刷	三河市鑫金马印装有限公司
规 格	170mm×240mm 16 开本 16.25 印张 282 千字
版 次	2022 年 4 月第 1 版 2022 年 4 月第 1 次印刷
定 价	68.00 元

致　谢

河海大学　徐　辉　钱向东　吴卫华

中国水利水电科学研究院　程晓陶　李福田　祁　伟　梁志勇　王学凤　李　娜　田亚男　邢义川

南京水利科学研究院　杨东利　丁　先　孙高霞

中国水利学会　汤鑫华　刘咏峰　程　锐

中国水力发电工程学会　吴义航

中国水利工程协会　周金辉

中国水利文协　凌先有

武汉大学　关良宝　孔祥元

清华大学　李庆斌

西北农林科技大学　吴普特

英大传媒投资集团有限公司　杨伟国

水利部机关　卢胜芳　李晓琳　李　洁　汝　南

长江水利委员会　张光富　黄艳艳

黄河水利委员会　侯全亮

淮河水利委员会　伍海平　姚建国

海河水利委员会　赵立坤　李红有

珠江水利委员会　袁建国

水利部发展研究中心　李肇桀　贺　骥　王海峰　郭利娜

水利部信息中心　钱　峰

水利部宣教中心　王厚军　唐晓虎

中国灌溉排水发展中心　赵乐诗　许建中

北京市水务局　王民洲

中国南水北调集团　李忠良

中国水利水电出版传媒集团　纪　红　杨　光

前　　言

新中国成立已经70多年了。70多年以来，全国各流域、各地区的水利事业，波澜起伏，成就辉煌。已经出版的关于水利方面的书籍，林林总总，难以准确计数。

但是，目前无论在中国水利水电出版社，还是在其他有关的出版社，好像还没有发现一本专门谈水利期刊的书。本书可谓是填补新中国水利出版空白的作品。

为回顾总结新中国水利期刊发展历程，讲好新中国水利期刊发展变化的故事，2020年8月，中国水利水电出版传媒集团联合中国水利学会期刊工作委员会，开始向水利系统及社会各界征集新中国水利期刊的有关故事、论文和音像资料。经过一年多的时间，征集到大量的文字和图片资料。在对这些资料进行整编的过程中，工作组人员强烈感到，汇集各方面力量，出版一本关于新中国水利期刊的书，不仅重要、必要，而且可能、可行。

新中国水利期刊的发展与变化，本身就是一部丰富多彩的历史。水利期刊伴随着水利事业及经济社会的发展变化，自身也经历了一个由少到多、由弱到强、起伏跌宕、浴火重生、从内部到公开、从国内不断走向国际的过程。在这70多年里，对于水利期刊来说，有很多可思、可忆、可记、可鉴、可传的事情。如果我们现在不对水利期刊历史进程方面的内容进行挖掘、整理和记载，水利期刊在过去几十年当中所发生的一些重要事件、重要变化和重要节点等，很可能就会从人们的认知领域中断档、消失，从而会直接影响到我们对水利期刊历史与文化的理解和传承。

做好当代水利工作，同样需要发挥好水利期刊群体及个体的不同作用。过去及现在的水利期刊，无论是作为群体还是作为个体，其所反映和记载的典型水利事件、水利建设成果、水利科技进展以及水利学术探讨，对于现代及未来的水利建设与发展，都具有重要的借鉴意义和参考价值。

再者，广大作者与读者，目前也很需要一本系统介绍水利期刊方面的书。本书的出版，既有利于作者选择合适的水利期刊，顺利发表学术文章及科研成果，也有利于读者及时跟踪水利最新科研动态和学术成果，从而避免多方面的困难和烦恼。从这个意义上说，本书也在作者、读者与水利期刊之间打造了沟通之桥梁、成长之园地和创新之媒介。

本书面向大水利，以创刊时间为序安排正文内容，在表现形式上注重文字与图片的有机结合。书后两个附录，具有很强的参阅性、实用性和扩展性，进一步体现出本书的延伸阅读价值和增值服务考虑。

广大作者和读者，在阅读和使用本书过程中，有何意见和建议，欢迎及时与我们联系，以便于我们在今后的工作中认真加以改进和提高。

编者

2022 年 3 月

目录

前言

1 从《新黄河》到《黄河建设》再到《人民黄河》……人民黄河杂志社

10 从《人民水利》到《中国水利》……韦凤年

18 《人民水利》之谜……李中锋 王莉

25 《中国水利》办刊特点……李建章（中国水利报社）

30 从《治淮快报》到《治淮》杂志……杜红志（淮河水利委员会）

34 《治淮汇刊（年鉴）》积极发挥存史资政育人作用……周正涛（淮河水利委员会）

41 《人民长江》发展的六个阶段……《人民长江》编辑部

50 《水文》的风雨历程……孔东（水利部信息中心）

52 《水利学报》历经坎坷铸辉煌……韩昆 耿庆斋 王婧（《水利学报》编辑部）

63 《河海大学学报（自然科学版）》的创刊与发展……河海大学期刊部

68 《中国农村水利水电》曾用刊名较多……《中国农村水利水电》编辑部

81 《水利水电技术》的发展历程……《水利水电技术》编辑部

83 《黑龙江水专学报》发展为《黑龙江大学工程学报》……季山 李向东 张松波

89 《水资源与水工程学报》起源可追溯到1973年……徐秋宁（西北农林科技大学）

94 《江淮水利科技》积极宣传安徽水利……《江淮水利科技》编辑部

96 《节水灌溉》1976年创刊时名为“喷灌技术”……《节水灌溉》编辑部

106 《北京水务》注重报道重点工程和先进技术……《北京水务》编辑部

113 《水科学与工程技术》的前身是《海河科技》……《水科学与工程技术》编辑部

117 五种学术期刊的诞生与发展……南京水利科学研究院科技期刊与信息中心

128 《人民珠江》注重百花齐放、百家争鸣……《人民珠江》编辑部

132 《水利水电快报》创刊时以刊登译文为主……《水利水电快报》编辑部

138 《华北水利水电大学学报（自然科学版）》发展成为双核心期刊……《华北水利水电大学学报》编辑部

139 《华北水利水电大学学报》约稿的点点滴滴……陈海涛（《华北水利水电大学学报》编辑部）

目录

142 《水利建设与管理》的前身是《水利管理技术》…… 张雪虎（《水利建设与管理》杂志社有限公司）

144 《水利水电科技进展》的前身是《华水科技情报》 …………………………河海大学期刊部

149 《水力发电学报》一直委托清华大学承办 ……………………………《水力发电学报》编辑部

151 《海河水利》的发展及探讨 ……………………………… 张俊霞　唐肖岗（海河水利委员会）

156 《水利经济》的创刊与发展 …………………………………………………………河海大学期刊部

160 《水利信息化》驱动水利现代化 ………………………………………………《水利信息化》编辑部

164 《水利科学与寒区工程》打造寒区水利特色…… 熊复慧　司振江（《水利科学与寒区工程》编辑部）

168 《水资源保护》的创刊与发展 ……………………………………………《水资源保护》编辑部

171 《水资源保护》和我 ……………………………………………………………………石秋池

173 英文期刊《国际泥沙研究》由年刊发展为双月刊 …………陈月红（国际泥沙研究培训中心）

176 《大江文艺》坚持水利与文学并重 ……………………………………周汉华（《大江文艺》杂志社）

183 《中国水利年鉴》向融合发展迈进 ……………… 李丽艳　李康（中国水利水电出版传媒集团）

189 《中国防汛抗旱》的前世今生 ……………………………………………《中国防汛抗旱》编辑部

195 《水利科技与经济》重视介绍水利新著 ……… 刘越男　周琳博（《水利科技与经济》编辑部）

198 亲历《河海大学学报》（社科版）的创办……………………………………………………蔚天骄

201 《中国水利水电科学研究院学报》成长为双核心期刊 ……《中国水利水电科学研究院学报》编辑部

209 《水利发展研究》着重刊载水利软科学成果 ………………………《水利发展研究》编辑部

211 《水资源开发与管理》曾经的刊名是“国际沙棘研究与开发”
……………………………………………………… 王宁昕（《水利建设与管理》杂志社有限公司）

213 《南水北调与水利科技》由中文出版走向中英文双语出版
……………………………………………………………………《南水北调与水利科技》编辑部

215 英文期刊《水科学与工程（*WSE*）》历时八年创办成功………………………………WSE 编辑部

220 英文期刊《国际水土保持研究》首获影响因子为3.77 ………………………………………宁堆虎

226 《水电与抽水蓄能》紧扣行业热点和前沿技术 ……………………《水电与抽水蓄能》编辑部

230 附录 1　中国水利学术期刊百年之路

237 附录 2　国内水利期刊主办单位及投稿联系方式

从《新黄河》到《黄河建设》再到《人民黄河》

人民黄河杂志社

《人民黄河》创刊于1949年，是由水利部主管、黄河水利委员会主办的水利科技专业学术刊物，自1992年起连续8次入选全国中文核心期刊，是中国科技核心期刊、RCCSE中国核心学术期刊，是美国化学文摘（CA）、EBSCO学术数据库收录期刊，是中国知网、万方数据库、维普期刊网、超星域出版平台、龙源期刊网、博看网收录期刊。重点刊载最新水利科技成果、学术论述及动态，介绍国内外先进技术，主要栏目包括防洪治河、水文泥沙、水资源、水环境与水生态、工程勘测设计、工程建设管理、水土保持、灌溉排水等。读者对象为国内外水利管理、设计、科研、施工单位科技人员及高等院校师生等，长期受到水利行业主管部门领导、两院院士及水利知名专家的关注与支持。

一、发展历程

1949年11月1日，《新黄河》创刊，发刊辞提出“使它真正成为建设新黄河的一面旗帜”，属于共和国第一批期刊（全国229种）之一，最早的水利期刊之一，唯一反映黄河治理保护的技术刊物。

1955年7月，第一届全国人民代表大会第二次会议通过了《关于根治黄河水害和开发黄河水利的综合规划的报告》，治黄工作重点由“除水害”向“除水害兴水利并重”转变，1956年8月，《新黄河》更名为《黄河建设》。在三年困难时期和“文革”时期，于1960年7月停刊，1964年1月复刊后，于1966年8月再度停刊。

《新黄河》创刊号封面

《黄河建设》封面

1979 年 6 月，随着国家改革开放政策的实行和科学春天的到来，经原水电部同意、国家科委批准，《黄河建设》重新复刊，并更名为《人民黄河》，明确刊物定位为黄河水利水电技术性刊物，成为当时原水电部恢复公开发行的 4 种期刊之一。

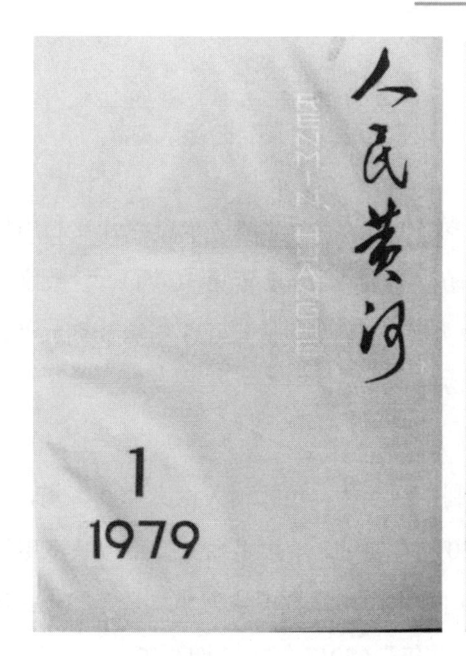

国 家 科 委

(79)国科发条字016号

同意水电部系统向全国
发行十一种期刊

水利电力部：

(79)水电技字第530号和(79)水电办字168号两件来文，均已收悉。经研究，答复如下：

一、同意《电力学报》和《水利学报》复刊，由邮局公开发行。

二、同意《黄河建设》（易名《人民黄河》）和《人民长江》复刊，由邮局限在国内发行。

三、同意《电网技术》、《热力发电》、《电力系统自动化》、《高电压技术》、《华东水利学院学报》、《武汉水利电力学院学报》、《华北水利水电学院学报》七种刊物内部发行。

《人民黄河》封面及批复文件

二、办刊宗旨

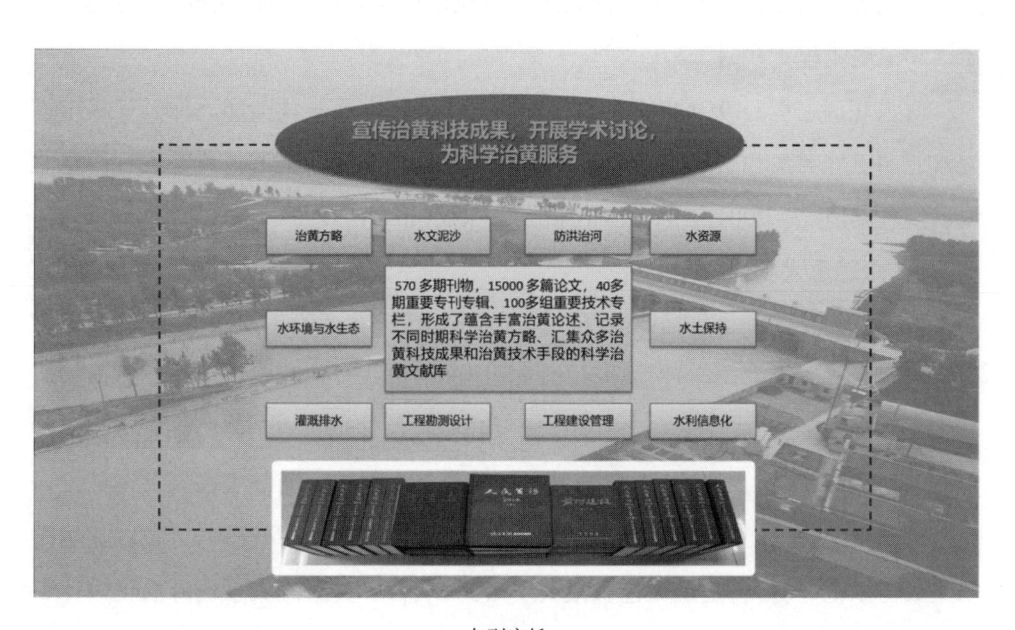

办刊宗旨

三、办刊重点

1．解读重要规划

“南水北调西线工程规划”（2001年第10期）、“西北地区水资源开发利用规划”（2002年第6期）、“黄河流域（片）防洪规划”（2002年第10期）、“‘数字黄河’工程规划”（2003年第8期）、“‘模型黄河’工程规划”（2003年第3期）、“黄河流域（片）水资源综合规划”（2011年第11期）。

2．报道重点工程

（1）万里黄河第一坝——三门峡水利枢纽工程：刊载相关论文400多篇，组织专刊专栏10多期：“三门峡水库建成30年”（1991年第1期）、“三门峡水电站6号机扩装工程”（1995年第9期）、“三门峡水电站汛期浑水发电试验”（1995年第12期）、“三门峡水利枢纽建设与管理60年”（2017年第7期）等。

（2）黄河中下游控制性工程——小浪底水利枢纽工程：刊载小浪底水利枢纽工程相关论文600多篇，出版工程规划、工程设计、移民安置、机电设计、水库运用方式等专刊专辑5期；在小浪底水利枢纽建设高峰期1995—1998年专门开设了“小浪底工程”栏目。

南水北调工程：1959年第3期刊发原水电部副部长张含英和冯仲云积极推进南水北调工程考察和工程规划的文章，1979年复刊第1期报道了黄委进行南水北调西线查勘情况，2001年第10期出版了“南水北调西线工程规划”专辑，等等。

3．跟踪重大项目

所涉及的重大项目包括：“八五”国家攻关项目“黄河治理与水资源开发利用”（黄科院）；“九五”国家攻关项目“西北地区水资源合理开发利用与生态保护研究”（中国水科院王浩院士）；“十五”国家科技攻关计划重点项目“水安全保障技术研究”（南科院）；“十一五”国家科技支撑计划项目“黄河健康修复关键技术研究”（黄科院）；“十二五”国家科技支撑计划项目“黄河中游砒砂岩区抗蚀促生技术集成与示范”（黄科院姚文艺教授）；“973”项目“黄河流域水资源演化规律和可再生性维持机理”（中国地理所刘昌明院士）；“973”项目“变化环境下水资源

脆弱性和应对气候变化影响的水资源适应性管理”（武汉大学夏军院士）。

《人民黄河》发表的论文来源于省部级以上重点基金项目的占比达 70%以上。

【专题研究】

海平面上升对山东省滨海地区海水入侵的影响

夏 军[1,2]，李 淼[2,3]，李福林[4]，刘 健[4]，孟德娟[2]

Effects of Sea Level Rise on Seawater Intrusion in Coastal Areas of Shandong Province

【专题研究】

砒砂岩区二元立体配置治理技术及示范效果

姚文艺[1]，时明立[1]，吴智仁[2,3]，王立久[4]，杨才千[2]

（1. 黄河水利科学研究院 水利部黄土高原水土流失过程与控制重点实验室，河南 郑州 450003；2. 东南大学，江苏 南京 210096；3. 江苏大学，江苏 镇江 212013；4. 大连理工大学，辽宁 大连 116024）

跟踪重大项目

4．研讨重大问题

（1）“关于黄河源讨论”。1983 年，针对当时媒体和学界对黄河正源认识上的分歧，《人民黄河》在第 4 期组织了“关于黄河源讨论”专题报道，《光明日报》《河南日报》《人民画报》等转载了有关内容。

（2）对历次洪水的报道。对 1958 年大洪水、“82·8”洪水、“92·8”洪水到“96·8”洪水，以“黄河防洪抢险关键技术”“黄河下游宽河道治理”等专刊专栏进行了报道。

（3）黄河断流问题和水资源统一管理。针对 20 世纪 70—90 年代黄河下游长河段、长历时断流，1997 年 4 月，国家计委、国家科委、水利部在山东省东营市联合召开黄河断流及其对策专家座谈会，1997 年第 10 期刊发了《黄河下游断流及对策研究》；2019 年第 10 期刊载了《黄河不断流 20 年》。

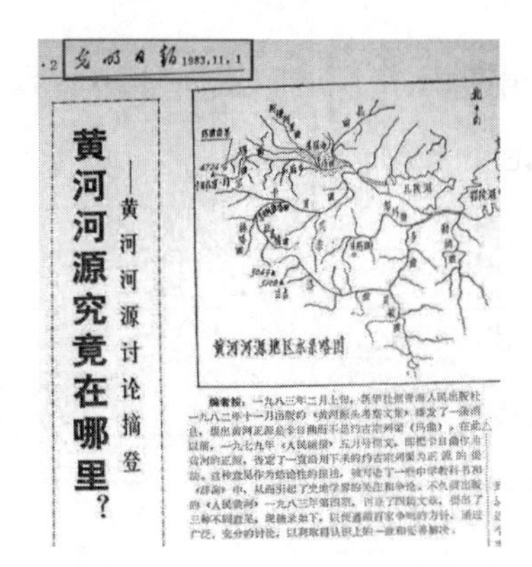

·2 光明日报 1983.11.1

黄河河源究竟在哪里？

——黄河河源讨论摘登

编者按：一九八三年二月上旬，新华社据青海人民出版社一九八二年十一月出版的《黄河源头考察文集》播发了一条消息，提出黄河正源是卡日曲而不是约古宗列渠（玛曲），在此之以前，一九七九年《人民画报》五月号撰文，即把卡日曲作为黄河的正源，否定了一直沿用下来的约古宗列渠为正源的提法。这种意见作为结论性的报道，被写进了一些中学教科书和《辞海》中，从而引起了史地学界的关注和争论。不久前出版的《人民黄河》一九八三年第四期，刊登了四篇文章，提出了三种不同意见，现摘录如下，以便遵循百家争鸣的方针，通过广泛、充分的讨论，以期取得认识上的一致和妥善解决。

关于黄河源讨论

编者按：[illegible]

黄河应为多源

[illegible]

一、黄河河源地区的情况

[illegible]

关于黄河源讨论（续一）

黄河源再议

[illegible]

一、关于河源的确定

[illegible]

研讨重大问题

黄河下游断流及对策研究

[illegible]

人民黄河

YELLOW RIVER

2019.9

黄河问题研究

黄河调水调沙研究与实践。2008 年第 11 期至 2009 年第 6 期连载了中国工程院院士韩其为撰写的《黄河调水调沙的根据、效益和巨大潜力》等 10 篇论文。

黄河下游输沙能力的表达

——“黄河调水调沙的根据、效益和巨大潜力”之一

韩其为

【综 合】

对调水调沙理解的几个误区和有关质疑的讨论

——“黄河调水调沙的根据、效益和巨大潜力”之十

韩其为

刊发的韩其为院士文章

四、近期成绩

2019 年，为庆祝中华人民共和国成立 70 周年，中国期刊协会评选出“致敬创刊 70 年”荣誉的 102 种期刊，《人民黄河》名列其中。

2019 年 11 月创刊 70 年之际，人民黄河杂志社出版了“致敬 70 年特刊”。11 月 1 日举办了“创刊 70 年座谈会”，经过组织专家评议，选出创刊 70 年以来的 70 篇优秀论著，现已正式出版《黄河治理科学研究与实践——<人民黄河>创刊“70 年 70 篇”经典论著选编》。

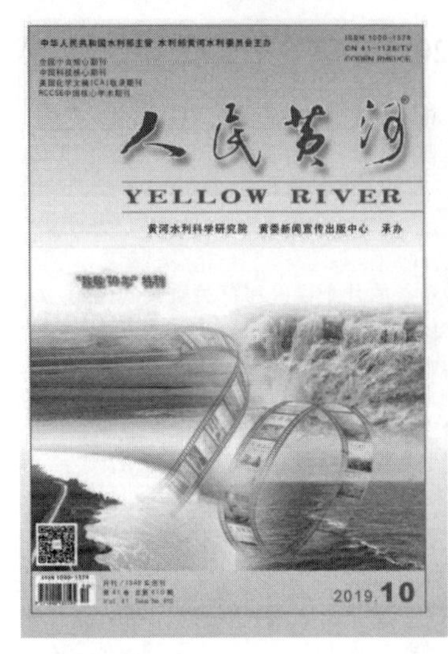

刊发的文章结集出版

2020 年，为推动黄河流域生态保护和高质量发展重大国家战略实施，杂志开设了“黄河流域生态保护和高质量发展”栏目，目前已发表了十几篇高质量论文。2020 年 9 月，出版“黄河流域生态保护和高质量发展”特刊。

人民黄河

RENMIN HUANGHE

目 次

“黄河流域生态保护和高质量发展”特刊

网站二维码

微信公众号二维码

从《人民水利》到《中国水利》

韦凤年

《中国水利》走过了70多年历程，而我也有幸与《中国水利》一起走过38年，共同见证、观察、记录了治水历程，讴歌了时代治水华章。

1983年8月，我大学毕业分配到中国水利杂志编辑部工作，在领导和同事的帮助、指导下，伴随着《中国水利》的发展，我也在成长，从刚走出校门的大学毕业生逐步成长为助理编辑、编辑、主任编辑、高级编辑。

记忆最深的是杂志编辑部的老主编孟新同志，他经常给我讲述杂志的历史。孟新同志从20世纪50年代杂志创刊就在当时的《人民水利》工作，后任编辑部副主任，《中国水利》杂志复刊后曾任副主编、主编。为了学习了解杂志的历史，我曾到北京图书馆查阅20世纪50－60年代出版的杂志，但遗憾的是北京图书馆没能查到，后来了解到西北农业大学图书馆馆藏有一套较全的杂志，杂志编辑部请他们复印了一套当年出版的期刊，让我有幸更好地了解《中国水利》的历史。

《中国水利》是中华人民共和国成立后水利行业的指导（综合）类刊物，她经历了1950年创刊——刊名为《人民水利》、1956年更名为《中国水利》（1958年更名为《水利与电力》）、1966年6月停刊、1981年复刊至今四个阶段。

一、创刊《人民水利》（1950—1955年）

中华人民共和国成立后，中央人民政府设立水利部。为了促进全国水利工作的发展，报道水利情况，交流各地区工作经验，提高水利学术研究水平，水利部创办了机关刊物《人民水利》。《人民水利》由水利部办公厅出版发行，编辑者为水利部人民水利编辑委员会（署名：水利部办公厅编译室编印）。《人民水利》创刊号于 1950 年 8 月 20 日出版，以傅作义部长 1949 年 11 月 14 日在各解放区水利联席会议上的开幕词作为代发刊词。

创刊号上刊登了编者的话：为了帮助水利工作的研究、改进和推动，我们出版了《人民水利》。这一刊物是专门报道和研究水利问题的。它的任务“是在交流各地区工作经验，提高水利学术研究，报道水利情况，沟通业务联系，展开工作上的批评与自我批评，奖励好的，批评坏的，讨论工作进行。但要圆满的作到这些，是件不容易的事，只靠编者的努力是不够的，主要的还要依靠群众的力量。希望各地工作同志们，特别是全国水利工作者——各级水利领导干部、专家、技术人员和全体水利干部，给我们热情的帮助和支持。经常给我们组织和撰写稿件，不断的在编辑方针、方法、内容和编排等等方面，提出积极的建议和批评，大家努力把这一刊物办好，以使其成为胜利进行水利建设的有力助手”。

在创刊号里还刊登了征稿简约，具体要求：“一是有关水利工作之批评和建议，二是有关水利学术研究之论著，三是有关水利工作经验之介绍，四是有关水利工作之调查统计资料，五是有关水文气象之研究报告，六是先进各国水利建设事业、学术和工程之介绍，七是各地重要水利工作之报告，八是各地水利工作中之民工生活和英模事迹，九是有关水利事业之图画和照片，十是各地水规制度之研究和记述”。

从编者的话和征稿简约里，我们可以看出《人民水利》的报道宗旨和主要内容，重视征集对水利工作的批评和建议，关注水利学术研究，总结交流工作经验，大兴调查研究，学习各国先进水利经验，反映各地水利工作动态，弘扬水利涌现出的英模事迹，研究各地的水规制度等。

从出版的《人民水利》来看，创刊初期报道内容广泛，尤其是对党和政府为解除国家和广大人民的心腹之患，对黄河、淮河、海河等进行大规模的整治工作情况进行重点报道，还专门出版了《治淮专号》（1952 年第 7 期）。《治淮专号》封面刊登了治淮劳动模范谢洪友、李秀英、王长惠照片，封底刊登了润河集分水闸工程照片；正文主要刊登了《中央人民政府政务院关于 1952 年水利工作决定》

《中央水利部第二次治淮会议报告》《1952 年度治淮工程概要》，傅作义部长撰写的《毛主席的领导决定了治淮工程的胜利》，治淮委员会主任曾山撰写的《人民民主制度是治淮力量的源泉》，治淮委员会副主任曾希圣 1951 年 11 月 20 日在华东军政委员会第四次全体委员会议上的报告《关于治淮工作的报告》，河南省省长吴芝圃撰写的《河南治淮一年》，治淮委员会工程部副部长钱正英撰写的《在治淮工程中我们怎样学习与掌握技术》等文章。

从杂志整体报道内容来看，开篇部分主要刊登水利部有关工作报告及中央的方针政策，对重大问题以专论、转载等形式报道，常规的栏目有学术讨论、工作研究、经验介绍、水利工作动态、工作检查、报告集要、工程介绍、劳模剪影、各地通讯、国外经验介绍等。读者对象主要是全国水利工作者。

二、《中国水利》《水利与电力》（1956—1966 年）

1956 年 1 月，水利出版社成立，《人民水利》改由水利出版社出版，并更名为《中国水利》，出版刊期为月刊。编辑者仍为水利部中国水利编辑委员会。《中国水利》从 1956 年 1 月至 1958 年 10 月共出版 34 期。该期间每期杂志综合类不设栏目，开设的主要栏目有社论、评论、研究与讨论、经验点滴、水利工作简讯、批评与建议、各地通讯、问题讨论、新书评价、水利基本知识讲话等。

从刊登的文章看，涉及勘测规划设计、水文泥沙、农田水利、小水电、工程管理施工等各个专业，一批文章在水利事业上产生了重大影响。如刊登的长江水利委员会主任林一山《关于长江流域规划若干问题的商讨》（1956 年第 5、6 期）；关于淮河流域的有关报道《编制淮河流域规划有关防止水灾及灌溉部分的经验》《淮河流域规划提要》《中央人民政府政务院关于治理淮河的决定》《关于治淮方略的初步报告》《关于进一步解决淮河流域内涝问题的初步意见》（1956 年第 12 期和 1957 年第 4 期等）；专题报道《梅山水库从规划设计到施工试验重点项目》（1956 年第 6 期）。三门峡水利枢纽是新中国成立后在黄河上兴建的第一座以防洪为主综合利用的大型水利枢纽工程，被誉为“万里黄河第一坝”，对三门峡水利枢纽的论证，《中国水利》1957 年第 3、7、8、9 期进行了连续的报道，对黄河三门峡水利枢纽工程重大意义、初步设计中的科学研究、坝址地质情况、三门峡水库清理措施初步设计的编制、工程地质勘探工作进行了介绍，并对三门峡水利枢纽讨论综合意见、初步设计情况、三门峡水利枢纽讨论会情况进行了报道，同时集纳了部分专家对三门峡水库蓄水拦泥综合开发、水电站初步设计、初期运用方式、三门峡水库规划及运用等方面的意见；对全国第二次水土保持会议进行了专题报道（1958 年第 1 期）；1958 年第 9 期刊载了《战胜了黄河特大洪水》。

1958 年 2 月，水利部、电力部两部合并。同年 10 月，《中国水利》与《人民电业》《水利电力工人报》合并，更名为《水利与电力》（刊期变更为半月刊），编辑者为水利与电力编辑委员会，出版者为水利电力出版社。

1958 年 10 月，水利电力部发文明确《水利与电力》是水利电力部机关刊。内容主要是贯彻总路线的精神，抓思想、抓方针政策、抓领导方法、抓典型、抓先进经验、抓重大技术，反映生产和建设方面的动态，介绍国内外水利事业和电力工业发展概况，不登纯技术性稿件。由办公厅主办。同时提出：为办好刊物，各主管单位必须加强对刊物的领导，充实编辑力量，加强编辑人员的政治思想教育，不断提高他们的思想、业务水平，做到又红又专。对于编辑部的工作应经常指示方向，提出要求，定期检查，采取各种措施，迅速提高刊物的质量。

从总目录的分类来看，水利部分主要刊登的内容有社论、评论、论文、通知，水利建设成就，规划、设计、施工，工程管理运用，防汛、除涝，灌溉、蓄水、抗旱，机电排灌，水土保持，其他等。电力部分主要刊登的内容有社论、评论、论文、讲话，基本建设、安全生产、设备检修，节煤、节电，技术管理，经营管理，规章制度，基本建设、设计，培训、教育，农村电气化、支援农业，先进人物、先进集体，其他等。

1956 年 1 月—1966 年 6 月共出刊 178 期（其中 1963 年第 4、5 期合刊）。1966 年第 7、8、9 期分为水利版和电力版，第 10、11、12 期水利版与电力版合刊出版。

三、《水利与电力》停刊（1966 年 6 月—1980 年 12 月）

1966 年 6 月 20 日《水利与电力》第 12 期出版后至 1980 年 12 月停刊。

四、《中国水利》复刊（1981 年至今）

1. 办刊宗旨和服务对象

1981 年为了适应新时期水利事业发展的需要，水利部决定恢复出版中国水利杂志。明确《中国水利》是综合性期刊，作为水利部机关刊物，也是水利工作者自己的园地。它的任务是贯彻执行党中央的路线，宣传党和国家关于水利的方针政策，介绍水利经济理论，提倡科学治水和学术争鸣，传播先进经验，促进改革，提高科学技术水平和经营管理水平，激励全国水利工作者同心同德，发展我国的水利事业，为实现四个现代化努力奋斗。

经过历年的改革与发展，《中国水利》办刊宗旨明确为：宣传党中央、国务院的治水方针，宣传水利部的治水思路，探讨水利发展对策，指导、服务水利改革与发展，交流水科学研究新进展，推广水利新技术，促进水利事业可持续发展。

办刊目标为：全面反映水利建设与发展的各个方面，实现办刊宗旨，确保内容的权威性、前瞻性、指导性、系统性、可读性，做水利决策的支撑，做水利实践的指导，使杂志成为水利人的益友，水利发展的“智库”。

办刊思路为：坚持办刊宗旨，坚持以理论研究、政策导向为主导，以科技为支撑，以市场为基础，深入水利实践，密切关注行业发展，不断创新报道形式，在内容上下工夫，突出指导性，体现前瞻性，增强权威性，丰富内涵，扩大外延，提升品牌，稳步发展。

读者对象为：各级水行政主管部门领导，水利工程建设和管理人员，规划设计人员，科研院校的专家和学者，以及社会各界关注中国水问题的有关人士等。

2. 专家委员会成立及发挥的作用

为更好地指导办刊，2001 年中国水利杂志第一届专家委员会成立，名誉主任钱正英，主任由汪恕诚部长担任，敬正书副部长、张基尧副部长、刘光和组长和潘家铮院士任副主任，委员会成员由水利系统内外的高层次专家和权威人士组成。2010 年中国水利杂志第二届专家委员会由陈雷部长任主任，陈小江党组成员、董力组长任副主任。2019 年中国水利杂志第三届专家委员会由鄂竟平部长任主任，魏山忠副部长任副主任。2021 年中国水利杂志第四届专家委员会由李国英部长任主任，魏山忠副部长、刘伟平副部长任副主任。

中国水利杂志专家委员会举办活动情况：

2000 年 8 月 20—21 日，“庆祝中国水利杂志创刊 50 周年暨面向 21 世纪中国水利发展战略研讨会”举办。时任全国政协副主席钱正英出席会议，17 位院士和水利系统内外的专家参加会议。会后推出《庆祝中国水利杂志创新 50 周年暨面向 21 世纪中国水利发展战略研讨会专刊》（2000 年第 8、9 期）。

2002 年 9 月 26—27 日，“中国水利杂志专家委员会会议暨水资源管理与可持续发展高层论坛”举办。时任全国政协副主席钱正英院士出席会议，水利部部长汪恕诚发表题为“资源水利的本质特征”的重要讲话。会后推出《中国水利杂志专家委员会会议暨水资源管理与可持续发展高层研讨会特刊》（2002 年第 10 期）。

2005 年 6 月 3 日，“中国水利杂志专家委员会会议暨节水型社会建设高层论坛”举办。全国人大常委会蒋正华副委员长、全国政协原副主席钱正英院士和潘家铮院士分别在论坛发表讲话，汪恕诚部长发表题为“C 模式：自律式发展”的讲话。会后推出《中国水利杂志专家委员会会议暨节水型社会建设高层论坛专辑》（2005 年第 13 期）。

2011 年 3 月 18 日，“中国水利杂志专家委员会会议暨加快水利改革发展高层研讨会”举办。全国政协副主席白立忱到会致辞，水利部部长陈雷发表讲话。会后推出《中国水利杂志专家委员会会议暨加快水利改革发展高层研讨会专辑》（2011 年第 6 期）。

2017 年 4 月 21 日，中国水利杂志专家委员会主办，水利部水资源司指导，青海省玉树藏族自治州人民政府、青海省水利厅协办，中国水利报社、水利部水资源管理中心承办的“三江源水生态文明建设高层研讨会”召开。会后推出《三江源水生态文明建设特刊》（2017 年第 17 期）。

3．刊期变化以及相关事项情况

从刊期变化来看，随着水利改革发展，报道内容的增加，《中国水利》从1981年到1982年的季刊变更为1983年的双月刊、1984—2002年的月刊、2003年至今的为半月刊。2003年因变更半月刊时错过了邮局发行时间，杂志分A、B刊运行，A刊在邮局发行。2004年半月刊连续编号运行，全部在邮局发行。

为更好地方便读者阅读，1997年《中国水利》开本变更为大16开。2000年开始设有英文目录和部分英文摘要。

1981年复刊至2003年《中国水利》主管和主办单位为水利部或水利电力部。随着管办分离，2004年《中国水利》主管单位为水利部，主办单位为中国水利报社，编辑由中国水利杂志编辑部负责。

2008年，中国水利杂志入选中文核心期刊（《中文核心期刊要目总览》第五版）。

2013年6月18日，中国水利杂志在线投稿系统开通。2014年12月29日，中国水利杂志微信公众号上线运行。

2018年中国水利杂志创办“玉渊六人谈”系列主题沙龙，同年7月14日，中国水利杂志“玉渊六人谈——问水都江堰”举办。2019年3月25日，中国水利杂志“玉渊六人谈——论道合同节水”举办。2020年9月24日，中国水利杂志“玉渊六人谈——黄河泥沙之辨”举办。

4．领导关怀和读者关注情况

1986年，为纪念《中国水利》创办三十周年（从1956年改名为《中国水利》起算），刊登了当时水利电力部部长钱正英撰写的文章《坚持改革 开阔视野 奋发进取——祝贺《中国水利》创办三十周年》（1986年第12期），钱正英部长在文中写道：“多年来中国水利杂志在宣传党和国家的水利方针政策，宣传水利事业在国民经济中的地位，宣传水利建设在新的历史时期的任务和取得的成就，阐明水资源的开发、利用、保护、管理对于现代化建设和人民生活的关系，总结历史经验，促进水利改革，交流各地的工作经验，普及水利科学知识，提倡应用新技术，反映来自基层和群众的呼声和要求，反映水利队伍的新风貌等方面，做出很大努力，是做得好的，有成绩的。总之，发挥了作为部党组喉舌的作用和联系群众的纽带作用，同时也逐步成为广大水利工作者自己的讲坛和园地。”同期还刊登了杨振怀、李伯宁、黄友若、张含英为中国水利杂志创刊30周年的题词。1991年第2期为《中国水利》杂志复刊100期，复刊以来得到水利界、社会各界关心本刊的同志、朋友和广大读者、作者的大力支持帮助，钱正英、杨振怀、严克强、李伯宁、陈赓仪、潘家铮等领导专家给杂志赠言。1995年在《中国水利》杂志创刊45周年之际（从1950年《人民水利》创刊起算），在“《中国水利》45周年专题”（1995年第8期）上刊登了钱正英、李伯宁、李昌凡、林一山、张光斗、张含英等领导、院士、专家给杂志写来的贺词。2000年为纪念中国水利杂志创刊50周年，陈俊生、钱正英、龚心瀚为杂志赠言（刊载于2000年第8期），同时举办了“庆祝中国水利杂志创刊50周年暨面向21世纪中国水利发展战略研讨会”；2005年举办“我与中国水利杂志征文”活动，征集的文章在“我与中国水利杂志专题”刊出（2005年第21期）。2020年《中国水利》创刊70周年，杂志编辑部面向广大读者、作者、行业同仁开展“我与中国水利杂志”主题征稿活动，一起追溯激情岁月、分享独特记忆、同庆70华诞，推出“《中国水利》创刊70周年专题”（2020年第16期）。

微信二维码

《人民水利》之谜

李中锋　王莉

在水利行业工作多年，很早就知道有几份以“人民”开头的水利杂志，如《人民黄河》《人民长江》《人民珠江》等，对其他行业以“人民”开头的杂志如《人民文学》《人民教育》《人民军医》等，或十分熟悉，或略知一二。

但是，作为水利职业人，甚至相当程度上就是为水利传媒工作，却一直不知道：新中国成立初期，曾有一份以“人民”开头的水利期刊，就叫“人民水利”。

这不能说不是一种职业工作的遗憾和认知方面的盲区。

一、溯源之问

得知“人民水利”这一刊物名称，是从寻找《中国水利》杂志的起源开始的。

以前印象中，水利出版社（即现在的中国水利水电出版社，2019年又加挂中国水利水电出版传媒集团）1956年初成立时，除出版水利科技书以外，还出版两种杂志，一是《水利译丛》，一是《中国水利》，这可见之于当时《水利译丛》创刊号封底所刊登的两则启事。这两则启事，一是告示水利出版社的成立，一是告示《中国水利》杂志的创刊。

从1956年到1988年中国水利报社成立之前，尽管其间也有期刊名称、刊期、停刊、复刊等方面的变化，《中国水利》杂志一直由水利出版社及后来的水利电力出版社等有关单位出版。

闲来阅读20世纪80年代以后出版的《中国水利》杂志，无意中竟发现：1986年，该杂志曾出版一期创刊30周年的纪念刊；而到1995年，该杂志又出版了一期创刊 45 周年的纪念刊。

从 1986 至 1995，也就是 9 年时间啊，连小学生掰着手指头也能算得出来的。

这 9 年的时间，为何在封面有红有绿、内文白纸黑字的《中国水利》杂志上，却真真切切地变成了 15 年了呢？

显然，这肯定不是一个算术错误，而是当时的负责人，将刊物的历史起点坐标，往前移动了 6 年。

那么，起点坐标往前挪 6 年的依据是什么呢？

二、寻刊之路

于是，《人民水利》杂志，浮出了水面。

1995 年《中国水利》杂志第 8 期第 7 页中写道：

“新中国成立后，《中国水利》，经历了 1950 年创刊《人民水利》—1956 年改名《中国水利》（1958 年改刊《水利与电力》）—‘文革’停刊—1981 年复刊至今几个阶段。”

这也就是说，从 1995 年开始，《中国水利》杂志不再以 1956 年为其创刊年份，而是以 1950 年 8 月 20 日即《人民水利》创刊号的出版日期为其诞辰日。

“人民水利”，多么好的名字啊！党的宗旨“为人民服务”、国家的全称“中华人民共和国”、当代的发展要义“以人民为中心”等等，都充分而真实地体现出“人民”至上的崇高地位。

水利事业，量大面广地关系到国计民生，与人民群众的生活保障、生产条件以及所处的生态与环境紧密相关。而 1950 年，中央人民政府水利部即创刊《人民水利》杂志，这体现出多么高的政治觉悟和政治站位啊！

得知“人民水利”这一杂志名称时，感觉这个名称，即使放在现在，也非常好，非常符合其刊物的定位和水利事业改革发展的现实需要。

因此，想尽早亲眼看到这一杂志的心理，也变得日益强烈起来。

好在与该杂志的现任负责人及前面几任负责人都还算比较熟悉，有的负责人目前与笔者还在同一单位工作，几乎天天可以见面。

但不幸的是，好几次向该杂志的现任及前任负责人，或是当面询问、请教，或是电话问候、咨询，得到的回答却基本一个样，即其本人没有亲眼看到过《人民水利》创刊号的原件，中国水利报社的资料室现在可能也只有复印件，没有原件。对于1995年将《中国水利》创刊时间前移6年一事，几任主编既不知道当时是谁首先发现了《人民水利》，也不知道最终是谁确定将《人民水利》作为《中国水利》的最早源头。

还有一位退休多年的老主编，手机电话已停机，家里电话虽能打通，但打了几次，都没人接。好在其为家里座机电话设置了录音留言功能，于是就试着做过两次电话录音留言，时隔几个月，后面也没得到一点回音。问其曾经的身边同事，说最近几年也没跟这位老同事见过面，联系基本上也断了。

无奈之下，只好到旧书刊市场上寻找。

感谢我们现在这个时代，移动互联网已经广为普及，基于移动终端的电子商务可以随时随地服务于人们多种多样的需求。没过多久，通过旧书刊交易网站，还真找到了《人民水利》杂志原件物品的几条售卖信息。包括《人民水利》创刊号在内的几期杂志，可能是出于品相、数量、成本、渠道等不同方面的因素，贵的要数千元，便宜的也要数百元。差别虽大，但都不算便宜。

自掏腰包，买还是不买？

一时成为心头挥之不去的烦恼。

犹豫数日，尽管对方基本上没怎么让价，经过家里商量，还是下了决心将其买下。

三、阅刊之知

看到《人民水利》杂志创刊号的封面，第一感觉是虽有点简朴，但并不失庄重和优美。

封面首先映入眼帘的是“人民水利”这四个鲜红的手写体大字，给人的感觉是正而不拘、舞而不草，真正做到了静中有动、寓动于静、动静结合。暗红色的“创刊号”“一九五〇年八月二十日”两行字，分别以不同字号的黑体字、宋体字置于刊名之下。

封面的下半部主要是一幅深蓝色的版画，表现的是抗洪抢险时抬石、夯土、护堤的场面。底部印有“中央人民政府水利部编印”这行字。四行字均从右往左横排。

《人民水利》创刊号封面

目录及正文都是使用繁体字竖排的方式，翻页也是传统上的自左往右。

值得注意的是，创刊的目录中除内文编入目录外，将刊物中的插画也编入了目录，并放在正文目录之前，叫“画刊”。这说明，《人民水利》在创刊时，并没有将自身仅仅作为文字刊物来创办，而是对照片、图画也很重视，甚至认为图片比文字还要重要。

让人颇感意外的是，创刊号在正文第 11 页还刊登了一首简谱歌曲，名叫“修堤小调”，曾请懂简谱的人试唱了一下，说是与当时非常流行的“猪啊、羊啊，送到哪里去”那首歌的曲调很像。这说明，当时刊物编辑对水利文化艺术也很重视，强调并体现了以革命歌曲来促进水利建设。

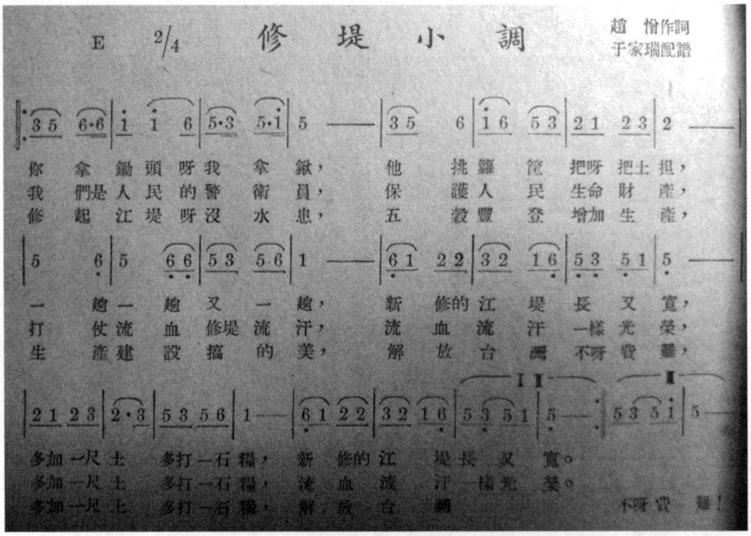

《修堤小调》

这首歌与创刊号正文中为数不多的几个表格一样，享受了与其他正文不同的排版待遇，即横排、自左往右阅读。这在传统的以竖排为主，即使横排也是自右往左读的格局里，可以说是为数不多的另类。

《人民水利》杂志最早的四期，正文均是使用繁体竖排的方式，封面文字虽然是横排，但顺序是从右向左，刊脊在右侧。从 1951 年 5 月 20 日出版的第五期开始，不仅正文改成了自左向右的横排，而且封面也改成了自左向右的横排，刊脊相应也转移到左侧。尽管使用的依然是繁体字，但整个刊物的编排印制方式，基本与现代阅读习惯一致了。

办刊初期，编辑部十分重视刊物质量和读者的意见。

随同创刊号那一期一块出版发行的，还有一张小纸条，叫“正误表”，将创刊号正文中的 10 多处文字错误一一进行正误对照。想必那时的铅字印制技术，不像现在方便，发现错误，可以即知即改，改好、改到满意再印；纸张也不像现在这样丰裕，有时印错了，废了，重印，似也在所不惜。

第二期正文中，又夹了一张小纸条，醒目地以大号字体印着“读过本刊后请提出批评和意见”，并在第三条里说“不论是自己想到的还是别人反映的，关于内容的或形式的，甚至是一点一滴都请尽量提出”。

从每期随刊印发的《征稿简约》中可以看出，创刊初期，期刊经费还是比较紧张。前面三期对采用稿件的约定，均是“以本刊为酬”。但前三期过后，办刊经费条件似乎有了改善。第四期的同条内容，改成“来稿一经登载，酌致薄酬”。到了第五期、第六期，这一条又补充修改成“来稿一经登载均致薄酬，如不声明退还者，概不退还”。

“以刊为酬”，应该就是寄送刊物而不给稿费；“酌致薄酬”，可能是有的文章有稿费，有的文章没稿费；“均致薄酬”无疑就是对所有发表文章都计发稿费。

但“均致”以后，可能是产生了新的矛盾和问题。有的作者不愿意领，而事先又没有声明，这样就害得编辑部还得把开出去的稿费，再退给财务部，给编辑部和财务部都带来了麻烦，增加了许多来回折腾的无用功。编辑部只好要求作者，对稿费问题，要提前声明，否则就不予退还。

作者不要稿费，编辑部还规定，原则上必须给。这种情形，估计现在是难以看到了。

四、未解之谜

仔细研读《人民水利》杂志，其实也很有意义、很有价值、很有乐趣。读那时的文章、看那时的照片，可以强烈感受到那个时代的声音和旋律，切身体会到那个时代国家水利事业的重点与难点、复杂与艰辛、发展与变化。

随着那个时代的远去，《人民水利》留下的历史之谜，如果进一步探究的话，也为数不少。

比如在版权页上，编辑者一栏只印着“中央人民政府水利部人民水利编辑委员会”，连一个具体人的名字都没有，编委会人员都没有名单，编辑部工作人员名单更是不可能由此见到了。后人如果对刊物有关事项进行考证、查证的话，在已经出版的刊物上，连当事人员的工作线索或传承线索都找不到。

又如，创刊号封面上的刊名和配画，作为书法和版画艺术作品，也具有一定的欣赏价值和研究价值。但由于刊物没注明其作者，现在也很难考证是谁的作品。笔者曾通过多个微信群、身边的熟人朋友等，多方问询、打听，但得到的也只是不同方式的推测，无法得到证实。

再如，《人民水利》杂志总共出版发行了多少期？哪一年哪一月进行的转刊或停刊？其原因又是什么？如果是转刊的话，转刊之后的名称又是什么？按 1995 年第 8 期《中国水利》杂志的介绍，《人民水利》1956 年改名为《中国水利》，但不知这种说法的依据是什么？如果这种说法成立的话，1956 年之前《人民水利》杂志应该一直都有出版发行，在旧书刊市场多少也可以见到其踪影。现在市场上也可能找到从 1950 年到 1955 年的《人民水利》杂志样本。可笔者在网上能找到最晚出版发行的《人民水利》杂志是 1953 年出版的，没有看到任何一本 1954、1955 这两年期间出版的。这说明，《人民水利》杂志可能在 1953 年下半年即已停刊或转刊。

新中国已成立 70 多年了。这对很多人来说，就是一生或将近一生的时间。

在这 70 多年里，中国水利期刊，伴随着新中国水利事业及经济社会的发展变化，也经历了一个由少到多、由弱到强、起伏跌宕、浴火重生、从内部到公开、从国内不断走向国际的过程。

在这 70 多年里，对于水利期刊来说，应该有很多可思、可忆、可记、可鉴、可传的事情。

观察和研究《人民水利》杂志，无疑是一个很有意义的历史支点，也是一面可以映鉴当代和未来期刊发展变化的镜子。

它留给我们的许多未解之谜，也非常值得社会各方面人士继续进行探寻和解释。

后注： 本文相关内容曾编发于 2021 年 9 月 10《科技日报》（题目：回溯《中国水利》前身）和 2021 年 12 月 2 日《人民政协报》（题目：《人民水利》探寻记），文章刊登后得到有关媒体转载。

《中国水利》办刊特点

李建章（中国水利报社）

一、《中国水利》的定位与坚持

科技期刊刊载的是科技成果，是国家资源，是拥有知识产权的。《中国水利》曾入列中文核心期刊和连续两届“全国百强报刊”，说明其在水利领域占有一定地位和分量。支撑《中国水利》今天发展局面形成和影响力的，就是定位与坚持。

（一）《中国水利》的定位

我国科技期刊一般分为五大类：指导（综合）类、学术类、技术类、科普类、检索类。不同类别科技期刊有着不同的功能定位，体现在报道形式、报道重点以及刊载文章的要求等方面各有不同；每种期刊根据自身的定位和办刊宗旨有着各自鲜明的特色，形成自身的风格。

1.《中国水利》的属性与定位

回顾沿革，《中国水利》原一直由水利部主办和主管，国家推行报刊管办分离后，调整为水利部主管、中国水利报社主办，因此一直有水利部机关刊性质。按照这一属性，确定《中国水利》为指导（综合）类科技期刊是比较准确的。事实上，70 年来随着水利事业的发展，虽然不同时期《中国水利》的宣传内容和形式都有所调整和变化，刊期也由曾经的季刊、月刊变更为现在的半月刊，但定位一直没有改变，就是始终坚持指导（综合）类科技期刊的整体定位，履行并坚守着前述办刊宗旨。

2.《中国水利》的核心理念

《中国水利》是水利行业唯一一份指导（综合）类科技期刊。围绕《中国水利》的整体定位（功能定位），选刊内容追求体现权威性、前瞻性、指导性、系统性、实用性和可读性。通过办刊思路、办刊目标和核心理念的梳理，《中国水利》确定了读者定位和内容定位。

（1）明确的办刊思路：坚持办刊宗旨，坚持以理论研究、政策导向为主导，以科技为支撑，以市场为基础，深入水利实践，密切关注行业发展，不断创新报道形式，在内容上下功夫，突出指导性，体现前瞻性，增强权威性，丰富内涵，扩大外延，提升品牌，稳步发展；在形式上办刊、研讨活动、多媒体宣传齐头并进。

（2）明确的办刊目标：全面反映水利发展与改革的各个方面，围绕办刊宗旨，确保选刊内容体现权威性、前瞻性、指导性、系统性、实用性、可读性；立足做水利决策的支撑、水利实践的指导、水利人的益友、水利发展的“智库”。

（3）确立的核心理念：内容为王，创新为本。

3.《中国水利》的运行架构

信息化时代，媒体竞争激烈。在此背景下，传统纸介质媒体面临着巨大挑战。隶属于中国水利报社的中国水利杂志编辑部，在对《中国水利》这一典型传统媒体的定位坚持与实际办刊内容创新组织的过程中，不可避免地受到困扰。《中国水利》始终坚持不收取版面费、审稿费等费用，无偿服务作者，坚守初心。

能够实现这一突破，主要在于中国水利杂志编辑部适应形势需要逐步形成了目前策划部、事业部、市场部、新媒体部的内部运行架构，这一“内核动力”主要在于其围绕定位坚持办刊理念，创新策划释放媒体自身蕴藏的能量和优势，创立了自己的内容策划和组织实施机制，用最得心应手、最突出个性色彩和体现创意策划的方式完成了一个个策划内容的落实，也符合了作者观点的表达。这也是从实践层面践行《中国水利》权威性、前瞻性、指导性、系统性、实用性和可读性办刊目标的内在动能所在。

（二）《中国水利》的架构与格局

指导（综合）类科技期刊既是《中国水利》的杂志定位也是杂志的属性。半月刊、全年出版 24 期的《中国水利》，自创办或者说复刊以来，始终坚守办刊宗旨，始终围绕水利中心工作，结合水利行业发展的重点、热点和难点开展宣传报道。因此，杂志的内容定位是一个不断发展变化的动态定位，即：要面对经济社会不断发展对水利的新要求、行业不断发展变化的新形势新需求、读者不断发展变化的新期待新要求，编辑部一班人作为办刊人，要不断调整办刊思路，创新办刊理念，适时调整内容形式，维护定位。只有这样，才能实现办刊宗旨，最大程度发挥杂志的功能，也才能稳固杂志的发展空间。

1．满足经济社会不断发展对水利的新要求

体现在根据行业不断发展变化的新形势、新需求，调整办刊思路，创新办刊理念，调整内容定位。

2．满足读者对办刊不断发展变化的新期待

杂志的整体架构是决定杂志特色的基本前提。办刊思路、办刊目标都是通过整体架构来体现的。杂志单、双期架构按两条主线确定。她的构架也充分体现了指导工作的特色。

《中国水利》的内容构成基本格局可表述为：卷首（含目次）、半月水事、特别关注（特稿）、前沿、专题研究（按专业门类和单、双期分工划分各个栏目）、水利信息化、工作交流、国外水利、水利讲坛、资讯（服务企业、市场的刊中刊）、行业采风（展示行业实践特殊或亮点的彩页图片报道统称，有时又根据内容特点冠以“新理念新实践记者行”等）。上述各部分内容有着密切的内在联系，又有各自明确的目标定位，但总体目标趋向一致。单期栏目以资源配置及管理为主，通用栏目外一般包括水利规划与资源配置、水资源管理（含节水型社会建设、水生态修复、地下水保护等子栏目）、水文、防汛与抗旱、农村水利（含灌区改造、泵站改造、节水灌溉、小型农田水利建设、牧区水利等子栏目）、饮水安全等；双期栏目以水利建设及管理为主，通用栏目外一般包括工程建设与管理（含病险水库除险加固、水闸改造、中小河流治理、重点工程建设等子栏目）、水管体制改革、

安全生产与监督、河湖管理（含河道采砂管理、岸线管理等子栏目以及河湖长制等）、南水北调、水土保持、水电及农村电气化、水利财务与经济、水库移民与扶贫、法治平台等。

二、《中国水利》的选题策划与组织实施

杂志吸引读者靠的是内容。杂志优势主要表现为：信息深度整合，资料系统集纳，报道形式多样，成果刊载实用等。而所谓策划，是指杂志作为一个独立媒体，对一个时期或一项专题的报道所进行的创意设计、指挥和调控，其目的在于充分挖掘客观事物的内在价值，选择最适当的时机、运用最恰当的方式推出最权威的报道内容，以求达到预期的传播效果。其实际是办刊人突出杂志优势、强化杂志功能所采取的一种方法，是对期刊品牌资源通过策划选题进行优化配置的方法。《中国水利》近年在策划选题方面遵循了以下几点原则。

1. 围绕定位做策划

《中国水利》在办刊过程中，坚持围绕水利中心工作，服务水利发展改革大局，深入水利实践，密切关注行业动态，把是否有利于期刊功能发挥作为策划选题的首要原则，围绕期刊定位，系统、有序、超前、科学地策划选题，使策划成为发挥期刊功能的重要抓手。

2. 围绕打造核心竞争力做策划

期刊间的竞争很多情况下都是通过内容策划来体现的，通过增强期刊的核心竞争力来实现的。《中国水利》之所以经久不衰，支撑点就在于始终保持了刊物内容的权威性、前瞻性、指导性。因此，遵循办刊宗旨，是中国水利杂志多年形成的一个重要特征。目前《中国水利》重大选题多、深度策划多、系列策划多，可以说期期有策划。报道内容注重通过策划组织和引领，特别是重点工作领域的实践探索、重大事件的整体深度报道、重点领域的政策指导解读、前瞻性研究的学术研究分析以及特别重视反映市县一级的水利工作亮点展示。

3. 围绕媒体的社会责任做策划

期刊在传播科学技术、推动科技进步的过程中也见证着历史。在人类社会发

展过程中，始终有各种不可抗拒的自然灾害和突发事件与之相伴。《中国水利》在办刊过程中牢记自身使命，不忘社会担当，在选题策划中充分体现媒体的社会责任而不是顺其自然、无所体现。比如2008年5·12特大地震和冰冻雨雪灾害对中国媒体包括科技期刊承担社会责任、进行应急报道的意识和能力，既是考量也是历练。在抗击冰冻雨雪灾害和汶川特大地震的报道中，《中国水利》致力于从政策及技术两个层面提供指导和服务。特别是汶川地震发生后，编辑部迅速多次派出记者深入灾区一线，调整报道计划，从抗震救灾、灾后重建等各个方面系统考虑周密策划，围绕水利抗震救灾重点、难点和进展情况多层面、分时段组织相关内容，多种报道形式相结合，在地震发生后第10天即出版了一期抗震救灾特别策划送达灾区；10月的关于唐家山堰塞湖处置专题报道填补了我国大型堰塞湖处置技术系统资料空白，在9800多种期刊中成为仅有的109种获得中国期刊协会“抗震救灾宣传报道先进期刊”的期刊。

4．围绕社会关注热点做策划

作为科技期刊，《中国水利》在策划选题时尤为注意敏锐、准确地把握相关问题，敢于并善于超前策划，掌握报道主动权。2009年第1期《农村饮水安全专辑》、2009年第18期《治水强国 兴水富民——中国水利六十年》、2008年第2期《气候变化对水的影响及其应对专辑》等既是行业发展的前瞻性研究，也是社会关注的热点问题。由于策划周密及时，刊出后反响很好。

5．围绕行业热点问题和难点需求做策划

《中国水利》的定位和办刊宗旨决定了其必须围绕行业热点和难点问题展开话题。每年至少举办一届的“《中国水利》玉渊六人谈”系列主题沙龙活动，已成功举办三届，从关注四川都江堰生态调度到企业与高校如何开展“合同节水”，再到黄河流域高质量发展之下的关注“黄河泥沙之辩”，不仅三次学术沙龙活动都十分成功、吸引人，活动后整理形成的《中国水利》报道专辑更是成为行业内外水利学者的抢手货。

从《治淮快报》到《治淮》杂志

杜红志（淮河水利委员会）

1950 年 12 月 25 日，从驻在蚌埠的治淮委员会机关，向沿淮各治淮指挥部和治淮工地发出了一份带着油墨清香的印刷品《治淮快报》，这是刚在蚌埠成立的治淮委员会政治部编印的指导治淮工作的机关刊物，这份八开四版的活页刊物开始不定期地在广大治淮工作者中传阅，成为最接地气的治淮宣传载体。

在《治淮快报》的发刊词中，我们能够深切地感受到治淮事业深入人心的历史氛围。“伟大的治淮工程即将全面开工，皖北三十余万民工已进入工程阵地，正在此时《治淮快报》和大家见面了”。这份指导治淮工作的专门刊物在新中国治淮的大背景下诞生了。

治淮快報

創刊詞

《治淮快报》发刊词

一、治淮期刊的初心与使命

《治淮快报》创刊词明确指出，这份刊物的任务和目的是“传达我们富有伟大历史意义的治淮方针政策的各种文件、指示及计划贯彻到各级干部与广大群众中去，使领导干部与群众思想一致，使这些方针政策及计划得到正确执行。及时交流各方面的工作经验，反映广大群众的意见”。

《治淮快报》从办刊初期就秉持着宣传贯彻党的治淮方针政策的初心。治淮新闻宣传工作是党的宣传事业的重要组成部分，也是新中国治淮工作的重要内容。在当时加强对治淮工作的宣传，打造治淮权威的媒体，是新中国治淮工作的一项重要任务。《治淮快报》从办刊之初就采取多种形式，旗帜鲜明地向治淮工作者和全社会宣传党的治淮方针政策，介绍治淮工作的基本知识，宣传广大人民群众在建设新中国的伟大事业中的重要作用，使全社会正确认识了新中国治淮事业，展示了中国共产党为了人民谋幸福的伟大初心，激励沿淮广大人民群众和全国人民投入到波澜壮阔的治淮事业中去。

二、坚持正确的政治导向

在《治淮快报》和后来改为《治淮》杂志的期刊出版过程中，治淮期刊始终坚持正确的政治导向，在它刊发的文章中，处处体现着鲜明的政治立场。创刊词中强调“各级领导必须认识它推动工作、指导工作、反映工作、交流经验的重要作用，必须很好地利用它，作为治淮工程宣传鼓动的武器，要随时随地地发挥它的作用，通过它来指导工作，组织干部积极阅读和宣传，使它成为干部和民工们工作生活上不可缺少的因素”。

当时，新中国百废待兴，治淮和抗美援朝已经成为新中国经济建设和抵御帝国主义侵略的两大重要举措，是举全国的国力进行的重要工作。深入宣传和贯彻党的治淮方针，是一项重要的政治任务，《治淮快报》在治淮初期和之后的时间里，成为了治淮舆论引导的排头兵。

《治淮》创刊号封面

三、联系群众的桥梁纽带

治淮刊物从创刊开始，就把为人民服务的宗旨贯穿始终。在它刊发的文章里，处处体现了人民群众至上的观点，并在实际工作中得到体现。

在《治淮快报》中，我们可以看到《中央人民政府水利部关于加强工地卫生维护民工健康的指示》《把抗美援朝保家卫国运动贯彻到治淮工作中去》《淮委百余干部帮助民工劳动》《民工俱乐部的作用》《民工的来信》《万余民工开始窑河疏浚，总队初步解决民工困难》等文章，在这些亲切的字里行间，到处都反映出党和百万民工休戚与共的奋斗过程，治淮刊物在治淮初期就紧紧把握“以人为本、治淮为民”的理念，始终坚持求真务实。积极践行解放思想、实事求是、与时俱进、求真务实、勇于实践、勇于变革、勇于创新，把握时代发展要求，顺应人民共同愿望，使治淮事业与人民对美好生活的向往紧密联系在一起，治淮事业不断迈向辉煌，取得举世瞩目的巨大成就，向世界展示了新中国的伟大辉煌。

由治淮委员会政治部编印的《治淮快报》，在 1951 年 3 月改为由治淮委员会政治部通讯社出版管理，刊名改为《治淮通讯》，仍然为活页刊物。1952 年 4 月正式改为《治淮》杂志，刊期为半月刊，1958 年随着第一次治淮高潮的结束，《治淮》也随治淮委员会撤销而停刊。

治淮委员会撤销后，治淮工作分别由流域各省自行实施，由于缺乏统一的规划和领导、指挥，国务院于 1969 年 11 月成立国务院治淮规划小组，1977 年 5 月在蚌埠恢复成立治淮委员会。1982 年 9 月《治淮》杂志复刊，作为指导治淮工作的综合性水利业务刊物。《治淮》杂志复刊后，坚持面向广大治淮职工宣传党和政府的有关治淮方针政策，宣传治淮经验和成就，成为流域各地干部群众学习和交流的平台，发挥了重要的舆论引领和传播科学技术的作用。在长期的办刊过程中，《治淮》杂志把握正确的政治方向，精益求精不断发展，期刊内容和质量不断提高，被国家新闻出版局认定为国家第一批学术期刊，获得“水利部优秀期刊”“华东优秀期刊”“安徽省优秀期刊”等多项奖励，2021 年成功入选我国第一次发布的《我国高质量科技期刊分级目录》，为杂志迈向更高的层次打下坚实的基础。

如今，从《治淮快报》到《治淮》杂志，中间走过了极不平凡的岁月，岁月流转，初心不变，在新的历史时期，《治淮》将与时俱进，为实现中华民族伟大复兴的中国梦而努力奋斗。

《治淮汇刊（年鉴）》积极发挥存史资政育人作用

周正涛（淮河水利委员会）

一、《治淮汇刊》创刊的时代背景

说起《治淮汇刊》，不得不认识一下淮河。淮河是我国中原大地上一条古老的大河，发源于河南省桐柏山，蜿蜒东流入海，全长约1000千米，古代它与黄河、长江、济水齐名，并称“四渎”，今为我国七大江河之一。古代淮河，独流入海，流域水旱灾害相对减少，故而民间流传着“走千走万，不如淮河两岸”“江淮熟，天下足”的谚语。然而，自12世纪起，黄河夺淮700年，极大地改变了淮河原有水系形态，淮河失去入海尾闾，中下游河道淤塞，淮河水患不断加剧。又由于淮河流域人口密集，土地肥沃，资源丰富，交通便利，在我国社会经济发展大局中具有十分重要的战略地位，所以，在中华人民共和国成立初期的1950年，为根治淮河水患，改善人民的生活，党中央、政务院作出了“关于治理淮河的决定”，掀起了第一次大规模治淮高潮。淮河也是新中国第一条全面系统治理的大河。当年的治淮和抗美援朝，是新中国在一穷二白的困难条件下做出的最重要的两件大事，意义重大，影响深远。

新中国治淮是一项伟大的事业，是中国共产党人带领全国人民开创社会主义建设的伟大实践，也是一项艰巨的任务。为了使今后治淮工作能够做得更好，为了能够随时检查工作中的优缺点，为了吸取全国科学家特别是水利专家的批评指教，为了回答全国人士的关心，便于他们了解治淮事业的英明决定和光辉成果以及为这一艰巨任务的探索、创造情形，治淮委员会（简称“淮委”）决定将治淮工作中形成的治淮计划、施工经验、治淮成就以及各种文件资料等，分期汇集成刊，一面作为历史资料，一面供关心治淮事业者研究和指正。这就是该刊创刊的缘由。该刊于1951年编印第一辑，特别值得人们永记的是，周恩来总理亲笔题写了刊名。

二、《治淮汇刊》发展历程

《治淮汇刊》自1951年编印第一辑，至1959年共出过六辑，每辑约80万字，铅字排版印出。从刊物收录资料的时限、选题选材、文体文风、体例、框架设计以及功能作用等方面看，属于年鉴工具书类，在治淮事业发展中具有重要资政、教化、存史作用。1958年国家撤销淮委机构，治淮工作归流域各省负责，由淮委编印的《治淮汇刊》随之停刊。

淮委机构恢复后，1981年下半年淮委决定恢复编印《治淮汇刊》，大体上仍按原来的性质、体例刊出第七辑，使之同前六辑相衔接，此后每年刊出一辑，由淮委主办，豫、皖、苏、鲁四省水利部门共同参编。第七辑主要选编1980—1981年的文献资料，但为了弥补该刊已经中断20多年的空白，适当选用了1980年前的重要的治淮文献与资料。

1987年起，《治淮汇刊》用安徽省内部报刊统一刊号AHK—071出版发行。1995年，水利部以水办（1995）149号文向国家新闻出版署申请《治淮汇刊》作为年鉴类期刊在国内公开出版发行，刊名拟定“治淮汇刊（淮河年鉴）”，考虑到《治淮汇刊》的刊名是周恩来总理的亲笔题字，国家新闻出版署最后以新出期〔1995〕882号文批复的刊名为“治淮汇刊（年鉴）”，国内统一刊号为CN34—1158/TV，标志着全国水利系统较早的一部流域性水利专业刊物作为年鉴正式公诸于世。截至2020年，累计出版45辑，约3800万字。

治淮工作丰富多彩，治淮事业波澜壮阔，如今，水利工作者和社会各界人士如想了解治淮历史，那么查阅那一时期的《治淮汇刊》便是首选。然而，编印于20世纪50年代的《治淮汇刊》目前仅存馆藏一套，已成孤本。为解决这一矛盾，2005年，淮委治淮档案馆实施《治淮汇刊》1～6辑资源利用抢救性工程，与北京金报兴图信息工程技术有限公司合作开发研制《治淮汇刊》1～6辑多媒体光盘检索系统，满足了受众的需求。

《治淮汇刊》创刊 70 年来，在宣传党的路线、方针、政策，贯彻国家治淮方针，弘扬治淮成就，总结治淮经验，记载治淮史料等方面发挥了重要作用，对指导治淮工作，研究探讨治淮措施，推动淮河流域水利建设与发展做出了积极的贡献，为广大水利工作者提供了研究淮河、治理淮河的基本数据、资料，为历次治淮规划、淮河修志等工作提供了翔实的史料。

总之，《治淮汇刊（年鉴）》早已成为展示治淮丰富成果的重要载体，成为社会各界人士认识淮河、了解淮河的重要窗口，成为传播淮河文化的重要渠道，成为开展淮河水情教育的重要教材，在淮河流域水利事业和经济社会发展中的作用日益彰显。

三、领导题词及重要图片

毛主席题词

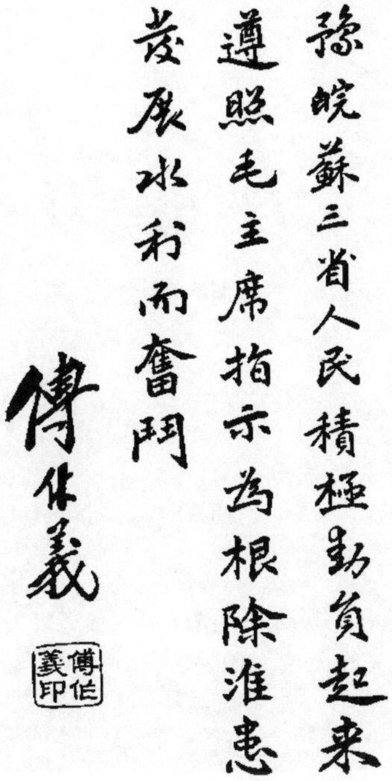

豫皖蘇三省人民積極動員起来
遵照毛主席指示為根除淮患
發展水利而奮鬥
傅作義
傅作義印

首任水利部长傅作义题词

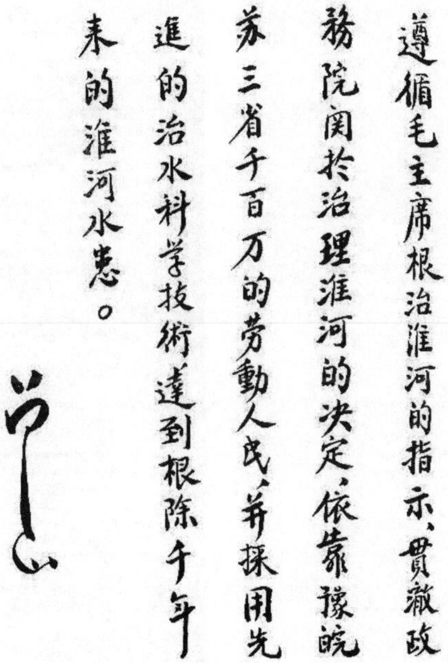

遵循毛主席根治淮河的指示、貫徹政
務院関於治理淮河的決定，依靠豫皖
苏三省千百万的勞動人民，并採用先
進的治水科学技術，達到根除千年
来的淮河水患。
曾山

曾山题词

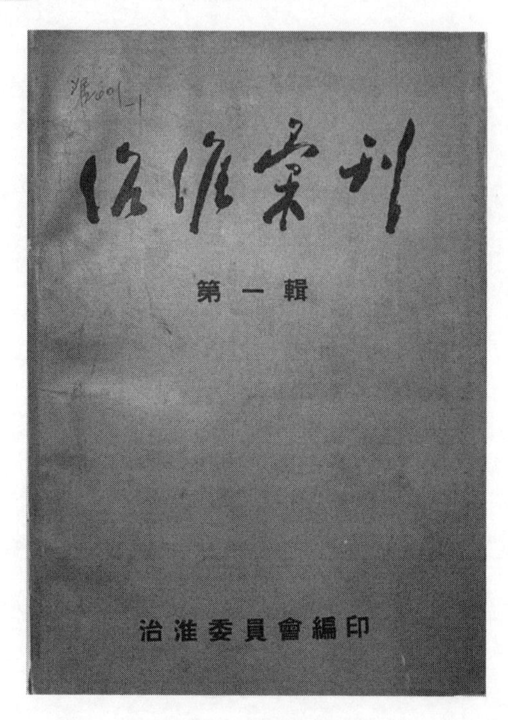

《治淮汇刊》第一辑封面

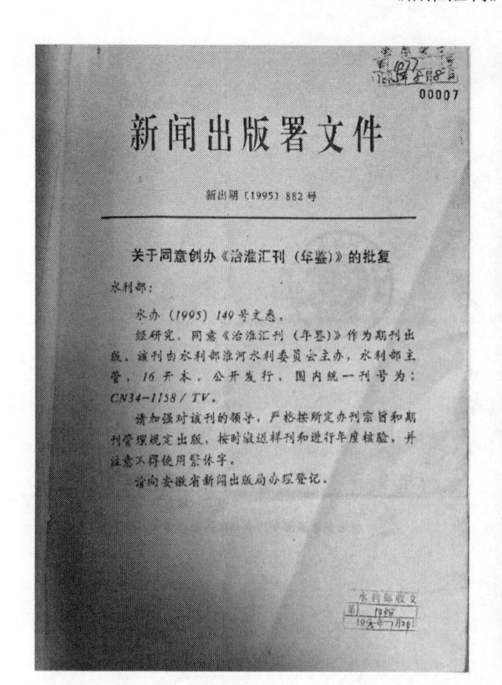

00007

新闻出版署文件

新出期〔1995〕882号

关于同意创办《治淮汇刊（年鉴）》的批复

水利部：

水办（1995）149号文悉，

经研究，同意《治淮汇刊（年鉴）》作为期刊出版，该刊由水利部淮河水利委员会主办，水利部主管，16开本，公开发行，国内统一刊号为：CN34-1158/TV。

请加强对该刊的领导，严格按所定办刊宗旨和期刊管理规定出版，按时缴送样刊和进行年度核验，并注意不得使用繁体字。

请向安徽省新闻出版局办理登记。

水利部收文 第1868 1995年7月28日

發刊辭

淮河災害，不是短期的而是長期的歷史的災害。自古雖有『淮河之水地中行』『江淮熟天下足』『走千走萬，不如淮河兩岸』的諺語，但自宋高宗至蔣介石先後破黃奪淮後，淮河遭受了嚴重破壞：支幹河流的排水作用全被窒息，湖泊塘堰的蓄水能力，全被消蝕，故淮河遂成爲長期災害的深淵。八百餘年來，人民葬身魚腹，流離溝壑者比比皆是，或澇或旱，顆粒不收，逃荒外地，餓殍載道者年年有之，至蔣介石匪幫統治時期爲尤甚。淮河流域人民說：『自從出了朱元璋，十年就有九年荒』，『自從出了蔣介石，家家戶戶沒飯吃』，這不僅說明災害的長期性，更一針見血的道破了淮河所以爲害的根源。

淮河災害，不是小的而是嚴重的災害。因爲淮河流域是一塊廣大的平原區，它擁有全國八分之一的耕地，八分之一的人口，故每遇五年或十年一次的滔天洪水，則沿河兩岸數百里均將成爲澤國。一九三一年的水災，就不完整的統計材料計算，卽淹地七千七百餘萬畝，受災人口二千餘萬。一九五〇年的水災，雖經人民政府大力搶救，但僅就河南、安徽兩省統計，亦淹地四千三百餘萬畝，受災人口一千三百餘萬。以耕地計等於比利時，以人口計等於伊朗。災害的深度和廣度均屬驚人。這就是淮河流域災害的嚴重性。

淮河災害，不是簡單的而是多樣性的災害。它表現出來的狀態，不僅是大雨大患，而且是小雨小患，不雨卽旱。因爲排水作用既已窒息，幹河水高於內河，內河水高於耕地，故小雨卽成小災，中雨卽成中災；蓄水能力既被消蝕，所以不雨又成旱災。正由於不澇卽旱，故相與俱來的又是年年不斷的蟲害。一九四九年五種五淹是小雨小災的嚴重表現；三年來僅皖北地區，每年撲滅蝗蟲，面積卽平均爲三百萬畝，亦足見蟲害之嚴重。這就是淮河流域災害的多樣性。

不管淮河災害如何長期，如何多樣，如何嚴重，但在以毛主席爲首的中國共產黨和中央人民政府的正確領導下，在人民民主專政的優越制度下，在淮河流域廣大人民的堅決奮鬥下，在蘇聯先進經驗的幫助下，這些災害，早就注定了要和蔣介石[illegible]樣會被人民的力量消滅它。現在以毛主席根治淮河爲目標的第一期工程計劃，已[illegible]利完成了。由於這一工程的完成，淮河流域人民已獲得了第一個年度的豐收，[illegible]經濟、文化生活，已因此而有了顯著的改善。淮河流域人民說：『解放後人民翻身了，淮河也翻身了。』的確，隨着治淮計劃的全部完成，淮河流域將由長期災害的深淵，而變爲富饒幸福的園地。

這是一個偉大的歷史鬥爭任務，是一個偉大的水利建設計劃！

它之所以偉大，不僅在於解除了幾百年來所不能解決的淮河災害，[illegible]又舉辦了興利的重大工程。在上、中游除了支幹河流的疏浚外，還要建築蓄水二百餘[illegible]的大小水庫；在下游除作安全入江的堤防工程整理外，還開闢了長達三百餘里的灌

《治淮汇刊（年鉴）》批准文件及发刊词

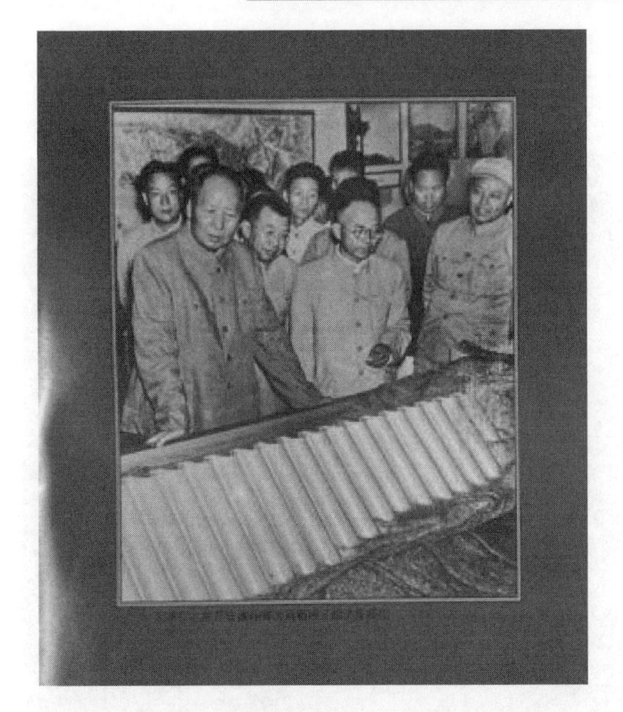

期刊图片（一）

一九五〇年十月六日，治淮委員會在蚌埠舉行第一次全體委員會議，曾山主任委員在會議上作報告。

期刊图片（二）

中央治淮視察團以繡有毛主席題字的錦旗授予治淮委員會

期刊图片（三）

《人民长江》发展的六个阶段

《人民长江》编辑部

《人民长江》创刊于1955年，是水利部主管、水利部长江水利委员会（以下简称“长江委”）主办的水利水电技术综合性科技期刊，现为月刊。60多年来，《人民长江》始终认真贯彻中央水利工作方针和水利部党组治水思路，牢牢把握正确的舆论导向，坚持服务水利事业发展和治江中心工作大局的办刊原则，在内容方面坚持“质量第一”的方针，以打造国家级精品期刊为目标，逐步形成了以“长江”为特色的期刊品牌。

一、因长江而生，与长江共荣

《人民长江》历经内部刊物发展时期（1955—1979 年）、公开对外发行时期（1980年至今）两个时期6个阶段。

内部刊物发展时期可划分为3个阶段，即创刊阶段（1955年8月—1966年12月）、停刊阶段（1967年1月—1978年6月）和恢复阶段（1978年7月—1980年1月）。

进入20世纪80年代，长江治理开发进入繁荣兴旺时期，《人民长江》于1980年2月获得公开发行刊号，正式开始对外发行，经历了月刊（1992—2008年）、半月刊（2008—2018）、月刊（2019至今）的发展过程。这一时期可划分为3个阶段，即公开发行第一阶段（1980年2月—1991年12月）、全国中文核心期刊发展阶段（1992年1月—2019年10月，连续8次入选）与双核心发展阶段（2019年11月至今），在该阶段还入选了世界学术影响力Q2期刊，位于水利工程学科

Q2 区第 4 位，世界影响力指数排名第 9 位；在 2020 年获得湖北省科协“科技创新源泉工程”优秀科技期刊。经过 60 余年的发展，《人民长江》发表内容涵盖水（利）科学多个领域，设有流域规划与江湖治理、防洪减灾、水行政管理、水环境与水生态、水文水资源、地质与勘测、工程设计、工程建设、科学试验研究等栏目，为水利水电相关领域提供了众多高质量的学术信息，影响力不断提升，得到了业内广泛、高度的认可。

创刊阶段（1955 年 8 月—1966 年 12 月）

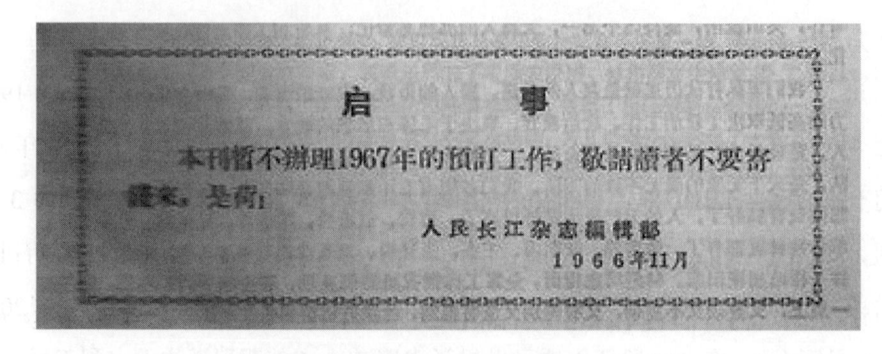

启　事

本刊暂不辦理1967年的預訂工作，敬請讀者不要寄錢來，是荷！

人民长江杂志編輯部
1966年11月

停刊阶段（1967 年 1 月—1978 年 6 月）

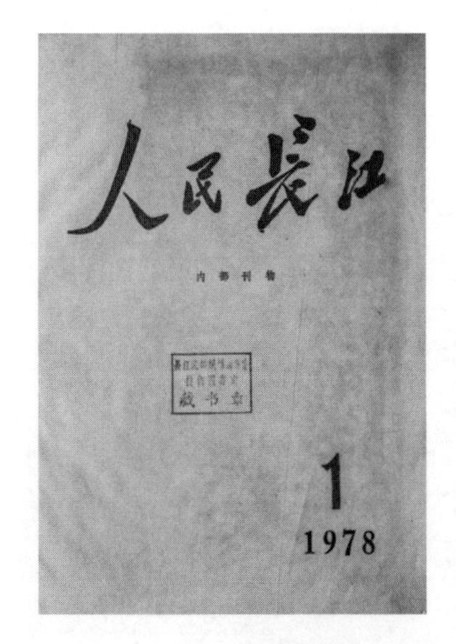

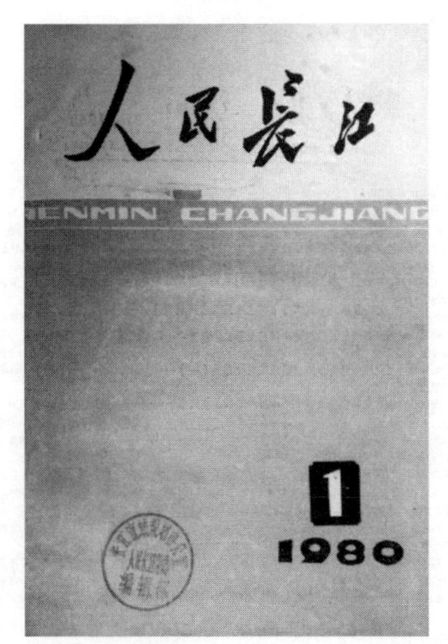

恢复阶段（1978 年 7 月—1980 年 1 月）

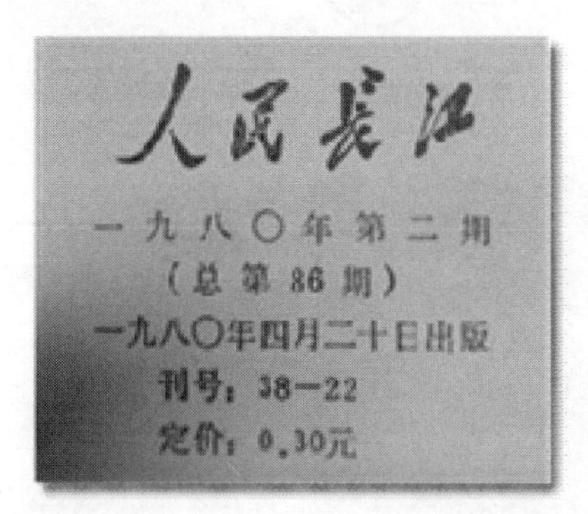
人民長江

一九八〇年第二期

（总第 86 期）

一九八〇年四月二十日出版

刊号：38—22

定价：0.30元

公开发行第一阶段（1980 年 2 月—1991 年 12 月）

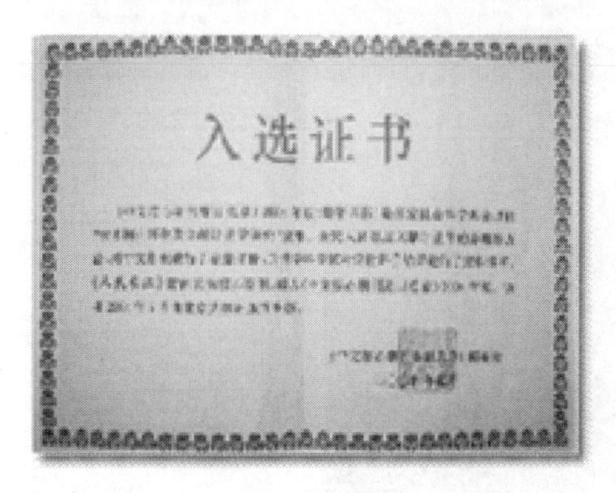

全国中文核心期刊发展阶段（1992 年 1 月—2019 年 10 月）

北京大学图书馆
PEKING UNIVERSITY LIBRARY

《中文核心期刊要目总览》入编通知

《人民长江》主编：

我们谨此郑重通知：依据文献计量学的原理和方法，经研究人员对相关文献的检索、统计和分析，以及学科专家评审，贵刊《人民长江》入编《中文核心期刊要目总览》2017年版（即第8版）之“水利工程”类的核心期刊。该书由北京大学出版社出版。书中按《中国图书馆分类法》的学科体系，列出了78个学科的核心期刊表，并逐一对核心期刊进行了著录，著录项目包括：题名、并列题名、主办单位、创刊时间、出版周期、学科分类号、ISSN号、CN号、邮发代号、编辑部地址、邮政编码、电话、网址、电子邮箱、内容简介等。

评选核心期刊的工作，是运用科学方法对各种刊物在一定时期内所刊载论文的学术水平和学术影响力进行综合评价的一种科研活动，研究工作量浩大。北京地区十几所高校图书馆、中国科学院文献情报中心、重庆维普资讯有限公司、中国人民大学书报资料中心、中国学术期刊（光盘版）电子杂志社、中国科学技术信息研究所、北京万方数据股份有限公司、国家图书馆、中国社会科学院评价研究院等相关单位的百余名专家和期刊工作者参加了研究。

项目组对核心期刊的评价理论、评价方法等问题进行了深入研究，进一步改进了核心期刊评价方法，使之更趋科学合理，力求使评价结果符合客观实际。对于核心期刊的评价仍采用定量评价和定性评审相结合的方法。定量评价指标体系采用了被摘量(全文、摘要)、被摘率(全文、摘要)、被引量、他引量(期刊、博士论文、会议)、影响因子、他引影响因子、5年影响因子、5年他引影响因子、特征因子、论文影响分值、论文被引指数、互引指数、获奖或被重要检索工具收录、基金论文比(国家级、省部级)、Web下载量、Web下载率16个评价指标，选作评价指标统计源的数据库及文摘刊物达49种，统计到的文献数量共计93亿余篇次，涉及期刊13953种。参加核心期刊评审的学科专家近8千位。经过定量筛选和专家定性评审，从我国正在出版的中文期刊中评选出1981种核心期刊。

需要特别指出的是，该研究成果只是一种参考工具书，主要是为图书情报界、出版界等需要对期刊进行评价的用户提供参考，例如为各图书情报部门的中文期刊采购和读者导读服务提供参考帮助等，不应作为评价标准。谨此说明。

顺颂

撰安

《中文核心期刊要目总览》2017年版编委会

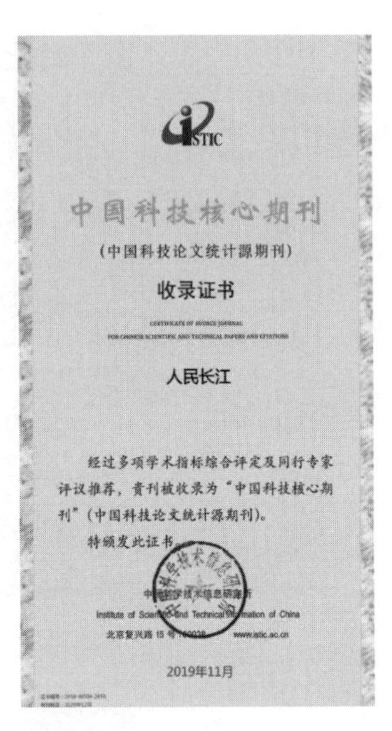

中国科技核心期刊

（中国科技论文统计源期刊）

收录证书

CERTIFICATE OF SOURCE JOURNAL FOR CHINESE SCIENTIFIC AND TECHNICAL PAPERS AND CITATIONS

人民长江

经过多项学术指标综合评定及同行专家评议推荐，贵刊被收录为“中国科技核心期刊”（中国科技论文统计源期刊）。

特颁发此证书。

中国科学技术信息研究所

Institute of Scientific and Technical Information of China

北京复兴路15号 100038 www.istic.ac.cn

2019年11月

双核心发展阶段（2019年11月至今）

2020年第1期封面

第50卷第12期 2019年12月 人民长江 Yangtze River Vol.50, No.12 Dec., 2019

2019年《人民长江》第50卷（卷终）总目次

栏目设置（部分）

世界学术影响力指数WAJCI-Q1、WAJCI-Q2科技期刊

序号	刊名（外文）	刊名（中文）	国别和地区	ISSN	影响力指数CI	WAJCI指数	总被引频次TC	影响因子IF	学科内WAJCI世界排名百分位	学科内WAJCI世界排名
水利工程										
1	JOURNAL OF HYDRAULIC ENGINEERING	水利学报	中国大陆	0559-9350	1180.210	3.292	4884	1.676	95.00	1/20
2	ADVANCES IN WATER SCIENCE	水科学进展	中国大陆	1001-6791	977.277	2.726	3000	1.739	90.00	2/20
3	INTERNATIONAL JOURNAL OF SEDIMENT RESEARCH	国际泥沙研究(英文版)	中国大陆	1001-6279	651.314	1.817	1158	2.188	85.00	3/20
4	QUARTERLY JOURNAL OF ENGINEERING GEOLOGY AND HYDROGEOLOGY	工程地质学与水文地质学季刊	英国	1470-9236	570.668	1.592	1427	1.184	80.00	4/20
5	JOURNAL OF HYDROELECTRIC ENGINEERING	水力发电学报	中国大陆	1003-1243	569.661	1.589	1840	0.941	75.00	5/20
6	WATER RESOURCES PROTECTION	水资源保护	中国大陆	1004-6933	490.041	1.367	975	1.177	70.00	6/20
7	WATER SCIENCE AND ENGINEERING	水科学与水工程(英文版)	中国大陆	1674-2370	488.200	1.362	615	1.519	65.00	7/20
8	WATER SCIENCE AND TECHNOLOGY-WATER SUPPLY	水科学技术-供水	英国	1606-9749	455.156	1.270	1089	0.958	60.00	8/20
9	YANGTZE RIVER	人民长江	中国大陆	1001-4179	384.819	1.073	1950	0.359	55.00	9/20
10	JOURNAL OF HOHAI UNIVERSITY(NATURAL SCIENCES)	河海大学学报(自然科学版)	中国大陆	1000-1980	373.081	1.041	1061	0.686	50.00	10/20

2019 年世界影响力指数排名第 9

荣誉证书

CERTIFICATE OF HONOR

《人民长江》杂志　在创世界一流科技期刊工作中成绩卓著，被评为湖北省科协“科技创新源泉工程”湖北省优秀科技期刊。特发此证，以资鼓励。

湖北省科学技术协会

2020 年 08 月 31 日

荣获湖北省科协“科技创新源泉工程”优秀科技期刊

2020年RCCSE中国学术期刊排行榜_水利工程：

（2009 2011 2013 2015 2017 2020 更多>>>）

绿色建筑　建筑科技　水利发展研究　水资源与水工程学报

（共3页43条）首页 下一页 尾页

排名	期刊名称	水平	评价年份	学科类型	所在地区	该学科期刊总数
1	水利学报	A+	2020	水利工程	北京	72
2	水科学进展	A+	2020	水利工程	江苏	72
3	长江流域资源与环境	A+	2020	水利工程	湖北	72
4	水资源保护	A+	2020	水利工程	江苏	72
5	水利水电科技进展	A	2020	水利工程	江苏	72
6	河海大学学报(自然科学版)	A	2020	水利工程	江苏	72
7	水处理技术	A	2020	水利工程	浙江	72
8	南水北调与水利科技	A	2020	水利工程	河北	72
9	华北水利水电大学学报(自然科学版)	A	2020	水利工程	河南	72
10	长江科学院院报	A	2020	水利工程	湖北	72
11	水利水电技术	A	2020	水利工程	北京	72
12	水资源与水工程学报	A	2020	水利工程	陕西	72
13	人民黄河	A	2020	水利工程	河南	72
14	水动力学研究与进展A辑	A	2020	水利工程	上海	72
15	人民长江	A	2020	水利工程	湖北	72
16	水文	A-	2020	水利工程	北京	72

RCCSE 中国核心学术期刊 A 类

二、服务重点项目，传播治江科技成果

《人民长江》始终坚持服务“安澜、绿色、美丽、和谐”4 个长江建设，精

心组织策划出版了一系列关于党和国家重大决策部署、重大热点问题的专栏专辑，取得了突出的成效。例如，《关于长江流域规划的初步意见》（林一山，1958 年第 4 期）、《长江流域规划要点阶段耗电多工业配置问题研究的目的和步骤》（刘一是，1958 年第 6 期）、《长江流域规划编制概要》（文伏波，1988 年第 10 期）等发展初期刊登的文章不仅发挥着水利科普、成果总结、经验交流等积极作用，更是一种宝贵的历史记录。

三峡工程问题讨论

张光斗在三峡工程论证领导小组第十次（扩大）会议上的发言

主席、同志们：

前几天听了王家柱总工程师的关于三峡工程可行性报告的介绍，也听了大会发言。过去几次会我也参加了，了解了一些情况，但还是不很深人。下面我讲一些肤浅的看法。我是搞水利水电工程的，但是水利水电工程包括的方面很多，如地质、水文、水力学、泥沙、岩土力学、结构、材料以及机械、电机等，还有许多技术经验。我尚有自知之明，我知道的既不宽，又不深，所以我参加这些会议是向各位专家学习，当然还要思考。所以我下面的看法可以说是一些学习体会。

工程可行性报告，首先是技术可能性问题，三峡工程有以下几个关键的技术问题：

关于工程地质方面的水库诱发地震问题，诱发地震的产生，是由于水库地质构造处于临界稳定状态，我认为是因为水库蓄水以后水渗到地层中去，地下水动力流动，产生很大的力，破坏了地质构造的临界平衡，因此引起诱发地震。水库的重量相对来说是很小的，不足以引

长江三峡枢纽工程的几个泥沙问题

钱宁　张仁　陈稚聪

清华大学

三峡枢纽工程的泥沙问题一直受到中央领导同志的重视，也受到国内外各界社会人士的关注。对于三峡工程修建后可能产生的种种影响，报刊上已经有很多文章论及，但讨论则还不够广泛深入，在多年参加三峡工程泥沙科研工作的基础上，我们准备阐述有关三峡工程的几个泥沙问题的看法，以期通过讨论和争鸣，有助于三峡泥沙研究工作的深入发展，并得到同志们的指正和帮助。

一、三峡枢纽工程会因泥沙淤积而报废吗？

（一）保存水库有效库容的关键是采用合理的水库运用方式

为了发挥三峡枢纽工程的综合利用效益，水库需要长期保持一定数量的有效库容，这些库容不仅在经常的运用过程中不会受到泥沙淤积的影响，而且在特殊情况下导致有较多泥沙淤积时，水库也能通过低水位运行，发展溯源冲刷，恢复有效库容。

集中报道三峡工程论证情况

关于長江流域規划的初步意見

長江流域規划办公室主任　林一山

（一）長　江　概　况

長江是我國第一条大河，也是世界大河之一。全長5,800公里，僅次于密西西比河、尼罗河而居世界第三位。流域面積达180万平方公里，約为全國总面積五分之一。居民2.5億，占全國总人口的38.3%。

它的年水量平均約有9,260億公方，为黃河的20倍，比苏联最大的葉尼塞河和鄂畢河的水量多1倍，比伏尔加河的水量多3倍，大于亞馬遜河、剛果河、恒河而居世界第四位。水力資源蘊藏量估計有2.3億瓩，相当于全國水力資源蘊藏量的42.5%，約为美國全國水力資源蘊藏量的2.7倍，为加拿大的兩倍，比法國、意大利、德國三國总和超过4倍。

水运条件优越，干流、支流天然通航水道有530多条，总長約66,700公里，其中約有16,000公里可通行机动船舶，宜昌以下的河道，在高水季節，可通行万噸巨輪。全流域水运貨运量占全國內河和海运总貨运量的68%。

流域內气候屬溫帶，除青、康高原外，大部地区气候溫暖潮湿，无霜期長，平均年雨量約1,100公厘，是我國最重要的農業区。据1957年統計，長江流域現有耕田約4.4億畝，粮食总產量1,540億斤，占全國耕地面積的26.2%，粮食总產量的40%。各种技術作物，在全國亦占重要地位，其中棉花產量1957年为1,200万担，占全國总產量36.4%。

林一山《关于长江流域规划的初步意见》

長江流域規划要点階段耗电多工業配置問題研究的目的和步驟

刘一是

刘一是《长江流域规划要点阶段耗电多工业配置问题研究的目的和步骤》

“葛洲坝水利枢纽大江截流工程”专栏

长江流域规划编制概要

文伏波

文伏波院士《长江流域规划编制概要》

《人民长江》发展初期刊登代表作

近5年，《人民长江》通过开设“长江经济带”“长江水生态环境”“金沙江堰塞湖应急处置”“长江水库联合调度”等专栏、专辑，组约了一系列由知名院士、专家撰写的相关文章，例如胡春宏院士的《论长江开发与保护策略》、崔鹏院士的《长江流域水土保持与生态建设的战略机遇与挑战》、陈祖煜院士的《金沙江“10·10”白格堰塞湖溃坝洪水反演分析》等，其中“长江水库联合调度”专栏集中介绍了长江水库群防洪兴利综合调度关键技术研究及应用成果，该成果荣获2017年度湖北省科学技术进步特等奖。

第51卷第1期 人民长江 Vol.51, No.1
2020年1月 Yangtze River Jan., 2020

文章编号：1001-4179(2020)01-0001-05

论长江开发与保护策略

胡春宏，张双虎

（中国水利水电科学研究院 流域水循环模拟与调控国家重点实验室，北京 100038）

摘要：长江治理开发与生态环境保护不协调，重开发轻保护，是长江面临生态环境问题的主要症结所在。在总结70年来长江治理开发取得的重大成就基础上，分析了新时代长江面临的主要水安全问题，明确了长江治理开发与保护协调的总体思路，提出了今后一段时间长江治理开发与保护的主要策略：进一步加强防洪安全体系建设，提高防洪保安能力；实施生态要素调控与空间管控，修复受损生态系统；严控入河污染负荷，改善水体环境质量；科学调控长江与洞庭湖、鄱阳湖关系。

关键词：长江治理开发；长江大保护；防洪安全；江湖关系；长江经济带
中图法分类号：TV213.4 文献标志码：A DOI:10.16232/j.cnki.1001-4179.2020.01.001

第50卷第5期 人民长江 Vol.50, No.5
2019年5月 Yangtze River May, 2019

文章编号：1001-4179(2019)05-0001-04

金沙江“10·10”白格堰塞湖溃坝洪水反演分析

陈祖煜[1,2]，张强[1]，侯精明[1]，王琳[1]，马利平[1]

（1.西安理工大学 省部共建西北旱区生态水利国家重点实验室，陕西 西安 710048； 2.中国水利水电科学研究院 岩土工程研究所，北京 100048）

摘要：准确预测堰塞湖溃坝洪水流量过程在堰塞湖应急抢险过程中极其重要。以白格堰塞湖下游水文站实测的洪水过程为依据，通过DB-IWHR溃坝洪水分析程序和GST洪水演进模型，分别采用不同冲刷侵蚀参数对“10·10”白格堰塞湖漫顶自然泄流过程进行了反演分析。结果表明：冲刷参数 $a=1.100\ 0$、$b=0.000\ 6$ 时，叶巴滩、拉哇水文站模拟结果与实测流量结果最为接近。由此判断“10·10”白格堰塞湖溃决洪峰流量为10 682.78 m^3/s，溃决历时6.2 h到达洪峰流量，最终溃口水面宽度为99.66 m。运用DB-IWHR溃坝洪水分析程序结合基于GPU加速技术的GST洪水演进模型，计算效率得以大大提高，可以在应急抢险工作中实现快速、精准的预测。

关键词：溃坝洪水；洪水演进；溃坝模型；洪峰流量；白格堰塞湖；金沙江
中图法分类号：TV122 文献标志码：A DOI:10.16232/j.cnki.1001-4179.2019.05.001

“长江经济带”“金沙江堰塞湖应急处置专栏”院士发表文章

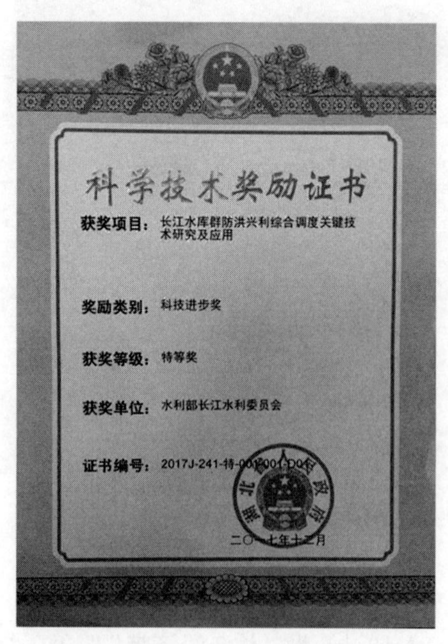
科学技术奖励证书

获奖项目：长江水库群防洪兴利综合调度关键技术研究及应用

奖励类别：科技进步奖

获奖等级：特等奖

获奖单位：水利部长江水利委员会

证书编号：2017J-241-特-001-D01

二〇一七年十二月

长江上游梯级水库群多目标联合调度技术论文获奖证书

《人民长江》近年来刊登代表作

三、新时代新作为，引领长江保护，支撑长江发展

中国特色社会主义进入了新时代，我国水利事业发展也进入了新时代，长江被赋予了新的历史使命。《人民长江》将不忘初心，牢记使命，贯彻落实“节水优先、空间均衡、系统治理、两手发力”的治水思路，把握好“水利工程补短板、水利行业强监管”的水利改革发展总基调，积极宣传贯彻习近平总书记关于“共抓大保护，不搞大开发”的指示精神，推动长江经济带发展；以铸就“国家级精品期刊”为目标，不断提升学术质量，大力传播水利科技创新成果；积极深化期刊改革转型，大力推进新媒体融合发展，为长江流域高质量发展提供有力的科技支撑。

微信公众号二维码

《水文》的风雨历程

孔东（水利部信息中心）

时至2020年，《水文》杂志已64周岁，她是水利行业最早创办的科技期刊之一，见证了中华人民共和国成立以来尤其是改革开放以来水文科技发展的风雨历程。她是我国水文水资源学科公认的最具有权威性和代表性的学术刊物之一，自1992年已连续8次入选“全国中文核心期刊”，2007年至今为“中国科技核心期刊”。

回顾她所走过的道路，曾两度停刊，三次易名。她的前身《水文工作通讯》创刊于1956年6月，1959年更名为“水文月刊”，1960年5月停刊；1963年4月复刊，同时更名为“水利水电技术·水文副刊”，1966年6月再度停刊，1979年3月《水利水电技术·水文副刊》再次复刊，为季刊；1981年1月更名为“水文”，并改为双月刊，国内外公开发行，一直延续至今。《水文》杂志从创刊到1989年底，主办单位一直是水利（电力）部水文司（局）。在这之后，由于国家机构调整，《水文》编辑部划属水利部水文水利调度中心（即现水利部水利信息中心的前身），由水文司和水利信息中心共同主办，水利信息中心具体承办。2017年下半年期刊原主办单位水利部水文局（水利信息中心）更名为水利部信息中心（水利部水文水资源监测预报中心），水利部《水文》编辑部作为其内设机构，负责《水文》杂志的编辑出版等工作，截至2020年10月，已累计出版239期，3000余万字。

自创刊以来，广大水文工作者对《水文》杂志给予厚爱，将多年的科技成果、科研心得等智慧结晶浓缩于稿件中，谱写着我国水文事业和科技发展篇章，其中不乏以刘光文先生、赵人俊先生为代表的的水文教育家、科学家的鼎力支持。杂志创刊后，编辑部陆续收到刘光文、赵人俊等水文名家的多篇稿件，其中包括早期的手写文章，经编辑部精心排版后刊发，引发较大反响，其中的许多理论方法至今仍被广泛引用参考，甚至被写进高等院校教材或被列为行业标准。《水文》杂志的成长还伴随着众多领导专家寄予的深厚希望。水利专家张含英先生在祝贺《水文》出刊百期时题词“宣扬观测研究信息 贯彻求是创新精神”，时任水利电力部部长钱正英为《水文》创刊三十周年题词“为促进我国水文事业的现代化提供信息”，《水文》创刊50周年时任水利部副部长胡四一题词“水文业务经验交流的园地 水文科技成果展示的平台”。这些题词不但肯定了《水文》杂志的成绩，同时也指引着《水文》杂志编辑部恪守“学科引领，服务行业”的办刊宗旨，致力于促进水文学科和水文水资源科学技术发展以及服务广大读者。

《水文》杂志伴随着国家水文与水利事业的发展而成长。为确保出刊稿件的权威性，《水文》杂志编辑部广泛吸纳水文与水利领域杰出专家投入到水文科技成果记录、传播工作中。1987年成立了《水文》杂志第一届编辑委员会，王金生为主任委员。随着水文学科的发展和《水文》杂志的成长，编辑委员会的队伍也不断壮大，广泛融合了水文科研教学、管理、设计生产方面的专家，王守强、焦得生、鄂竟平、刘宁、叶建春先后任主任委员，丛树铮、陈道弘、赵人俊、赵珂经、王浩、胡四一、芮孝芳、陈志恺、刘昌明、薛禹群、夏军、王光谦、胡春宏、张建云（亦曾任主编）等著名水文专家为顾问及委员，至今共成立了八届编辑委员会。

可以说在广大作者、读者和水文行业学者、专家的大力支持下，在历任编委会、编辑部的精心呵护下，《水文》杂志茁壮成长，翔实地记录了64年来中国水文科技、水文事业的前进步伐。可以说，《水文》杂志是中华人民共和国水文科学技术的发展史，也是我国水文工作者智慧的结晶，她已成为水文水资源领域科学研究、技术创新、成果交流与信息共享的重要平台，充分发挥了水文科技交流的桥梁、纽带、媒介和阵地作用。

水文是水利的基石，是防汛抗旱和水环境保护的耳目，是水资源开发利用和水利工程建设的依据。水文为一切与水有关的行业服务，是国民经济和社会发展的重要基础工作。在未来的道路上，《水文》将继续乘风破浪，承担自己的使命，立足当前、放眼未来，坚定不移地为水文行业做好服务，为我国水利事业的发展勇往直前地做出新贡献！

《水利学报》历经坎坷铸辉煌

韩昆　耿庆斋　王婧（《水利学报》编辑部）

自 1956 年创刊以来，《水利学报》继承中国近代水利先驱的遗愿，弘扬创新求实的优良学风，逐步成长为水利工程领域最具国际影响力的综合性学术期刊之一。在 2021 年底发布的《世界期刊影响力指数（WJCI）报告》（2021 科技版）中，《水利学报》在"水利工程"学科期刊（全球共 55 种入选）中排名中国第一、世界第四（全球共 55 种入选），位列 Q1 区。

《水利学报》现由中国科学技术协会主管，中国水利学会、中国水利水电科学研究院和中国大坝工程学会共同主办。在办刊的数十年间，《水利学报》虽两停两复，仍坚守信念，坚持传播水利领域专家学者的攻关力作，跟踪展示水利科研成果和学科发展动态，为推动水利科技进步和促进学术交流发挥了重要作用。

一、创刊背景

《水利学报》的前身可上溯至 1931 年 7 月中国水利工程学会创办的会刊《水利》。20 世纪 20 年代，现代水利在国内得到初步的发展。然而，一批国内培养和留学回国的水利科技人员分散各部门，无从切磋交流。李仪祉、李书田等学者借鉴之前中华工程师学会等办会办刊经验，于 1931 年 4 月发起成立中国历史上第一个全国性水利学术团体——中国水利工程学会，并于同年 7 月创办了《水利》月刊，汪胡桢、徐世大、谭葆泰曾任出版委员会委员长。1937 年抗日战争全面爆发后，《水利》一度被迫停刊，1938 年在重庆继续出版《水利特刊》，1945 年又恢复《水利》，改为双月刊，至 1948 年 3 月停刊。在艰苦条件下，学会"在团结水利科学技术工作者、促进我国水利事业的发展上，作出了不可磨灭的贡献"。会刊

《水利》创办 18 年，共出版月刊 13 卷 75 期、双月刊 2 卷 8 期以及特刊 6 卷 62 期，发表重要文章 571 篇，在近代 50 种水利科技期刊中学术和社会影响最大。

新中国成立前夕，中国人民政治协商会议的《共同纲领》中，把兴修水利、防洪抗旱，作为人民政治施政纲领的内容之一。新中国成立后，毛主席、周总理对治理淮河、黄河、长江、海河等大江大河，陆续作出了部署。在“一定要把淮河修好”“要把黄河的事情办好”的伟大号召下，全国各族人民掀起了大规模兴修水利的热潮，开展了“战天斗地”的豪迈实践，1951 年淮河佛子岭水库上马，1956 年三门峡水库动工兴建，农田水利建设遍布全国。1957 年，在党中央发出“向科学进军”的号召鼓舞下，中国水利学会成立，标志着中国水利工程学会的优良传统得到传承和弘扬，水利科学研究在广泛性和综合性方面将得到重大的发展。1956 年 12 月，中国水利学会在其筹备期间，袭承《水利》创刊出版了《水利学报》。在创刊号上林秉南、钱宁、张光斗等水利大家撰文 7 篇，开展学术探讨。“创刊号出版不久，在北京即已脱销”，学报受到了广大水利工作者的关心和爱护。

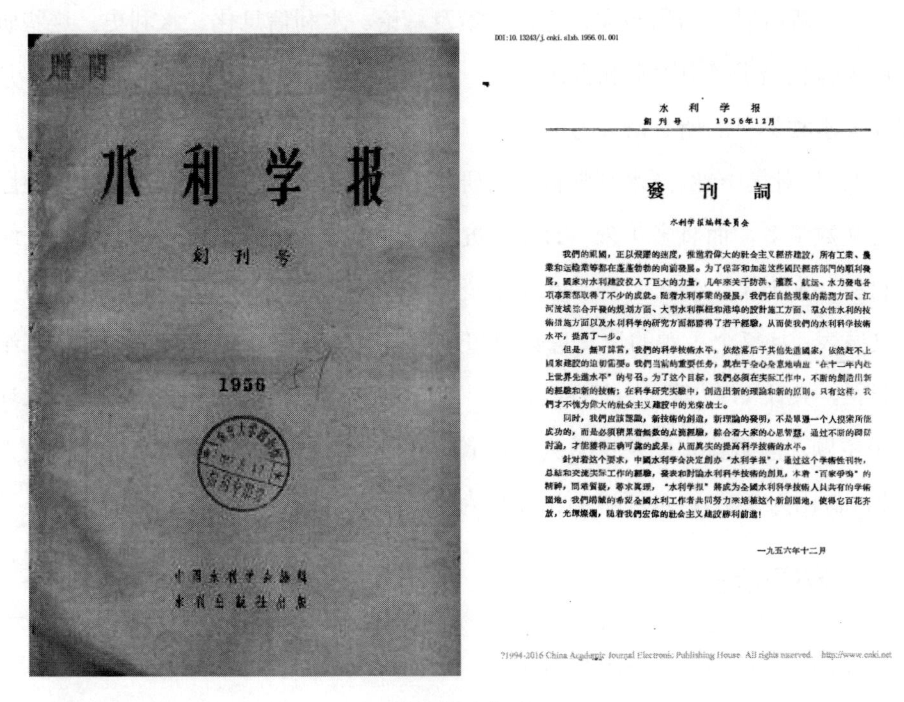

DOI:10.13243/j.cnki.slxb.1956.01.001

水　利　学　报

創刊号　　1956年12月

發　刊　詞

水利学报编辑委員会

我們的祖國，正以飛躍的速度，推進着偉大的社会主义經济建設，所有工業、農業和运輸業等都在蓬蓬勃勃的向前發展。为了保証和加速这些國民經济部門的順利發展，國家对水利建設投入了巨大的力量，几年来关于防洪、灌溉、航运、水力發电各項事業都取得了不少的成就。隨着水利事業的發展，我們在自然現象的觀測方面、江河流域綜合开發的規划方面、大型水利樞紐和港埠的設計施工方面、羣众性水利的技術措施方面以及水利科学的研究方面都獲得了若干經驗，从而使我們的水利科学技術水平，提高了一步。

但是，無可諱言，我們的科学技術水平，依然落后于其他先進國家，依然赶不上國家建設的迫切需要。我們当前的重要任务，就在于全心全意地响应“在十二年內赶上世界先進水平”的号召。为了这个目标，我們必須在实际工作中，不断的創造出新的經驗和新的技術；在科学研究实驗中，創造出新的理論和新的原则。只有这样，我們才不愧为偉大的社会主义建設中的光榮战士。

同时，我們应該認識，新技術的創造，新理論的發明，不是單獨一个人摸索所能成功的，而是必須積累着無数的点滴經驗，綜合着大家的心思智慧，通过不断的研究討論，才能獲得正确可靠的成果，从而真实的提高科学技術的水平。

針对着这个要求，中國水利学会决定創办“水利学报”，通过这个学術性刊物，总結和交流实际工作的經驗，發表和討論水利科学技術的創見，本着“百家爭鳴”的精神，問难質疑，尋求真理，“水利学报”將成为全國水利科学技術人員共有的学術園地。我們竭誠的希望全國水利工作者共同努力來培植这个新創園地，使得它百花齐放，光輝燦爛，隨着我們宏偉的社会主义建設勝利前進！

一九五六年十二月

创刊号及发刊词

二、办刊理念和涵盖学科

1. 办刊理念

《水利学报》始终秉承“问难质疑，寻求真理”的办刊理念，坚守“创新求实、崇德戒躁”的信念，学习老一辈水利科技人员潜心钻研、严谨治学的优良传统和敬业精神，视弘扬严谨学风、助育优秀人才为己任，严把论文质量关，坚持办好高品质精品期刊，所刊论文基本反映出我国水利水电科学研究的前沿水平。

2. 涵盖学科

《水利学报》论文的研究主题具有两个特点：

（1）多主题性。从1956—2018年《水利学报》发表的7238篇中，可归纳出18个研究主题：水工结构及材料、水力学、岩土工程、水文水资源、灌排水、河渠泥沙、水环境、水力发电、地下水、水土保持、水利工程施工、水利经济、河港水运、工程抗震、防洪减灾、方针政策及总论、水利信息化、水利史。这些研究主题大体相当于《中国水利百科全书》一、二版给出的17个水利分支学科，几乎涵盖了水利学科的所有研究方向。

（2）相对集中性。《水利学报》的研究主题主要集中于前7个，这七大主题不仅论文数量多，而且多年来一直是研究热点。可分为两组：第一组包括水工结构及材料、水力学、岩土工程和水文水资源4个主题，各主题每个时间段都有大量论文发表，且每个主题的论文总数都超过了1000篇，其中论文最多的是水工结构及材料，共计1197篇，占比为17.4%；第二组包括灌溉排水、河渠泥沙和水环境3个主题，灌溉排水的论文数为755篇，占比为11.0%，河渠泥沙的论文数为652篇，占比为9.4%，水环境的论文数为465篇，占比为6.9%。

三、发展历程

1. 两停两复（1957—1980年）

创刊之后，《水利学报》编辑室初设在原水利部北京勘测设计院，历时2年多

（1956 年 12 月至 1958 年），出刊 9 期。1959 年改由中国水利学会和中国水利水电科学研究院共同编辑，从季刊改为双月刊。从 1959 年第 6 期起《水利学报》与《泥沙研究》合刊，仍名《水利学报》，并于 1960 年起改为月刊，同年 7 月暂时停刊。1962 年 2 月复刊，改为双月刊，1966 年 5 月再次停刊。在此期间，《水利学报》共出刊 26 期，刊登 170 余篇学术论文，讨论 180 余篇。1980 年 12 月复刊，为双月刊。

2．改革开放时期的蓬勃发展（1981—2007 年）

复刊后《水利学报》得到了迅速发展，1982 年底《水利学报》再次改为月刊，此后刊期不再变动。到 1980 年代中期，《水利学报》印数由创刊时的 1500 多份发展到 6000 多份。

1980 年代，我国水利建设逐步走上科学治水和依法治水的轨道。之后 30 年，随着时代的发展，治水思路不断变化。1998 年大水后，更加重视人水和谐发展，兴利除害结合，开源节流并重，防洪抗旱并举，加快了由传统水利向现代水利迈进的步伐。进入 21 世纪，在高速城镇化、工业化的压力下，加之受全球气候变暖的影响，可持续发展面临的水问题更为复杂，水安全保障遭受到更为严峻的挑战，对水利科技进步提出更为紧迫的要求，水利进入综合治水的新阶段。

随着各阶段治水思路的改变，《水利学报》也顺应时代发展，积极发挥自身的学术传播作用，不断发表最新的水利科技成果。《水利学报》在 1981—2007 年的 27 年间，论文发表数量不断递增，从每年的数十篇增长到 200 余篇，这一时期发表了 5000 余篇各专业论文。在 1992 年，为了更好地对外交流，在水利电力出版社和泰勒-弗朗西斯出版公司的支持下，中国水利学会聘请林秉南担任顾问，陈炳新担任编委会主任，张文正、龙毓骞、史梦熊担任编委会副主任，左东启、伍修焘、何孝俅、金泰来、张泽桢、张蔚榛、夏震寰、须清华、陶炳炎等担任编委委员，金炎担任主编，尝试出版了 1 卷 4 期英文版《水利学报》。

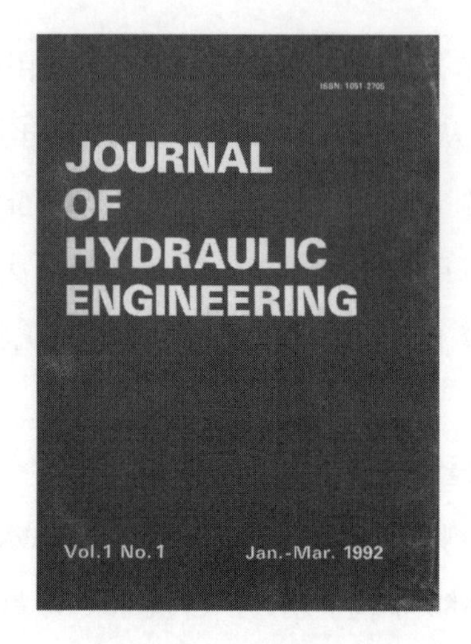

《水利学报》（英文刊）封面

这些论文为推动我国水利科技的发展、促进学术交流发挥了应有的作用。《有限元强度折减系数法计算土坡稳定安全系数的精度研究》（2003 年第 1 期）一文至今被引用 1200 余次，年均被引用 66 次，有力地指导了学者们对于边坡稳定的学术研究。这一时期，朱伯芳院士也在混凝土徐变、拱坝体形优化等新的研究领域进行了多角度的研究，取得了一系列国际领先水平的成果，并在《水利学报》发表相关论文 43 篇，篇均被引用 28 次。1995 年 2 月，《水利学报》被美国工程信息公司（Ei）的 Ei Page One 数据库收录，2008 年被 Ei 列入核心类期刊, 收入 Compendex 数据库。

2008 年 3 月，为顺应期刊的网络化发展，《水利学报》上线了在线投审稿平台，全面实现投审编校电子化，这进一步推动了学报的发展。

3. 网络时代的奋勇前行（2008 年至今）

进入 21 世纪以来，随着全球电子化、网络化的迅猛发展，纸质期刊的发行传播规模逐渐缩小。为适应时代变化，《水利学报》在上线网络投审稿平台后，于 2014 年进一步上线微信公众号，加大学报的电子化网络化传播，以方便读者通过微信浏览和下载《水利学报》的电子版论文，同时查询所投稿件的编审进展。

这十几年来，我国实现了建成小康社会的第一个百年目标。作为国民经济发展的基础产业，水利水电行业稳步前行，水利科技水平持续提升，在一些领域已跻身世界先进行列。国之重器三峡工程于2020年10月完成了整体竣工验收全部程序，南水北调东中线一期工程全面通水6周年，累计调水超394亿m³，1.2亿人直接受益。《水利学报》注重围绕这一时期水利重大科技攻关、基础研究、前沿技术突破等方面的迫切需求，选登以解决实际水问题为导向的优秀论文，近5年仅"国家重点研发计划项目"论文就发表了252篇，占此期间全部论文的32%，展现了水利领域的优秀成果与创新进展。2015年《水利学报》荣获了报刊届最高奖项之一的"百强报刊"，入选国家新闻出版广电总局评选的"百强科技期刊"。截至2021年12月《水利学报》已出版543期，发表论文7671篇。

四、学术和社会影响

1. 编委会

自创刊以来，《水利学报》历经9届编委会，须恺、张含英、张光斗、黄文熙等水利界泰斗先后担任编辑委员会主任或主编。其中第一届期间，经历了两任编委会。

《水利学报》历届编委会负责人名单

届次	任期	主任	副主任	主编（总编）	副主编（副总编）
第一届第一任	1956年12月—1958年	须恺	刘俊峰、张光斗、张昌龄、黄文熙		
第一届第二任	1959—1960年			黄文熙	
第二届	1962—1966年4月	张含英	张子林、须恺、高镜莹、黄文熙	黄文熙	陈椿庭、刘辉祖
第三届	1980—1985年	张光斗	黄文熙、张昌龄、陈椿庭、梁益华、徐乾清	张光斗	陈椿庭、娄溥礼
第四届	1986—1990年	张泽祯		张泽祯	
第五届	1990—1994年	陈炳新		陈炳新	
第六届	1994—1999年	张启舜		陈炳新	赵玲爽

续表

届次	任期	主任	副主任	主编（总编）	副主编（副总编）
第七届	1999—2006年	梁瑞驹	董哲仁、冯广志、贾金生	陈炳新	黄林泉、曹征齐、李赞堂
第八届	2006—2016年	匡尚富	陈明忠、李赞堂、贾金生	陈炳新	程晓陶、李赞堂
第九届	2016—至今	匡尚富	武文相、汤鑫华、李锦秀、贾金生、吴宏伟（任至2020年）、于琪洋（任至2017年）、杨晓东（任至2019年）	程晓陶	甘泓、徐泽平、李赞堂（任至2017年）

2. 作者

新生作者的培养，是一个期刊可持续发展的基础，只有不断吸纳新鲜血液、培养新人，期刊才会更有生命力。据统计，截至2018年底，发表1篇论文的作者有2763人，占作者总数的68%，发文量占论文总数的38.17%。发文量为1～2篇的作者人数共计3436人，占作者总数的84.56%，发文量占论文总数的56.77%，他们为我刊持续稳定的办刊提供了可靠的基础。

核心作者是学报发展的动力源泉，他们是一群活跃在我刊的杰出研究者。《水利学报》的核心作者数为146人，占作者总数的3.59%，共发表的论文数为1385篇，占论文总数的19.14%，即约有五分之一的论文是由核心作者撰写。其中发文量在15篇及以上的第一署名作者有15人，发表论文数最多的是52篇。这些作者全部来自科研院所和高校，其中科研院所8位、高校7位。这15位高产作者中有1位中国科学院院士（倪晋仁）、3位中国工程院院士（朱伯芳、陈厚群、胡春宏），他们潜心钻研、严谨治学，不仅是水利学科各自领域的学术带头人，而且发表了大量的高质量学术论文，为我国水利科学技术创新和学科发展起到了引领作用。

3. 学术影响

有了高质量的论文，期刊的影响力才能不断增长。据中国科学技术信息研究所统计，《水利学报》的核心总被引频次、核心影响因子不断递增，排名居学科期刊前列，总影响力始终排名学科期刊首位。

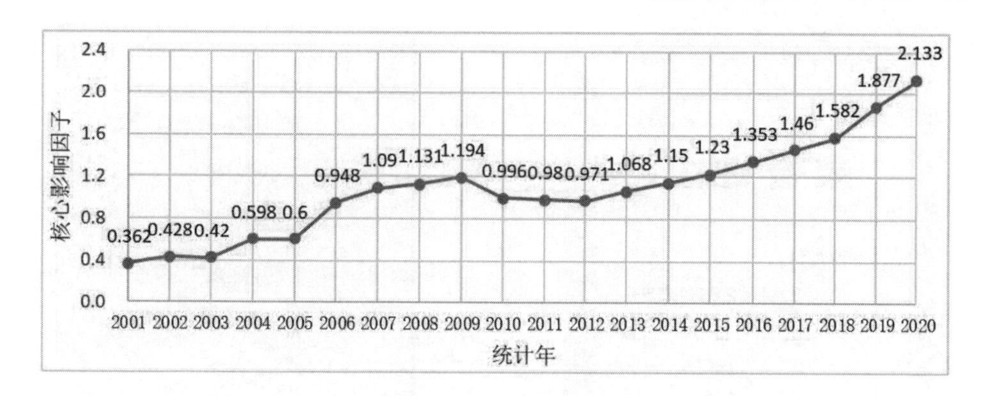

《水利学报》历年核心影响因子

目前《水利学报》被中国科技论文与引文数据库、中文核心期刊数据库、中国科学引文数据库、中国科技期刊文摘数据库、中国科学院文献情报中心、美国《工程索引》(EI)、美国《剑桥科学文摘（自然科学)》(CSA)、日本科学技术振兴机构中国文献数据库（JST)、荷兰《文摘与引文数据库》(Scopus）等多家国内外重要数据库收录，面向国内外广大读者传播。

本刊连续多年获得“中国科协精品科技期刊项目”资助；连续19年荣获“中国百种杰出学术期刊”的称号；2009年荣获“新中国60年有影响力的期刊”称号；2015年被国家新闻出版广电总局推荐为“百强报刊”；连续多年入选“期刊数字影响力100强”；连续多年被评为“中国国际影响力优秀学术期刊”；根据中国科学技术信息所的检索报告，《水利学报》综合指标始终名列第一。在最新的《世界期刊影响力指数（WJCI）报告》(2021科技版）中，《水利学报》在“水利工程”学科期刊中排名中国第一、世界第四。

证　书

《水利学报》被美国工程信息公司(Ei)定为 Ei Page One 数据库收录期刊。

特此证明

美国工程信息公司

中国信息部

Ei收录证书

证　书

《水利学报》杂志

荣获新中国60年有影响力的期刊

中国期刊协会　二〇〇九年十二月二十二日

中国出版科学研究所　二〇〇九年十二月二十二日

新中国60年有影响力的期刊

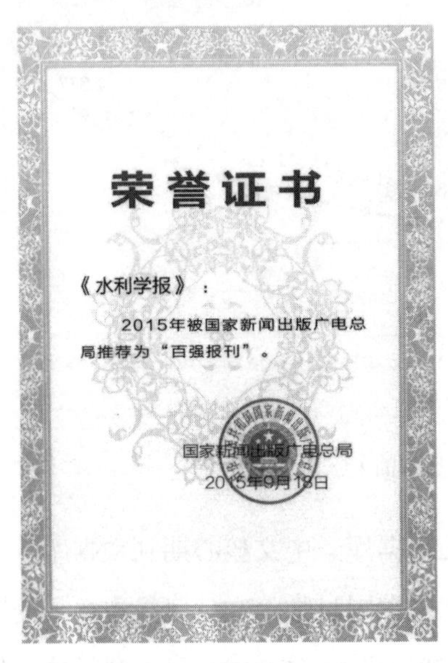

荣誉证书

《水利学报》：

2015年被国家新闻出版广电总局推荐为“百强报刊”。

国家新闻出版广电总局

2015年9月18日

百强报刊

2019年

百种中国杰出学术期刊

获奖证明

CERTIFICATE OF
100 OUTSTANDING ACADEMIC JOURNALS OF CHINA 2019

水利学报

根据2019年度中国科技论文与引文数据库（CSTPCD）统计结果，贵刊荣获2019年“百种中国杰出学术期刊”称号。
特此证明。

中国科学技术信息研究所
Institute of Scientific and Technical Information of China
北京复兴路15号 100038 www.istic.ac.cn

百种中国杰出学术期刊（2019 年）

五、历年题词

张含英在学报 100 期纪念时题词“文章百卷，事业千秋，赠水利学报”；钱正英、陆佑楣、潘家铮、胡四一、林秉南、张泽祯等为《水利学报》创刊五十周年题词，汪恕诚发来五十周年刊庆寄语“回顾与展望”；陈雷在学报创刊六十周年时，寄语《水利学报》“奋力谱写水利科技期刊发展新篇章”。这是水利行业领导和前辈对《水利学报》的支持、鼓励、期望和鞭策。

张含英为《水利学报》出版 100 期题词

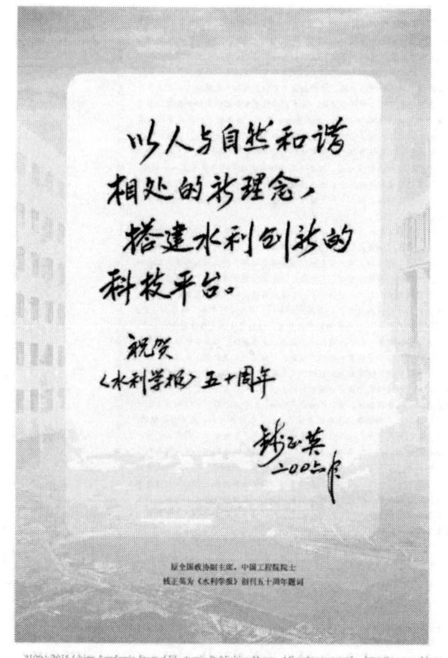

钱正英题词

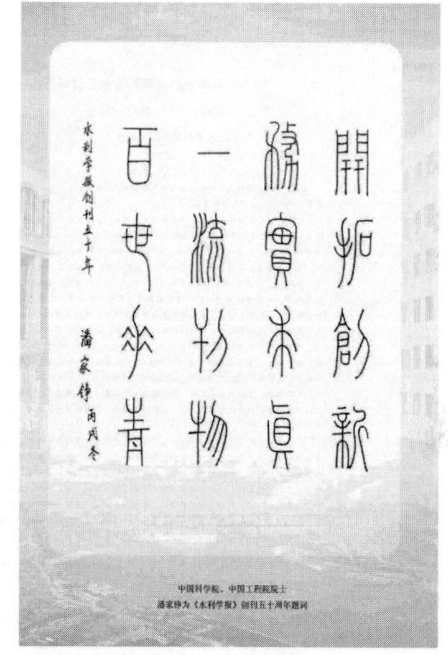

潘家铮题词

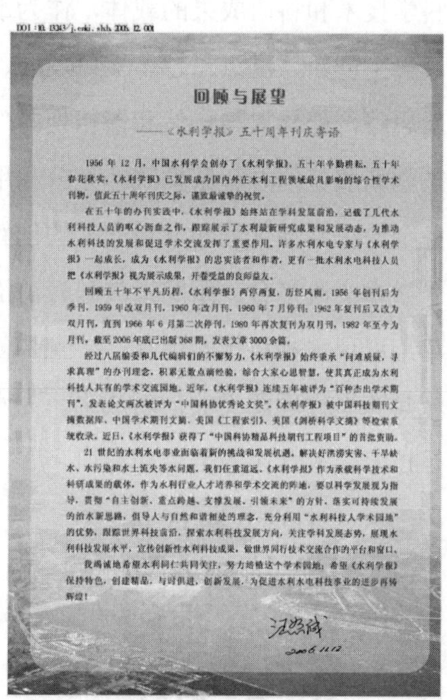
DOI:10.13243/j.cnki.slxb.2006.12.001

回顾与展望

——《水利学报》五十周年刊庆寄语

1956年12月，中国水利学会创办了《水利学报》。五十年辛勤耕耘，五十年春花秋实，《水利学报》已发展成为国内外在水利工程领域最具影响的综合性学术刊物。值此五十周年刊庆之际，谨致最诚挚的祝贺。

在五十年的办刊实践中，《水利学报》始终站在学科发展前沿，记载了几代水利科技人员的呕心沥血之作，跟踪展示了水利最新研究成果和发展动态，为推动水利科技的发展和促进学术交流发挥了重要作用。许多水利水电专家与《水利学报》一起成长，成为《水利学报》的忠实读者和作者，更有一批水利水电科技人员把《水利学报》视为展示成果，开卷受益的良师益友。

回顾五十年不平凡历程，《水利学报》两停两复，历经风雨。1956年创刊后为季刊，1959年改双月刊，1960年改月刊，1960年7月停刊；1962年复刊后又改为双月刊，直到1966年6月第二次停刊。1980年再次复刊为双月刊，1982年至今为月刊。截至2006年底已出版368期，发表文章3000余篇。

经过八届编委和几代编辑们的不懈努力，《水利学报》始终秉承“问难质疑，寻求真理”的办刊理念，积累无数点滴经验，综合大家心思智慧，使其真正成为水利科技人共有的学术交流园地。近年，《水利学报》连续五年被评为“百种杰出学术期刊”，发表论文两次被评为“中国科协优秀论文奖”。《水利学报》被中国科技期刊文摘数据库、中国学术期刊文摘、美国《工程索引》、美国《剑桥科学文摘》等检索系统收录。近日，《水利学报》获得了“中国科协精品科技期刊工程项目”的首批资助。

21世纪的水利水电事业面临着新的挑战和发展机遇。解决好洪涝灾害、干旱缺水、水污染和水土流失等水问题，我们任重道远。《水利学报》作为承载科学技术和科研成果的载体，作为水利行业人才培养和学术交流的阵地，要以科学发展观为指导，贯彻“自主创新、重点跨越、支撑发展、引领未来”的方针，落实可持续发展的治水新思路，倡导人与自然和谐相处的理念，充分利用“水利科技人学术园地”的优势，跟踪世界科技前沿，探索水利科技发展方向，关注学科发展态势，展现水利科技发展水平，宣传创新性水利科技成果，做世界同行技术交流合作的平台和窗口。

我竭诚地希望水利同仁共同关注，努力培植这个学术园地；希望《水利学报》保持特色，创建精品，与时俱进，创新发展，为促进水利水电科技事业的进步再铸辉煌！

汪恕诚

2006.11.12

五十周年刊庆寄语

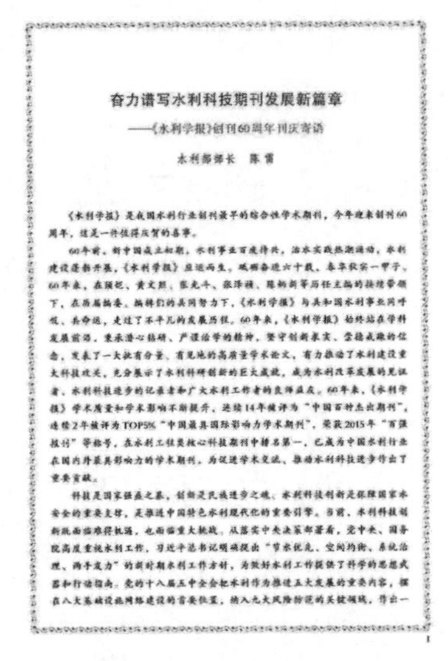

奋力谱写水利科技期刊发展新篇章

——《水利学报》创刊60周年刊庆寄语

水利部部长　陈雷

《水利学报》是我国水利行业创刊最早的综合性学术期刊，今年迎来创刊60周年，这是一件值得庆贺的喜事。

60年前，新中国成立初期，水利事业百废待兴，治水实践热潮涌动，水利建设蓬勃开展，《水利学报》应运而生。砥砺奋进六十载，春华秋实一甲子。60年来，在须恺、黄文熙、张光斗、张泽祯、陈炳新等历任主编的接续带领下，在历届编委、编辑们的共同努力下，《水利学报》与共和国水利事业同呼吸、共命运，走过了不平凡的发展历程。60年来，《水利学报》始终站在学科发展前沿，秉承潜心钻研、严谨治学的精神，坚守创新求实、崇德成就的信念，发表了一大批有分量、有见地的高质量学术论文，有力推动了水利建设重大科技攻关，充分展示了水利科研创新的巨大成就，成为水利改革发展的见证者、水利科技进步的记录者和广大水利工作者的良师益友。60年来，《水利学报》学术质量和学术影响不断提升，连续14年被评为“中国百种杰出期刊”，连续2年被评为TOP5%“中国最具国际影响力学术期刊”，荣获2015年“百强报刊”等称号，在水利工程类核心科技期刊中排名第一，已成为中国水利行业在国内外最具影响力的学术期刊，为促进学术交流、推动水利科技进步作出了重要贡献。

科技是国家强盛之基，创新是民族进步之魂。水利科技创新是保障国家水安全的重要支撑，是推进中国特色水利现代化的重要引擎。当前，水利科技创新既面临难得机遇，也面临重大挑战。从落实中央决策部署看，党中央、国务院高度重视水利工作，习近平总书记明确提出“节水优先、空间均衡、系统治理、两手发力”的新时期水利工作方针，为做好水利工作提供了科学的思想武器和行动指南。党的十八届五中全会把水利作为推进五大发展的重要内容，摆在八大基础设施网络建设的首要位置，纳入九大风险防范的关键领域，作出一

I

系列战略部署，提出新的明确要求。贯彻中央兴水惠民决策部署，抓住“十三五”战略机遇，推进水利改革发展新跨越，亟需进一步发挥水利科技的引领和支撑作用。从服务大规模水利建设看，随着经济发展进入新常态，中央把水利作为基础设施建设的重要支柱，水利迎来了前所未有的历史机遇期和建设黄金期，一大批重大水利工程开工建设，点多面广的民生水利项目加快推进，面临深埋长隧洞、大跨度输水渡槽、大流量施工导流、高边坡开挖等诸多技术难题，亟需加强工程关键技术攻关，保障大规模水利建设顺利推进。从应对水安全面临挑战看，随着经济社会快速发展和全球气候变化影响加剧，我国水安全面临新老问题交织的严峻形势，既要更加稳妥地解决好水旱灾害这一老问题，又要妥善解决好水资源短缺、水生态损害、水环境污染等新问题，亟需加快推进水科学重大基础研究和水治理关键技术研发，为保障国家水安全提供坚实科技支撑。

水利科技期刊是水利科技成果传播的有效途径，也是水利科技工作者学术交流的重要平台。作为我国水利科技期刊的排头兵，希望《水利学报》以创刊60周年为契机，进一步发扬优良传统，秉承科学精神，创新办刊思路，再创新的辉煌。要始终坚持围绕中心、服务大局，牢牢把握正确方向，紧紧围绕贯彻落实中央新时期水利工作方针以及水利部党组各项决策部署，聚焦水利改革发展需求，坚持“传播科技成果，弘扬严谨学风，引领学科发展”的办刊理念，充分发挥学报对行业学科的引领和导向作用，以科技进步支撑水利事业发展。要始终坚持学术民主、科学办刊，充分发挥《水利学报》的平台优势、品牌特色和纽带作用，倡导科学求实的学术风尚，营造民主和谐的学术氛围，积极推动水利建设管理前沿领域的先进理论、先进技术研究，大力宣传水利科技重大问题和关键技术的研究成果，推动国内外水利科技交流与合作，更好促进水利科技学科融合与协同创新。要始终坚持严谨治学、精益求精，学习和借鉴国内外先进的办刊理念和经验，加强自身能力建设，促进期刊管理更加科学规范，切实增强期刊的科学性、权威性、指导性和服务性，不断提升期刊的核心竞争力和学术影响力。要始终坚持深化改革、创新发展，按照国家关于科技期刊改革的总体部署，适应国际科技期刊集群化、数字化、国际化、市场化的发展趋势，充分利用自身优势，有效整合各类资源，加快与新媒体、移动互联技术相互融合，探索创新发展模式，积极搭建数字优先出版及多媒体交互平台，奋力谱写水利科技期刊发展新篇章，为服务水利科技进步、推动水利改革发展作出新的更大贡献。

祝《水利学报》越办越好！

II

六十周年刊庆寄语

21世纪的水利水电事业面临着新的挑战和发展机遇，水利工作者任重道远。《水利学报》作为承载科学技术和科研成果的载体，作为水利行业人才培养和学术交流的阵地，将贯彻“自主创新、重点跨越、支撑发展、引领未来”的方针，落实可持续发展的治水新思路，倡导人与自然和谐相处的理念，在新时代治水思路下积极探索为水利科技创新服务的办刊新模式，充分利用“水利科技人学术园地”的优势，发挥学科齐全的综合性优势和学科交叉的创新性优势，搭建科学性和实用性相结合的高水平学术交流平台，跟踪世界科技前沿，探索水利科技发展方向，关注学科发展态势，展现水利科技发展水平，宣传创新性水利科技成果，记录与传播水利科技领域具有里程碑意义的创新成果，为水利事业的现代化发展做出新贡献，做世界同行技术交流合作的平台和窗口。

微信公众号二维码

《河海大学学报（自然科学版）》的创刊与发展

河海大学期刊部

一、概况

《河海大学学报（自然科学版）》是由教育部主管、河海大学主办的以水资源开发、利用与保护为重点的综合性学术期刊。创办于 1957 年。目前主编为唐洪武教授（2021 年 11 月当选为中国工程院院士），双月刊，每逢单月 25 日出版。主要刊登水资源、水文、水利水电工程、水运工程、海洋及海岸工程、环境科学工程、水力学及河流动力学、水工结构、岩土工程、工程力学等学科的最新科研成果与学术论文。

《河海大学学报（自然科学版）》聘请了海内外水科学与水技术领域的著名专家、中国工程院院士、中国科学院的院士担任顾问或编委。

二、历史沿革

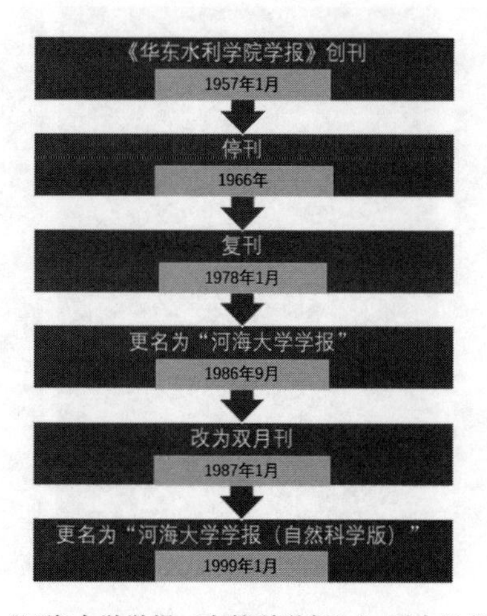

《河海大学学报（自然科学版）》历史沿革

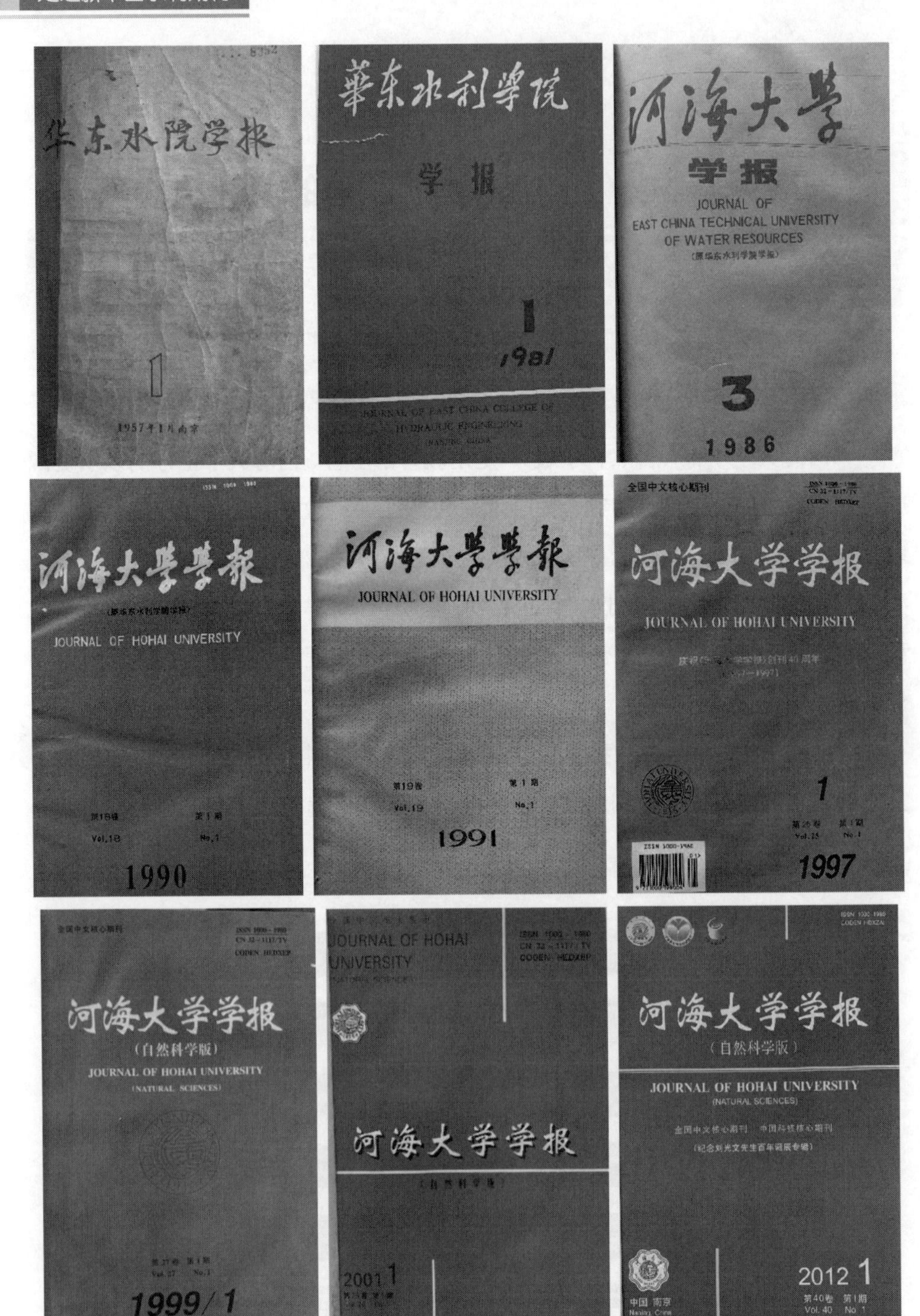

不同时代的期刊

（一）《华东水利学院学报》创刊

1952 年华东水利学院成立，为了进一步提高教学质量，培养符合国家建设需要的人才，教师需要不断地总结教学工作中的各项经验，并加以改进和提高。在此背景下，1957 年《华东水利学院学报》创刊，顾问严恺院士撰写创刊词。1966 年“文革”停刊。

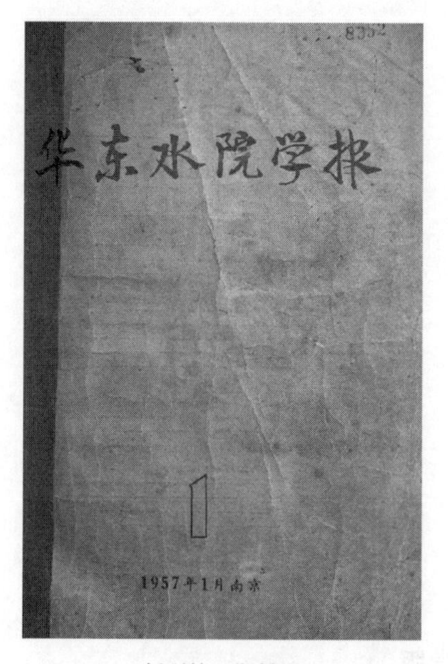

创刊第 1 期封面

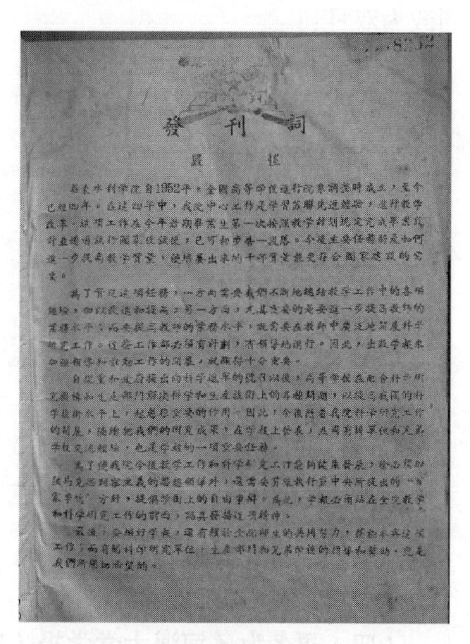

發刊詞

嚴愷

華東水利学院自1952年，全國高等学校進行院系調整時成立，至今已經四年。在這四年中，我院中心工作是学習苏聯先進經驗，進行教学改革。這項工作在今年暑期畢業生第一次按照教学計划規定完成畢業設計並通過國家考試後，已可初步告一段落。今後主要任務將是如何進一步提高教学質量，使培養出來的干部質量能更符合國家建設的需要。

為了實現這項任務，一方面需要我們不斷地總結教学工作中的各項經驗，加以改進和提高；另一方面，尤其重要的是要進一步提高教師的業務水平。而要提高教師的業務水平，就需要在教師中廣泛地開展科学研究工作。這些工作都應該有計劃，有領導地進行。因此，出版学報來加強領導和組織工作的開展，就顯得十分重要。

自從黨和政府提出向科学進軍的號召以後，高等学校在配合科学研究機構和生產部門解決科学和生產技術上的各種問題，以提高我國的科学技術水平上，起着很重要的作用。因此，今後隨着我院科学研究工作的開展，陸續把我們的研究成果，在学報上發表，並同有關單位和兄弟学校交流經驗，也是学報的一項重要任務。

為了使我院今後教学工作和科学研究工作能夠健康發展，除必須加強馬克思列寧主義的思想領導外，還需要貫徹執行黨中央所提出的"百家爭鳴"方針，提倡学術上的自由爭辯。為此，学報必須站在全院教学和科学研究工作的前面，貫徹這種精神。

最後，要辦好学報，還有賴於全院師生的共同努力，積極參與這項工作；而有關科学研究單位、生產部門和兄弟学校的指導和幫助，也是我們所熱切希望的。

发刊词

（二）《华东水利学院学报》复刊

1977 年全国各高校的“学报”绝大多数已复刊，并寄给我校交流。然而，我校的学报仍没有复刊的迹象，对此科技处商学政老师心急如焚，多次向处领导反映，要求尽快复刊。但当时鉴于事多人少，没有人力再承担学报的复刊工作，因此一直未能复刊。当年，商学政老师在中国科学院学部委员严恺先生（时任华东水利学院副院长）到教革组巡视工作之际，向他反映了《华东水利学院学报》是迄今全国重点高校中少数几个未复刊的学报之一，当务之急是赶快复刊，否则影响学校的声誉。1978 年，在严恺先生的支持下，《华东水利学院学报》终于复刊。学报的复刊对广大教师来说，无疑是开辟了一片广阔的学术园地，受到了广大教师的欢迎和赞赏。同时，也大大激发了广大教师投入科研的热情和积极性，对学校的科研起了积极的推动作用。

（三）更名为“河海大学学报”

1985 年华东水利学院恢复传统校名“河海大学”，邓小平同志亲笔题写了校名。1986 年 9 月份（第 14 卷第 3 期）学报更名为“河海大学学报”。1987 年由季刊改为双月刊。

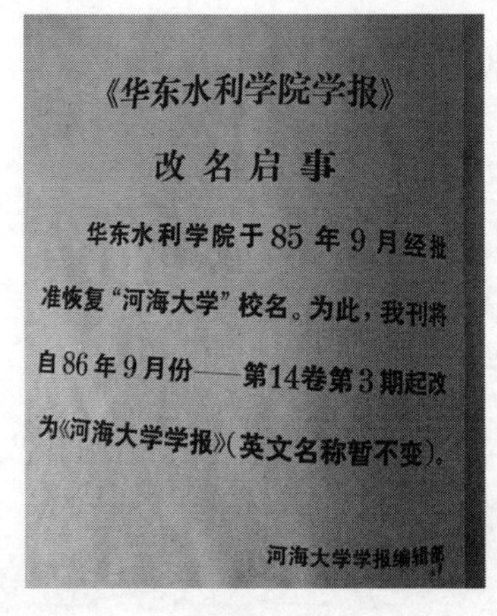

《华东水利学院学报》

改名启事

华东水利学院于 85 年 9 月经批准恢复“河海大学”校名。为此，我刊将自 86 年 9 月份——第 14 卷第 3 期起改为《河海大学学报》(英文名称暂不变)。

河海大学学报编辑部

更名启事

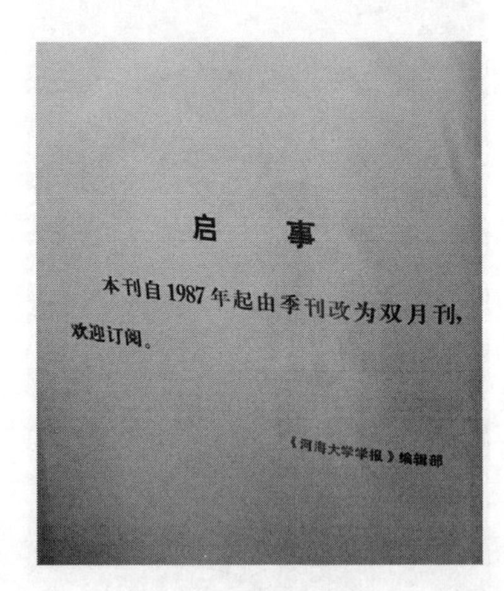

启　　事

本刊自 1987 年起由季刊改为双月刊，欢迎订阅。

《河海大学学报》编辑部

出版周期变更说明

（四）更名为《河海大学学报（自然科学版）》

1998 年 5 月，国家进行报刊整顿，河海大学主办的内部刊物《高等教育学报》面临停刊，在高教研究所的黄莉妙主任、商学政教授、国际工商学院尉天骄副院长共同努力下，在《高等教育学报》的基础上申请创办了公开发行的刊物《河海大学学报（社会科学版）》。而从 1999 年 1 月开始，“河海大学学报”更名为“河海大学学报（自然科学版）”。

三、被 Scopus 数据库收录

《河海大学学报（社会科学版）》作为中文核心期刊、中国科技核心期刊，2012 年 11 月被 Scopus 数据库收录，该数据库收录的数据库和文摘有：荷兰《文摘与引文数据库》(Scopus)、美国《剑桥科学文摘》(CSA)、美国《化学文摘》(CA)、俄罗斯《文摘杂志》（AJ）、波兰《哥白尼索引》（IC）、中国科学引文数据库（核心库）（CSCD）、中国学术期刊综合评价数据库（CAJCED）、中国科技论文统计与分析数据库等。

微信公众号二维码

《中国农村水利水电》曾用刊名较多

《中国农村水利水电》编辑部

长期以来，《中国农村水利水电》杂志坚持以信息性、专业性、资料性、导向性、系统性、准确性、实用性为特色的办刊原则，现开辟了农田水利、水文水资源、水环境与水生态、供水工程、水电建设五大栏目。杂志内容既能反映最新科研动态，又能为生产建设服务。《中国农村水利水电》杂志系中文核心期刊、中国科技核心期刊、中国学术期刊影响因子年报统计源期刊、RCCSE 中国核心学术期刊。读者对象为国内外水利管理、设计、科研、施工单位科技人员及高等院校师生等，水利行业主管部门领导、两院院士及水利知名专家对本刊持续给予关注与支持。

一、发展历程

《中国农村水利水电》于 1959 年创刊，1959—1964 年曾用刊名包括农田水利与农村水电、农田水利、农田水利与水土保持。

创刊号

主办单位：《农田水利》编辑部、科学技术协会农学会农田水利学组。

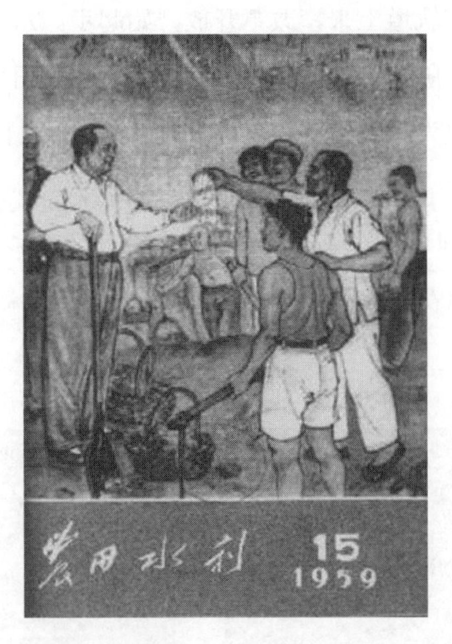

《农田水利》1958 年 15 期封面：毛主席在十三陵水库工地上（油画）

1964—1966 年，刊名“农田水利与水土保持”。

责任人（单位）：中国水利学会农田水利与水土保持编辑部。

出版单位：学术期刊出版社。

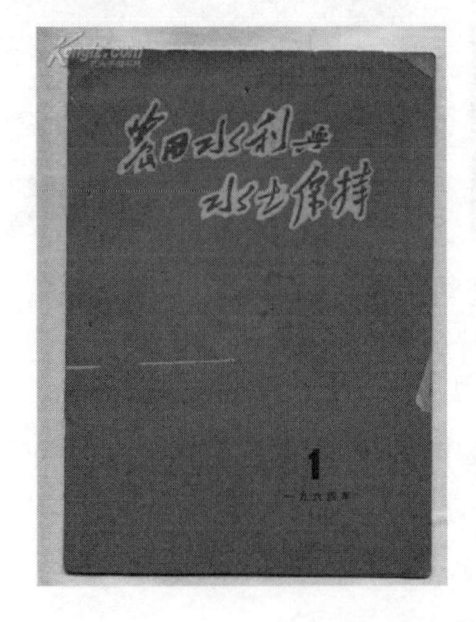

《农田水利与水土保持》

1966—1979 停刊。1978 年党的十一届三中全会召开后，全国上下重新回到以经济建设为中心的正常轨道上来，改革开放开始起步。水利电力部决定恢复《农田水利与水土保持》出版，为支持武汉水利电力学院农田水利学科的发展，编辑部设在武汉，刊名更改为“农田水利与小水电”。1980 试刊两期，1981 开始公开发行，双月刊。

1980—1996 年，刊名“农田水利与小水电”。

出版单位：水利部农田水利局（水利电力部农田水利司）、中国水利学会农田水利专业委员会。

《农田水利与小水电》试刊号和创刊号

1996 至今，刊名“中国农村水利水电”。

主办单位：水利部中国灌溉排水发展中心、水利部农村水电及电气化发展局、武汉大学、中国国家灌溉排水委员会。

《中国农村水利水电》2021 年第 5 期封面

二、办刊宗旨

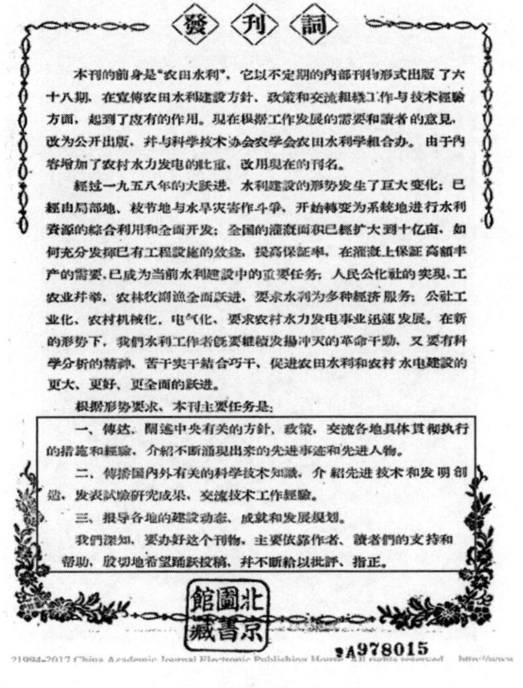

發刊詞

本刊的前身是"农田水利"，它以不定期的內部刊物形式出版了六十八期，在宣傳农田水利建設方針、政策和交流組織工作与技术經驗方面，起到了应有的作用。现在根据工作发展的需要和讀者的意見，改为公开出版，并与科学技术协会农学会农田水利学組合办。由于內容增加了农村水力发电的比重，改用現在的刊名。

經过一九五八年的大跃进，水利建設的形势发生了巨大变化：已經由局部地、枝节地与水旱灾害作斗爭，开始轉变为系統地进行水利資源的綜合利用和全面开发；全国的灌溉面积已經扩大到十亿亩，如何充分发揮已有工程設施的效益，提高保証率，在灌溉上保証高額丰产的需要，已成为当前水利建設中的重要任务；人民公社化的实現，工农业并举，农林牧副漁全面跃进，要求水利为多种經济服务；公社工业化、农村机械化，电气化，要求农村水力发电事业迅速发展。在新的形势下，我們水利工作者旣要繼續发揚冲天的革命干勁，又要有科学分析的精神，苦干实干結合巧干，促进农田水利和农村水电建設的更大、更好、更全面的跃进。

根据形势要求，本刊主要任务是：

一、傳达、闡述中央有关的方針、政策，交流各地具体貫彻执行的措施和經驗，介紹不断涌现出来的先进事迹和先进人物。

二、傳播国內外有关的科学技术知識，介紹先进技术和发明创造，发表試验研究成果，交流技术工作經驗。

三、报导各地的建設动态、成就和发展規划。

我們深知，要办好这个刊物，主要依靠作者、讀者們的支持和帮助，殷切地希望踊跃投稿，并不断給以批評、指正。

创刊时期的办刊宗旨

认 真 总 结 经 验
进一步搞好农田水利和小水电建设

· 本刊编辑部 ·

农业是国民经济的基础，水利是保证农业稳产增产的一个重要条件。水利建设的经济效果如何，对农业生产和国民经济的发展关系很大。随着社会主义建设的不断发展和建设四个现代化的需要，对水利部门越来越多地提出了新的课题。不仅农业的稳产增产，需要水利设施抗御旱涝灾害，城市和工业的发展，也需要水利工程提供可靠的充足的水源，林业、畜牧业、渔业、卫生、航运和旅游等方面，都要求水利部门提供有效的服务。

水利不仅是农业的命脉，也是发展整个国民经济的重要条件。因此，认真总结经验，努力提高科学技术水平，提高经济管理水平，力求以最少的投资和劳动力取得最大的经济效果，为祖国四化建设做出积极贡献，乃是当前水利建设的主要任务。

建国31年来，全国整修和修建了16.5万公里堤防，普遍疏浚整治了排水河道，兴建水库86,000多座、塘坝640万处，万亩以上灌区5200多处。机电排灌动力由解放初的9万马力发展到7000万马力，机电井从无到有发展到220万眼。全国水电装机1990万千瓦，其中水利结合发电装机900万千瓦，小水电装机达630万千瓦。全国已有1500多个县办起了小水电，有700多个县主要靠小水电供电。通过以上的措施，水利建设取得的成绩是很大的。其表现在：

初步控制了一般洪水灾害，过去黄河三年两决口，现已争得31年安澜的局面。长江、淮河、海河、辽河、松花江、珠江等大江大河，也多次战胜了洪水，取得了初步安定；

除涝治碱，发展灌溉，为农业增产创造了条件。易涝面积3.4亿亩，初步治理了三分之二，盐碱地1.1亿亩，改良了一半以上。灌溉面积（低标准）从2.4亿亩增加到7.1亿亩，灌区粮食产量占全国粮食产量的三分之二；

为城市工业和人民生活提供了几百亿立米的水源，为农村和牧区解决了4000多万人、2500万头牲畜的饮水问题；

综合利用，提供了能源。

回顾31年治水的实践，我们有着十分丰富的成功经验，也有深刻的教训。从水利工作本身来说，一条基本的经验就是必须要尊重科学，按照自然规律和经济规律办事，一定要讲求经济效果。水能载舟，也能覆舟。水可兴利，也可为害。搞水利工作必须坚持严格的科学态度，不断探索和认识自然规律，切忌主观主义瞎指挥。实践证明，只有认真进行调查研究，掌握必要的水文、地质、农业生产和社会经济资料，搞好勘测、规划、设计、科研等基本工作，水利建设的成绩就大，才能够得到顺利发展，收到费省效宏的效果。如果违背自然规律和经济规律，主观臆断瞎指挥，就会碰钉子，甚至受到大自然的惩罚。大至一个流域的综合治理，一个大型枢纽的兴建，小至一个小水渠、一个机井的修建，无不是如此。

032689　　1

治水，还要不断研究社会主义经济规律，十分注意经济效果，不能只算政治账，不算经济账。要量力而行，不能超越客观条件急于求成。水利建设与其他方面的建设必须统筹兼顾，有计划按比例地发展，否则事与愿违，欲速则不达。

兴建一项水利工程，从计划管理到技术财务管理，都有一套必不可少的程序；从勘测到规划、设计、施工和管理，都有一系列的基本工作要做，因此需要高度发扬技术民主，充分发挥专业部门和工程技术人员的作用。同时，要有一套比较完善的法规、政策和制度，用法制来保障水利建设中长远和当前、整体和局部，以及国家、集体和个人之间的正常关系。在一项水利工程建成以后，不管工程的大小，都要切实加强经营管理，充分发挥其效益。

水利建设任重道远，兴利除害非一日之功。各地气候条件和水利资源在地理上的分布差异很大，降水在地区和时间上分布极不均匀，有的地方患多，有的地方患少，有的地方不排水就无法种植，有的地方不灌溉就没有农业。同一地区有些年份苦旱，有些年份苦涝，有些年份旱涝交替发生。这种自然条件决定了水利任务的艰巨性、长期性和复杂性。

从当前农田水利的状况来讲，还远远不能适应农业现代化的要求。全国一半以上的耕地还没有灌溉保证，旱涝保收高产稳产的农田还不到三分之一。全国不少山区、草原、边远地区水土流失，草原沙化，干旱缺水的情况还很严重，农业的发展还很缓慢。小水电这几年虽然发展较快，但目前已经开发利用的仅占可开发水能资源的百分之二、三。农田水利和小水电建设的任务还是相当繁重的。

在国民经济调整时期，我们的水利方针是：“搞好续建配套，加强经营管理，狠抓工程实效；抓紧基础工作，提高科学水平，为今后发展作好准备”。就是说把农田水利工作的重点放在充分发挥现有工程的效益上，搞好尾工配套，加强经营管理，充分发挥已建和在建工程的实效。在小水电方面，还要继续贯彻“谁建、谁管、谁有、谁受益”的政策。同时，加强基础工作，改革水利体制。为调整以后的发展作好准备。

《农田水利与小水电》复刊出版，并于今年公开发行。我们将积极贯彻在调整时期的水利方针，宣传介绍和交流包括农田水利、机电排灌、灌排技术、灌溉管理、机井建设、水土保持、牧区水利和小水电等方面的规划设计、管理经验、科学研究成果以及国外有关科技情报。为从事水利、水电、水保工作的同志提供技术参考资料，为四化建设做出积极贡献。

复刊后的办刊宗旨

封三作品

三、办刊重点

1．把握时代脉搏，紧跟学科热点

早在1934年，毛泽东同志就审时度势，高瞻远瞩，在江西瑞金提出“水利是农业的命脉，我们也应予以极大的注意”。将水利比喻成农业的命脉，如果土地是农业的一块块肌体，那么，河流、沟渠正是输送营养的血脉。中国历史上最频繁、最广泛的水利建设，就发生新中国成立以后的30年内，这个时期是中国几千年水利史上最辉煌的时期。农田水利期刊应运而生。从1959年创刊起，农田水利一直是办刊永恒的主题，选题方向与党和国家的有关方针、政策保持高度一致。

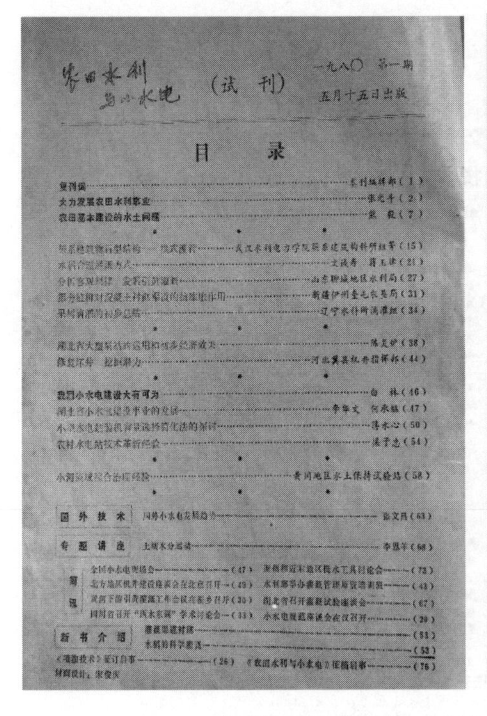

农田水利与小水电　（试　刊）　一九八〇　第一期　五月十五日出版

目　录

发刊词……本刊编辑部（1）
大力发展农田水利事业……张光斗（2）
农田基本建设的水土问题……熊　毅（7）
[illegible]……武汉水利电力学院[illegible]（15）
[illegible]……（21）
[illegible]……山东聊城地区水利局（27）
[illegible]……新疆伊犁[illegible]（31）
[illegible]……辽宁[illegible]（34）
[illegible]……陈[illegible]（38）
[illegible]……河北[illegible]（44）
我国小水电建设大有可为……白　林（46）
[illegible]……李华文　何[illegible]（47）
[illegible]……[illegible]（50）
农村水电站技术革新经验……[illegible]（54）
[illegible]……黄河[illegible]水土保持试验站（58）
国外技术　国外小水电发展趋势……[illegible]（63）
专题讲座　土壤水分运动……李[illegible]（68）
简讯　[illegible]……（47）　[illegible]……（73）
[illegible]……（49）　[illegible]……（43）
[illegible]……（30）　湖北省召开灌溉试验座谈会……（67）
[illegible]……（33）　小水电规划座谈会在汉召开……（20）
新书介绍　灌溉渠道衬砌……（53）
水稻的科学灌溉……（53）
《灌溉技术》征订启事……（26）　《农田水利与小水电》征稿启事……（76）

封面设计：宋俊庆

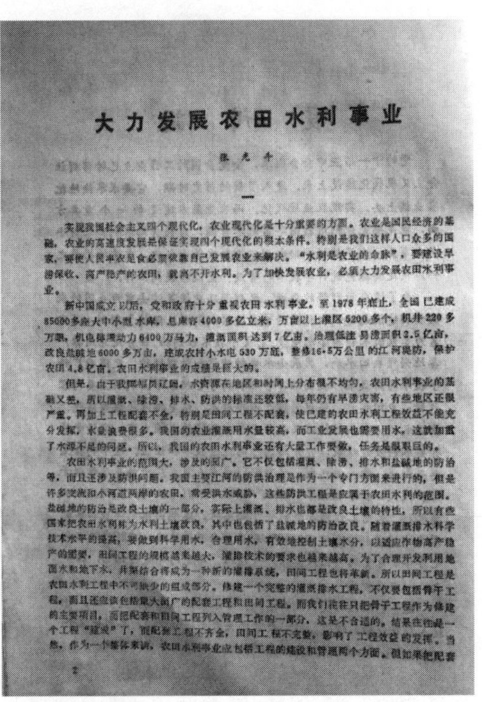

大力发展农田水利事业

张光斗

一

实现我国社会主义四个现代化，农业现代化是十分重要的方面。农业是国民经济的基础，农业的高速度发展是保证实现四个现代化的根本条件。特别是我们这样人口众多的国家，要使人民丰衣足食必须依靠自己发展农业来解决。“水利是农业的命脉”，要建设旱涝保收、高产稳产的农田，就离不开水利。为了加快发展农业，必须大力发展农田水利事业。

新中国成立以后，党和政府十分重视农田水利事业。至1978年底止，全国已建成85000多座大中小型水库，总库容4000多亿立米，万亩以上灌区5200多个，机井220多万眼，机电排灌动力6400万马力，灌溉面积达到7亿亩，治理低洼易涝面积2.5亿亩，改良盐碱地6000多万亩，建成农村小水电530万瓩，整修16.5万公里的江河堤防，保护农田4.8亿亩。农田水利事业的成绩是巨大的。

但是，由于我国幅员辽阔，水资源在地区和时间上分布很不均匀，农田水利事业的基础又差，所以灌溉、除涝、排水、防洪的标准还较低，每年仍有旱涝灾害，有些地区还很严重。再加上工程配套不全，特别是田间工程不配套，使已建的农田水利工程效益不能充分发挥，水量浪费很多。我国的农业灌溉用水量较高，而工业发展也需要用水，这就加重了水源不足的问题。所以，我国的农田水利事业还有大量工作要做，任务是很艰巨的。

农田水利事业的范围大，涉及的面广。它不仅包括灌溉、除涝、排水和盐碱地的防治等，而且还涉及防洪问题。我国主要江河的防洪治理是作为一个专门方面来进行的，但是许多支流和小河道两岸的农田，常受洪水威胁，这些防洪工程是应属于农田水利的范围。盐碱地的防治是改良土壤的一部分，实际上灌溉、排水也都是改良土壤的特性，所以有些国家把农田水利称为水利土壤改良，其中也包括了盐碱地的防治改良。随着灌溉排水科学技术水平的提高，要做到科学用水，合理用水，有效地控制土壤水分，以适应作物高产稳产的需要，田间工程的规模越来越大，灌排技术的要求也越来越高。为了合理开发利用地面水和地下水，井渠结合将成为一种新的灌排系统，田间工程也将革新。所以田间工程是农田水利工程中不可缺少的组成部分。修建一个完整的灌溉排水工程，不仅要包括骨干工程，而且还应该包括量大面广的配套工程和田间工程。而我们往往只把骨干工程作为修建的主要项目，而把配套和田间工程列入管理工作的一部分，这是不合适的。结果往往是一个工程“建成”了，而配套工程不齐全，田间工程不完整，影响了工程效益的发挥。当然，作为一个整体来说，农田水利事业应包括工程的建设和管理两个方面。但如果把配套

2

试刊号开篇之作由著名水利专家清华大学教授张光斗院士撰写

一种新的灌水技术——膜上灌

徐富先 张焕德 郑仁侠 王 新

（新疆水利厅 水管总站 科技处）

一、膜上灌的概念

所谓膜上灌，就是在地膜栽培的基础上，不增加投入的前提下，把原来的膜侧沟内水流改为膜上水流，进一步利用地膜防渗输水，通过放苗孔渗水，适时适量，从而达到节水灌溉目的的灌水方法。

利用塑料薄膜输水，防止了地面灌的普遍渗透，在这一点上它和滴灌技术中利用滴灌带输水有相同的效用，所不同的地方就是滴灌带输水是压力流，灌水的均匀度取决于滴灌带首尾的压力差（允许20%）；膜上灌输水是重力流，灌水的均匀度取决于膜沟首尾的进水时差，所以，它既具有地面灌的性质，但又与地面灌不同，地面灌畦（沟）首尾进水时差所造成的灌水不均匀度是不可控的，而膜上灌则可以通过调整膜沟首尾的渗水孔密度及孔径，解决灌水不均匀的问题，因此它可以获得与滴灌相同的灌水均匀度。

利用放苗孔渗水，实现了局部灌溉，放苗孔在每亩12000株的情况下，每亩地总水面积约为12平方米，占灌水面积的1.8%，加上另外增设的渗水孔，据测算，其平均的总水面积只占灌溉面积的2.3%，其余97.7%的面积是靠放苗孔的旁渗实现灌溉，单位面积的灌水强度约为2.3~5.4升/小时米，平均为4.6升/小时米，而滴灌带的灌水强度为3.7升/小时米，所以膜上灌小水浸润的特点非常突出，它对土壤结构的破坏很微弱，近于滴灌。

因此，从膜上灌的输水过程和灌水过程来分析，它与滴灌有相近的性质和节水效果，但两者的投资相差悬殊，膜上灌不需投入，而滴灌每亩投入约300元左右。

二、膜上灌可行性研究成果

（一）膜上灌的节水效果

由于膜上灌是可控的局部灌溉，总水面积只占灌溉面积的2%左右，并能克服灌溉中的深层渗漏，所以节水效果非常显著，根据试验区和对比区实测数据与沟灌相比，以灌溉定额比较可节水75.92%（见表1）。

以亩日耗水量比较，膜上灌生长期70天，平均日耗水量为2.736米^3/亩，膜侧沟灌生长期75天，平均日耗水为9.792米^3/亩，膜上灌可节水73.92%。

从灌溉定额和亩日耗水量两个指标与沟灌比较，节水效果也相近，都在72%以上。

表1 膜上灌与沟灌灌水定额对比表 （米^3/亩）

灌水次数	1	2	3	4	5	6	7	8	9	10	11	12	[illegible]
膜上灌	18.34	10.86	26.51	4.21	10.31	21.12	25.74	11.99	25.74	22.86	14.61		191.59
沟灌	100.80	66.40	86.40	48.60	28.80	57.60	43.20	28.80	50.40	64.80	72.00	57.60	735.40

注：本试验区选在荒地上，土层厚30~40厘米，地下水埋深大于20米，无地下水补给，也基本无降水补给。

国内最早刊登膜上灌的期刊之一，引领灌排新技术（论文由原水利电力部陈炯新副总工程师推荐）

新世纪以来，连续11个中央1号文件和中央水利工作会议，都要求把节水灌溉作为重大战略举措，2012年印发了《国家农业节水纲要（2012—2020年）》，对节水灌溉提出了明确的发展目标和要求。在中央和地方一系列政策措施出台和不断加大投入的情况下，我国节水灌溉发展进入前所未有的快车道。

本刊1996年起开辟节水灌溉专栏，曾任水利部农村水利司司长的冯广志、陈雷，武汉大学茆智院士、原西北农林科技大学康绍忠院士均曾经为节水灌溉专栏撰文。

中国农村水利水电·2003年第3期　19

发展节水灌溉应注意的几个原则性技术问题

茆 智

（武汉大学水利水电学院 430072）

Several Technological problems in the Development of Water Saving Irrigation

Mao Zhi

(College of Water Resources and Hydropower, Wuhan University, Wuhan City 430072, China)

Abstract: In China, A large number of water-saving irrigation projects have been arranged in the early stage of the 21st century. For better planning, designing and managing these projects, five problems which include the meaning and objectives, system of technological measures, scale effect, system of indices of evaluation and main measures for watersaving irrigation are presented and discussed.

Key words: watersaving irrigation　scale effect　evaluating indices

1 概 述

茆智院士撰写的论文

“绿水青山就是金山银山。”习近平总书记基于对人类社会发展规律、人与自然关系认识规律、社会主义建设规律的科学把握，深刻阐述了推进新时代生态文明建设必须遵循的“六项原则”，即坚持人与自然和谐共生的科学自然观、绿水青山就是金山银山的绿色发展观、良好生态环境是最普惠的民生福祉的基本民生观、山水林田湖草系统治理的整体系统观、最严格制度最严密法治保护生态环境的严密法治观和世界携手共谋全球生态文明的共赢全球观。本刊开辟水环境与水生态栏目大力宣传习近平总书记生态文明思想。知网搜索显示，相关论文下载与被引相对最高。

	题名	作者	来源	发表时间	数据库	被引	下载
1	水体富营养化及生物学控制	袁志宇; 赵斐然	中国农村水利水电	2008-03-15	期刊	99	3231
2	生物炭吸附去除重金属研究综述	王晓佩; 薛英文; 程晓如; 刘芸	中国农村水利水电	2013-12-15	期刊	48	2969
3	用MATLAB实现蒙特卡罗法计算结构可靠度	冯晓波; 杨桦	中国农村水利水电	2002-08-20	期刊	86	2569
4	蓝藻水华与水体富营养化综合治理	黄炜	中国农村水利水电	2014-04-15	期刊	43	2514
5	SWAT模型的原理、结构及其应用研究	李峰; 胡铁松; 黄华金	中国农村水利水电	2008-03-15	期刊	65	2483
6	简评国外农村生活污水处理新方法	曾令芳	中国农村水利水电	2001-09-20	期刊	190	2259

中国农村水利水电·2008年第3期 57
文章编号：1007-2284(2008)03-0057-03

水体富营养化及生物学控制

袁志宇[1]，赵斐然[2]
（1. 武汉理工大学设计研究院，武汉 430070；2. 武汉理工大学，武汉 430070）

摘 要：从国内外水体富营养化的现状及相关研究分析了水体富营养化的产生机理与评价方法，阐述了食物链理论和生命周期理论对水体富营养化的解释，介绍了数学模式判断法、多样性指数判断法、磷负荷判断法等在水体富营养化中的评价作用，并运用生物学控制理论从宏观的动植物生态系统和微观的细菌作用阐述了水体富营养化的防治，分析了鱼类、沉水植物、浮游动物、细菌对水体生态平衡的维持作用。对于水体富营养化的预测、控制治理，缓解水体富营养化现状，促进水资源和生态环境的可持续性发展具有一定的理论意义和实用价值。

关键词：水体富营养化；评价方法；生物学控制
中图分类号：TU991 文献标识码：A

Study on Water Eutrophication and Biological Control

YUAN Zhi-yu[1], ZHAO Fei-ran[2]
(1. Design &Research Institute of Wuhan University of Technology, Wuhan430070, China;
2. Wuhan University of Technology, Wuhan430070, China)

Abstract: Based on the domestic and international status quo of research on water eutrophication, the mechanism and evaluation method of water eutrophication are analyzed in this paper. The explanation for water eutrophication based on vegetative-chain theories and life-period theories is expounded, too. The application of several judgment methods, such as mathematic mode method, diversity-indices method, P-load method, and so on, for water eutrophication evaluation is introduced. Using the biology control theories, this paper elaborates the water eutrophication control from the aspects of macroscopical ecosystem of creature and microcosmic germ function, and analyzes the maintenance function of the action of fish, sunken plant, zooplankton and bacterium for the water ecological balance. The study has good theoretical meanings and application value to forecast, control and manage water eutrophication, release the existing condition of water eutrophication, promote the sustainable development of water resources and ecological environment.

Key words: water eutrophicated; evaluation method; biological control

1 水体富营养化概论

1.1 水体富营养化

水体富营养化是指氮、磷等植物营养物质含量过多所引起的水质污染现象。当过量营养进入湖泊、水库、河口、海湾等缓流水体后，水生生物特别是藻类将大量繁殖，使水中溶解氧含量急剧下降，以致影响到鱼类等的生存。富营养化一般分为天然富营养化和人为富营养化两种。在自然条件下，湖泊从贫营养湖→营养湖→沼泽→陆地的演变过程极为缓慢。人类的活动将大量工业废水和生活污水以及农田径流中的植物营养物质排入湖泊等水体后，将大大加快水体的富营养化进程。水体富营养化后，由于浮游生物大量繁殖，往往呈现蓝色、红色、棕色、乳白色等。这种现象在江河湖泊中称为“水华”，在海中则叫做“赤潮”。

1.2 水体富营养化现状

欧洲在统计的96个湖泊中有80%的湖泊不同程度地受到氮、磷的污染，呈现出富营养化状态。也有河流出现过富营养

收稿日期：2007-09-22
作者简介：袁志宇（1966-），男，博士研究生，硕士生导师，高级工程师。

被引用相对最高的论文

2. 编读往来

张光斗院士生前特别关心本刊的发展，每期必阅，发现论文中的新观点新技术以及问题多次来信点评。

张光斗院士的来信

《中国农村水利水电》编辑部：

你们好！

贵刊1999年第5期发表文章"灌溉水源工程改造和发展"，论述灌溉水源工程的改造和发展，是十分重要的。

文中讲了我国水资源紧缺状况，人均水资源占有量仅2 300 m^3，而需水量增加，供不应需，再上加水污染严重，更减少了可用水源，是符合事实的。但文中没有讲到我国工农业和城市生活用水十分浪费，这是目前水资源供需矛盾中关键问题之一。

文中在论述我国水资源开发已进入高成本阶段和水资源开发方式的发展中，没有提到节约用水和污染水水资源化。节约用水，潜力很大，减少需水量，缓解了水源紧缺。污水水资源化，既不使水污染减少可用水源，又增加了可用水源，且防止了土壤污染。节约用水和污水水资源化的投资往往比开发新水源为低，运行管理费用也低，更重要的是增加可用水源，所以在论述水资源开发时，要大力提倡节约用水和污水水资源化。

文中有些提法，可能引起误解。如"引水较建库便宜"，这是指就近引水，若如下文中所讲的区外引水和跨流域引水，引水就不一定比建库便宜了，往往更贵。又如"科技发展是无限的，可供人类开发利用的水资源也应是无限的"，这些豪言壮语，缺少论证，目前似以不讲为好。还有"水资源开发成本"，没有说明含意，是单位供水量开发的投资还是成本，成本是指管理运行费用，这是目前一般理解，实际上还应包括还投资本息。由于农产品价格低，灌溉水价不能很高，要由政府补贴，美国是延长偿还期，降低利率，用电费补贴等。关于灌溉经济问题，对水源开发也是很重要的。

以上认识，请指正。

此致

敬礼！

张光斗

1999年6月13日

张光斗院士给本刊的信

《中国农村水利水电》编辑部：

您们好！贵刊2001年第7期发表程浩辉副部长的《在全国节水灌溉经验交流会上的讲话》，读后深受教益。文章中讲了：①进一步提高对节水灌溉重要性的认识。②搞好节水灌溉，要理清工作思路，包括效益节水与强制节水的关系，节水与发展地方经济和保护生态的关系，工程节水与管理节水、农艺节水的关系，节水近期与长期利益的关系。③"十五"期间节水灌溉的目标与任务，要求：做好"九五"节水灌溉总结，节水灌溉工作要因地制宜，组织专门力量修改节水灌溉规划，抓好大型灌区续建配套节水项目，深化节水灌溉管理体制改革，组织实施第二批节水增产重点县建设。但讲话中没有讲到节水灌溉经济问题。

讲话中提到提高灌溉水价到0.06～0.10元/m^3，以促进灌溉节水。这可减少用水浪费，起一些节水作用，但不能解决根本问题。节水灌溉和节水农业需要大量投资，如节水地面灌溉，每亩需要200～300元，喷灌、滴灌等需要600～800元，由于农产品价低，农民是负担不起的，必须由国家和地方政府无偿投入。我国目前主要以地面灌溉为主，只在有条件的地方用喷灌、滴灌等，这也是因为我国经济力量所限。所以必须因地制宜，根据当地的水土资源、农业产值、经济条件，选定节水灌溉和节水农业方案，确定节水投资数额，还要确定中央政府、地方政府、农民分担的投入，农民分担是很少的，主要是劳力。其结果要达到投入资金、农业增产和节约用水；在经济上最有利，对中央、地方政府和农民也最有利。当然还必须解决好节水灌溉和节水农业的管理体制、水价、用水定额、水权等问题。这是一个十分复杂的水利经济问题，为了节约农业用水，必须研究解决这个问题。是否妥当，请指正。此致

敬礼！

张光斗 上

2001年7月21日

张光斗院士给本刊的信

《中国农村水利水电》编辑部：

您们好！贵刊2002年第11期发表翟浩辉副部长的文章《当前发展节水灌溉应注意的几个问题》，十分重要，问题讲得深刻透彻，必须很好学习。

我国水资源紧缺，农业灌溉是用水大户，而目前用水很浪费，所以必须实行节水灌溉和节水农业。“节水优先，治污为本”，既节省水资源，增加亩产量，又减少面污染，改善生态环境。

诚如文中所言，国家政策是开源和节流并重，实际上还是重开源，轻节流。在开源建设新灌区中，也没有优化灌溉排水系统，达不到节水和防止次生盐碱化的效果；把节水灌溉和节水农业建设推给农民。增加水价，可减少农民浪费用水，但农民经济力量薄弱，缺少科技，不能促进农民进行节水灌溉和技术农业，更不谈治污了。诚如文中所言，主要靠中央和地方政府投资，农民小部分投资和投劳。

为此，各级水利机构要教育农民搞节水灌溉和节水农业，并帮助勘测规划，向政府立项，筹集资金。然后帮助设计、施工、运行管理，提高农民科技水平。

以上是学习翟副部长文章的体会。

此致

敬礼

张光斗

2003年1月7日

院 士 来 函

《中国农村水利水电》编辑部：

你们好！贵刊2003年第2期发表殷春霞博士的文章“我国喷灌发展五十年回顾”。文中有“据统计到1998年我国的喷灌面积才133万公顷，仅占当年有效灌溉面积的2.5%，与世界先进国家相比所占比例很小，而且用了近30年的时间发展起来的。其原因：(1)农民不能接受性能价格比；(2)喷灌设备产品老化，工作可靠性差；(3)喷灌设备规格品种少，适应性差”。

我国水资源紧缺，人口多，需要农产品多，农业灌溉用水是大户，而目前用水十分浪费，必须大力节约用水，推广应用喷灌、滴灌、微灌等新技术，这是必由之路。目前喷灌应用少的原因主要有两方面：一是喷灌科技水平低，设计制造能力差，工作可靠性差，设备品种规格少，适应性差。二是设备价格贵，农民不能负担。为此要增加喷灌科技投入，大力进行研究开发，设计制造工作可靠、多品种规格、适应性强、价格较低的灌溉设备。此外，农民负担能力低，购买喷灌设备，政府给于补贴，还要降低电价。总之，要建设小康农村，必须节约用水。否则将应美国人布朗的话，“谁养活中国人”。

此致

敬礼

张光斗

2003年3月7日

刊载的张光升院干信函

指导基层水利工作者撰写科技论文。黄海田作者是典型之一，期刊伴随着其成长，最后走上了领导岗位。

160　　中国农村水利水电·2009年第12期

我是如何开展科学技术研究的

黄海田

（江苏省水利工程质量监督站，南京 210029）

0　引言

1　立足技术，发挥研究优势

2　结合实际，研究实用技术

50　　中国农村水利水电·1999年第10期

编读往来

我与《中国农村水利水电》

《中国农村水利水电》编辑部：

《中国农村水利水电》编辑部：

刊载的黄海田文章

3. 跟踪重大项目

主动跟踪国家自然科学基金项目、国家科技重大专项、国家重点研发计划等科研项目和水环境治理、节水灌溉、大型灌区改造等重大产业项目的进展，及时发表相关论文。

跟踪的重大项目包括：国家“八五”自然科学基金重大资助项目“地下滴灌应用试验研究”（水利部农田灌溉研究所吕谋超，彭贵芳，杨跃辉）；“九五”国家攻关项目“基于神经网络的干旱内陆河流域生态环境预警方法研究”（武汉大学邵东国，李元红等）；“十五”重大科技专项、国家高技术研究发展计划“地面灌溉理论研究进展”（西北农林科技大学张新燕，蔡焕杰）；“十一五”国家科技支撑计划项目“坡耕地主要土壤参数的空间变异特征”（东北农业大学赵鑫，王存国，魏永霞）；国家自然科学基金“中国西部环境与生态科学重大研究计划”资助项目“石羊河流域水资源开发的水土环境效应评价”（西北农林科技大学师彦武，康绍忠）；引进国际先进农业科学技术（“948”计划）水利项目（“灌溉-排水-湿地综合管理系统的引进和改造应用”）（武汉大学董斌教授，茆智院士等）；国家自然科学基金项目、美丽中国生态文明建设科技工程专项资助“汉江上游流域水文循环过程对气候变化的响应”（武汉大学夏军院士）。

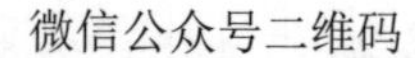

微信公众号二维码

《水利水电技术》的发展历程

《水利水电技术》编辑部

《水利水电技术》创刊于1959年，是水利水电行业创刊较早的期刊之一，自创刊以来，由于历史原因虽经历两次停刊（1960年5月—1961年12月、1966年7月—1978年7月）以及水利、电力两部合并（1982年）和拆分（1989年），依然不改其服务于我国水利水电事业发展大局的初衷，秉承着“宣传水利水电技术，促进水利水电发展”的办刊宗旨，始终如一地坚持实事求是的科学思想，坚持学术研究与工程实践相结合的理念，宣传报道国内外科技创新和先进经验，紧跟各时期水利改革的步伐，扎实开展了水利水电各领域的科技宣传和推介工作。

60年历史的《水利水电技术》成为记录我国水利水电事业发展和科技进步的重要载体。60年来，水利基础设施建设蓬勃发展，水利枢纽体系渐趋完备，截至2018年底，全国已建成5级及以上堤防31.2万km，建成水库9.88万座，总库容8953亿m^3，三峡、南水北调、葛洲坝、小浪底、万家寨、尼尔基、飞来峡等一批重要水利工程综合效益显著发挥，172项重大水利工程正加快建设，农村水利工程繁荣兴盛，科技创新动力持续提升，科研成果日新月异，信息化水平不断提升，水利社会效益和经济取得可喜成绩。作为水利水电领域的综合性科技期刊，《水利水电技术》对我国60年来水利重点工程建设和重大科技创新成就及时进行了跟踪报道，展现了各时期水利行业的优秀科技成果，成为水利科技发展不可或缺的助推器。

60年来，许多领导、两院院士、工程设计大师、历届编委对《水利水电技术》期刊倾注了太多的精力和心血。截至2019年8月，《水利水电技术》发行50卷

550 期，1 万余篇科技论文，期刊成果硕果累累，载誉满满。自 1992 年起，《水利水电技术》连续 8 届入选全国中文核心期刊；1992 年荣获全国“优秀科技期刊二等奖”；2019 年入选由中国期刊协会主办的“庆祝中华人民共和国成立七十周年精品期刊展”。连续刊发中国水利水电科学研究院朱伯芳院士、陈厚群院士、韩其为院士、陈祖煜院士、王浩院士、胡春宏院士，南京水利科学研究院黄文熙院士、严恺院士、窦国仁院士、沈珠江院士，清华大学张楚汉院士、王光谦院士、张建民院士、陆佑楣院士，河海大学钱正英院士、吴中如院士、梁应辰院士、茆智院士、张建云院士、王超院士，天津大学曹楚生院士、钟登华院士，武汉大学夏军院士，华北水利水电大学王复明院士，中国矿业大学何满潮院士等重要学者、学术领军人物文章数百篇；其中《流域水循环演变机理与水资源高效利用》获 2014 年度国家科学技术进步奖一等奖;《曹娥江大闸工程建设关键技术研究与实践》《复杂结构体系中声发射传播与能量衰减特性试验研究》《级配缩尺对堆石压缩特性影响试验研究》《隧洞衬砌外水压力的取值方法与应对措施研究》等获水利部大禹水利科技进步奖一等奖。

现阶段,《水利水电技术》编辑部正以拼搏奋进、永攀高峰的精神，不断优化期刊栏目结构，积极跟进各类水利高端学术会议，保持和院士、专家学者的密切联系，期刊的学术地位和影响力稳步提升。尤其是近年来，在基础理论研究、创新技术应用、实用方法开发和服务社会等方面的宣传推广发挥了重要作用。

新征程，再出发。在新时代发展要求和目标下，我们要继续发扬优良传统，在实现中华民族伟大复兴的中国梦征程中，继续承载水利科技的传播使命，肩负起宣传水利智慧成果的历史重任，在漫漫征程中不断为水利事业提供智力支持和创新动力，努力把刊物办成更具影响力的优秀学术期刊，浇灌出更多更美的科技成果之花，创造《水利水电技术》更加辉煌的明天！

《黑龙江水专学报》发展为《黑龙江大学工程学报》

季山　李向东　张松波

《黑龙江水专学报》（以下简称《学报》）最早刊名为《水利水电情报翻译资料》，创办于1972年4月。由译报类改为技术类，刊物数易其名，从内刊到公开发行，从名不见经传到有较大的社会影响，走过了40多年。

一、“世外桃园”办期刊

“文革”期间，原黑龙江水利电力学院1968年9月迁往五常县（现五常市）拉林镇。1969年末，送走了最后一批“文革”前招收的学生，教职工逐渐清闲起来，由此催生了期刊诞生。

1972年4月，由“文革”前骨干教师王炳程、钮平南、缪鸿任、邝自修等筹办的油印内刊《水利水电情报翻译资料》第一期，由拉林镇寄往国内有关水利单位，反响强烈始料不及，加印了100份还有来信索要。年轻教师翻译热情高涨，催生了校内英语短训班。至1973年底，该刊共出版了44期。1975—1976年，淮河特大洪水导致板桥、石漫滩两座大型水库垮坝，辽南、唐山发生大地震。该刊组织翻译了《溃坝》《异常气候》《地震》和《化学灌浆》等专辑和专栏文章，刊载后受到了生产、科研和教学人员的欢迎。

二、改革开放促成长

1977年学校返回哈尔滨，1978年8月获准招收大专生，进入了大专教育阶段。为适应教师参与省内外生产、科研、教材建设、教学研究活动日益增多的需要，刊物由译报类改为技术类，中文稿件比重增加。出版周期、每期字数相对固定，著录等相对规范（受国外论文重视著录规范的影响）。刊物步入正轨。

1987 年，刊名更改为“黑龙江水专学报”后，翌年获准面向国内外公开发行（当时国内 6 所水利高专和省内 4 所工科高专惟一面向国内外公开发行的学报）。

从 1987 年开始，学校实施外聘兼职教授以及与省内工程、科研单位共建产学研联合体的举措，为《学报》实行开放式办刊奠定了坚实的基础。

《学报》视野比较开阔（以省内水利课题为主，兼顾国内课题，少量发表海外论文），有现实课题（如三江平原、松嫩平原、农业开发和水利课题等）和前沿、新兴课题（如模糊数学、技术经济、系统工程在水利学科中的应用，同位素水文学理论和方法等），有野外观测室内实验（如水利水电工程冻害观测、室内模型试验）和理论分析等。1991 年《学报》获黑龙江省优秀科技期刊一等奖，1995 年获全国高等学校自然科学学报优秀学报一等奖，2004 年获全国高等学校优秀科技期刊一等奖，2009 年获全国高等学校科技期刊优秀编辑质量奖。

2004 年 8 月，黑龙江水利专科学校并入黑龙江大学，翌年《学报》由黑龙江大学主办。2007 年《学报》改为学术类期刊，其内涵除水利水电工程、土木建筑工程外，扩展到化学化工与环境科学、机电工程与自动化、电子工程与计算机等学科。2008—2010 年，《学报》以较大篇幅，发表学校主办的 3 届全国寒区水科学学术讨论会征文(后以系列丛书出版)，受到国内水利和地理界极大关注和重视。2005 年以后，《学报》总被引频次、影响因子等指标数值有较大的增长。

2010 年 10 月，随着《黑龙江大学工程学报》创刊，《黑龙江水专学报》停办，但其总被引频次等文献计量指标数值计入《黑龙江大学工程学报》相应指标数值。

三、教师学校双受益

校内教师首先从阅读《学报》(包括其前身，下同）文章而受益。有的充实讲课内容，有的写进补充教材，有的为毕业设计参考资料提供实例，有的为编写全国统编教材、撰写学术论文或专著积累素材。其次，教师在为《学报》翻译外文文献和写作论文过程中，锻炼和提高了获取科技信息能力以及外语翻译、中文科技写作能力。仅据 1987 年以来的统计，全校自然科学类教师无一不在《学报》上发表过文章，少则两三篇，多则十几篇。不少教师坦言，评副高技术职称名列首位的论文就是在《学报》上刊载的“处女作”。部分教师在全国中文核心期刊和中国科技核心期刊乃至国外学术刊物发表论文，获省级科技进步奖，成为省内外学科带头人，出版学术专著等，就是从阅读《学报》养成的习惯和勤于为《学报》写稿而起步的。

学校从办刊中受益：①推动了教学改革：过去所谓教学改革，多只在教学方法上“小打小闹”；通过办刊，拓宽视野，了解社会对人才的需要，促进了课程设置、教学内容、学生能力培养等方面的改革；②促进了寒区水利学科建设：《学报》开设的《寒区水利水电工程冻害机理和防治》等栏目，被公认为具有寒区特色的栏目；发表的《中国东北北部雪冰灾害及其防治对策的研究》（与日本国长冈工业高等专门学校协作科研课题）及寒区流域水文模型等课题论文，为寒区水利学科建设添砖加瓦；③促进了校内外学术交流：《学报》与国内上百个水利院校、科研院所、设计施工单位和日本、挪威、韩国、俄罗斯等 10 个国外高校科研单位建立了学术期刊交换关系，并为学校争得了荣誉。

除本校和教师受益外，校外教师和工程科技人员也颇多受益。河海大学一位副教授来信说：读陈守煜教授在《学报》发表的一组文章受到启发，写出心得体会，教研室同意下发作为应届毕业生毕业设计参考。大连理工大学一位博士生导师，上世纪 90 年代中期一项科研成果获国家教委科技进步奖二等奖，其中有两篇论文发表在《学报》上。黑龙江省水利科学研究院、黑龙江省水利水电勘测设计研究院多项获省、厅级科技进步奖课题，比如“平原水库土坝坝坡防冰冻破坏试验研究”“哈尔滨市堤防超标准设计洪水发生的可能性与应急措施”等阶段性成果论文均发表在《学报》上。

四、国内行业有影响

这里的国内行业指水利行业和科技行业。

1. 阅读和引用《学报》随时间增加

期刊上网文献在当年下载率即Web即年下载率通常可认为是其当年阅读率。从2003年到2008年《学报》Web即年下载率由2.1%增加到18.0%，呈现随时间而递增的趋势。

中国学术期刊（光盘版）电子杂志社提供了1994年以来期刊上网文献在2003年阅读量即Web下载总频次：《河海大学学报（自然科学版）》18391次，《华北水利水电学院学报》6919次，《黑龙江水专学报》（6715次），《三峡大学学报（自然科学版）》6477次，《浙江水利水电专科学校学报》3721次，《南昌水专学报》3343次，《学报》上网阅读量位列第3。

2001—2010年《学报》被引用量——总被引频次、影响因子、即年指标数值也呈现随时间而递增的趋势，在上述6种学报中，被引用量与《华北水利水电学院学报》《三峡大学学报（自然科学版）》同属中区。

2. 被检索系统等收录

上世纪70年代以来，《水利水电技术》被科技出版社《中文科技资料馆藏目录》收录。上世纪八九十年代，《水利水电技术》《学报》被科技文献出版社《中文科技资料目录（水利水电分册）》收录。1993年开始，《学报》被《中国水利水电文摘》收录。1996年以来，《学报》陆续成为《中国学术期刊（光盘版）》全文收录期刊；《万方数据——数字化期刊群》（CSTPCD网络版）全文收录期刊；《中国期刊全文数据库》（CJFD）全文收录期刊；《中文科技期刊数据库》全文收录期刊；《中国学术期刊综合评价数据库》（CAJCFD）统计源期刊；《中国核心期刊（遴选）数据库》来源期刊；《中国科技期刊引证报告（扩刊版）》（ISTIC）来源期刊。

3. 被国内专著收录、转载、引用

据初步统计，有10多篇《学报》论文被《洪水预报方法》《赵人俊水文预报文集》《中国水利水电发展文库》《黑龙江流域水文概论》《黑龙江省水旱灾害》等专著收录、转载、引用。还有多篇论文被日本国长冈工业高等专门学校研究纪要（学报）转载和引用。

多年来，《学报》尊重作者，扶植校内外新人，关注读者需求，录用稿件以质取胜，审稿严格；编辑不摆架子，不谋私利，博得作者和读者较好的口碑。《学报》吸引了国内高等院校、科研设计单位等教师和科技人员慕名投稿。

五、立足实际办期刊

1. 从实际出发求发展

总结《学报》多年办刊之道，最重要的有两条：①找准定位；②开放式办刊。1988年《学报》面向国内外公开发行，出现了办学术类期刊，向本科院校学报看齐的倾向，追求所谓的学术性，大块文章多，导致信息量小，读者面缩小。问题出在刊物定位偏高。专科学校以教学为主，科研课题不多，适当开展科技开发和科技推广工作，决定了专科学校学报属技术类期刊范畴，发表的文章应以工程技术应用为主，不应盲目追求学术性。《学报》及时调整了定位。然而，稿源不足问题接踵而来。

由于校内科技力量有限，中青年教师写作的“库存”日益减少，加上有“以内稿为主”“肥水不流外人田”的框框限制，《学报》面临无米下炊的困境。好在学校实行外聘兼职教授以及与省内工程、科研单位共建产学研联合体的举措，及时解决了稿源不足的问题。工程科研人员的文章还带来了贴近生产实际的清新文风。

2. 开展科技期刊研究

编辑部的主业是按期编好出好期刊，至于搞点副业——开展科技期刊研究，总认为是学术类大刊（全国性学会、重点院校、国家部委科研院所等主办）的专利，不敢问津。进入20世纪以来，《学报》编辑部从被动撰写参加科技期刊专题学术讨论会文章到主动调研撰写中国水利科技期刊的数量和布局、成绩和差距、学术影响和总体水平评价等文章，小有收获：20多人次在双核心期刊《中国科技期刊研究》等发表论文，有一篇论文被收进《中国编辑出版文献题录选辑》一书，另一篇论文获2009年全国高校科技期刊优秀编辑学论著二等奖。《学报》开设《科技期刊研究》栏目，被视为与双核心期刊《中国科技期刊研究》

互动频繁的期刊。

通过撰写《浅析我国水利科技期刊的成绩与差距》(《黑龙江水专学报》2004年第1期)，了解了本刊的成绩与差距；通过撰写《中国水利科技期刊的发展和学术影响》(《中国科技期刊研究》2010年第6期)，了解了本刊在行业内的学术影响；通过撰写《中国水利科技期刊综合评价初探》(《中国科技期刊研究》2002年第2期)，了解了本刊的总体水平。

《水资源与水工程学报》起源可追溯到 1973 年

徐秋宁（西北农林科技大学）

《水资源与水工程学报》系教育部主管、西北农林科技大学主办的国内外公开发行的学术类期刊，主要刊登水资源与水利工程领域的有关的学术论文、专题述评、区域发展战略与对策，以及水利工程、水环境和水质评价等方面的科技成就。本刊办刊宗旨是服务经济建设，促进学术繁荣，推动科技进步，力求反映国内外水利科技的最新成就、重要进展、当代水平与发展趋势，加速科研成果向现实生产力转化。

一、历史沿革

《水资源与水工程学报》可以追溯到 1973 年创刊的内部刊物《陕西水利科技》，《陕西水利科技》由原水利部西北水利科学研究所主办，创刊以后共出刊 28 期。

1985 年《陕西水利科技》更名为“西北水利科技”，是国内首个地域性水利科技刊物，其宗旨是围绕西北地区水利建设的特点和需要，刊登具有西北水利工程特点的学术论文和科技成果，开展学术交流讨论，推广科技成果，为西北地区水利水电建设提供新成果和新理念。《西北水利科技》由陕西省新闻出版局核发了“内部报刊准印证”，是有固定刊名、用卷和顺序编号的定期连续出版物，有专业主编和专职编辑人员，兼有原水利部西北水利科学研究所学报的性质。期刊主要刊登西北地区水资源与水利工程方面的有关科学实验、技术应用和理论研究的学术论文、专题评述、区域性发展对策和水利管理措施，介绍国内外有关科技成就和发展动向。涉及水文水资源、泥沙工程、河道工程、农田水利工程、水利经济、环境水利、水利工程运行管理、水利水电工程建设等多个专业领域。期刊每年发行 2000 余份，发展成为了具有稳定的编辑队伍、稳定充足的稿件来源、广泛的发行与交流范围的期刊，在开展学术交流和科技成果推广应用方面取得了显著成绩。

1989 年水利部西北水利科学研究所向陕西省科学技术委员会提出《西北水利科技》公开扩大发行的申请，同时将《西北水利科技》更改刊名为“西北水资源与水工程”。

1990 年适逢水利部西北水利科学研究所五十周年所庆之际，《西北水资源与水工程》正式获批成为公开发行的刊物，当时水利部杨振怀部长为水利部西北水利科学研究所题词“科技兴水，为大西北建设做出新贡献”，水利专家张含英题词“立足陕西，面向西北，为水利科学研究作出更大贡献”。

《西北水资源与水工程》为学术性季刊，主要刊登水利部西北水利科学研究所试验研究成果，并有选择地刊登有地区特色和一定见解的外来稿件及译作。《西北水资源与水工程》立足陕西、面向西北，宣传交流献身西北水利科技事业的科研人员的科研成果，刊登了大量的西北干旱半干旱地区水资源调查评价、开发利用、江河湖库水体及地下水资源监测与保护等方面的文章；刊登了西北干旱半干旱地区主要农作物耗水规律、灌溉制度确立、灌区排水与盐碱化防治；引水枢纽及渠首防沙、渠系泥沙、高含沙水流、泥沙运动规律；大、中、小型水库泄水建筑物，水利水电枢纽优化布置及消能防冲，高速水流空化空蚀；黄土基本性质、边坡稳定与地基处理、土工建筑物原型观测以及各类特殊土问题；各种水工建筑材料基本性能研究、水工建筑物防渗处理防冻胀等研究成果的论文。为我国西北乃至全国的水利工程建设做出了较大的贡献。

1999 年西北农林科技大学合校重组，水利部西北水利科学研究所并入西北农林科技大学，《西北水资源与水工程》踏上了新的发展平台，成为教育部主管、西北农林科技大学主办的学术期刊，该刊在这种强强联合的平台下建设，得到学校和水利与建筑工程学院领导的高度重视，期刊质量快速提高，对外影响力迅速扩大，2004 年更名为“水资源与水工程学报”，2006 年由季刊变更为双月刊。

《水资源与水工程学报》秉承办刊宗旨，贯彻习近平“绿水青山就是金山银山”生态文明思想和新发展理念，加速推进水生态文明建设，五水共治（治污水、防洪水、排涝水、保供水、抓节水），促进人与水和谐发展，在继承了中国传统对“绿水”本底认识的基础上，对涉及大江大河水环境、河流健康、减少旱涝自然灾害、清洁能源建设方面的选题优先刊载，为我国水文水资源的优化配置，水环境治理、水利工程结构、岩土工程、河道防洪、城市内涝预防治理、干旱半干旱地区农业节水等水利工程建设领域的科研成果推广、转化和学术交流做出了突出的贡献。

《西北水利科技》创刊号

《西北水利科技》第一届编辑委员会名单如下：

主任委员： 韩瀛观

常务委员： 丁夫庆　陈炯新　戴定忠　汪云峰　刘祖典　唐启钊
雒鸣嶽　李崇智　张　浩　刘旭东　苟兴智　陈俊林
孟宪麒　余光夏　周子慎　朱文荣　建　功　张志恒

主　　编： 孟宪麒

副 主 编： 苟兴智

二、发展状况

2008—2020 年连续 13 年被中国情报信息研究所评价中心评为中国科技核心期刊；2020 年为中国农林核心期刊，2019 年、2021 年被中国科学院文献情报中心中国科学引文数据库 CSCD（核心库）收录（2019—2020）、（2021—2022）；根据 2020 年《中国学术期刊影响因子年报》（自然科学与工程技术 2020 版），《水资源与水工程学报》在期刊影响力 4 个分区中位列 Q1 区。

各期学报

2021 年期刊成功入编北京大学图书馆《中文核心期刊要目总览》（2020 版），这也是《水资源与水工程学报》首次入编北大中文核心期刊，标志着学报办刊水平迈上了新的台阶。

《水资源与水工程学报》设置 5 个栏目：水文水资源、水利水电工程、水工结构工程、岩土工程、农业水土工程。

目前《水资源与水工程学报》主编编委会主任由西北农林科技大学校长吴普特担任，副主任由西北农林科技大学水利与建筑工程学院原院长蔡焕杰教授、现任院长胡笑涛教授担任，主编蔡焕杰教授，副主编由现任西北农林科技大学水利与建筑工程学院院长胡笑涛教授、副院长孙世坤教授担任，编委会成员由李佩成院士、王浩院士等知名专家和教授担任，责任编辑均由水资源与水工程方面具有副高职称的专业人员担任。

2020 年 8 月经编委会研究决定聘请了 6 位优秀青年教师担任特约编辑，每月定量审核稿件，既为学院培养了科技人才，也为学报的发展注入了新鲜血液，论文编校质量得以提高。

《江淮水利科技》积极宣传安徽水利

《江淮水利科技》编辑部

《江淮水利科技》前身为《安徽水利科技》。《安徽水利科技》于1975年创刊，由安徽省水利厅、安徽省水利学会主办，属内部期刊，共发行127期。随着水利科学技术发展，2006年经国家新闻出版总署批准，《安徽水利科技》更名为"江淮水利科技"（CN34-1293/TV）正式出版发行，双月刊，由安徽省水利厅主管，安徽省水利学会和安徽省水利志编辑室主办。

《江淮水利科技》自创刊以来，始终坚持以马克思列宁主义、毛泽东思想、邓小平理论、"三个代表"重要思想、科学发展观、习近平新时代中国特色社会主义思想为指导，坚持党的领导；坚持为人民服务、为社会主义服务的方向，自觉遵守国家的法律、法规和各项出版管理规定，自觉维护国家出版环境的健康。把社会效益放在首位，坚持科学技术必须面向经济建设，发扬学术民主，关注人水和谐，探索水生态环境、水资源利用等理论、方法和技术，促进水利科技的繁荣与发展。作为水利学术交流和科普宣传的平台和窗口，《江淮水利科技》杂志发挥了宣传和展示安徽乃至全国水利科技，服务水利建设与发展的重要作用。

《江淮水利科技》严格执行出版管理法规，坚持正确的舆论引导与社会责任，把意识形态工作责任制贯穿始终，期刊主管、主办单位高度重视意识形态工作，编辑部切实落实意识形态工作责任制，敢抓敢管，认真做到守土尽责；在主题出版上高度重视、精心组织、主动创新；在议程设置上能围绕本领域重大关键技术，组织栏目、稿件，积极探讨，刊登的稿件具有较高的文化、学术和创新价值。自创刊以来，共发表论文 4900 余篇，积极宣传安徽省水利建设成就、水利科技成果、新技术和新产品 200 余项，充分展示了安徽水利风采，为科技成果推广，新技术、新产品应用发挥了重要作用，为广大科技工作者提供了重要的学习与交流平台。

《节水灌溉》1976 年创刊时名为“喷灌技术”

《节水灌溉》编辑部

《节水灌溉》杂志 1976 年创刊，是由武汉大学、中国灌溉排水发展中心联合主办的技术类月刊。创刊 40 多年来，在主办单位和编委会的领导下，《节水灌溉》杂志始终紧紧跟踪世界和中国节水灌溉技术研究的进展，密切关注读者的反应和意见，开辟了“试验研究”“工程技术”“工程管理”“水环境与水资源”“水利经济”“技术讲座”“国外动态”“设备与市场”等栏目。

《节水灌溉》杂志所刊发的论文，明显体现了我国节水灌溉技术的发展历程。从技术节水、工程节水、农艺措施节水、管理节水、污水和咸水利用到水资源全面优化利用，无一不体现其科技发展轨迹；当期出版的杂志，体现了当时节水灌溉领域的前沿技术和研究热点。

杂志连续入选“中文核心期刊”“中国科技核心期刊”“中国农林核心期刊（曾用名：中国农业核心期刊）”“RCCSE 中国核心学术期刊”；始终是美国 EBSCO 学术数据库、日本科学技术振兴机构数据库 JST 的收录期刊；始终是“中国科技论文统计源期刊”“中国期刊全文数据库全文收录期刊”“中国学术期刊综合评价数据库统计源期刊”；始终是中国知网、万方数据、维普期刊网、超星域出版平台的收录期刊。

一、刊名变迁

我国节水灌溉起步较晚，引进、研学、发展国外先进节水灌溉技术是从 20 世纪 70 年代开始的，包括喷灌技术、滴灌技术、微喷技术。1976 年根据当时的国内形势，决定编辑出版《喷灌技术》的动因如下：为了在发展我国喷灌技术工作中贯彻以阶级斗争为纲，坚持党的基本路线，坚持科研为无产阶级政治服务、为工农兵服务、与生产劳动相结合的方针，促进我国喷灌事业的发展，为农业高产稳产、普及大寨县做出贡献。

1987 年水利部从奥地利引进金属摇臂式喷头、薄壁铝管生产线和技术，使节水灌溉项目在国内迅猛发展起来。同时，各种新的节水灌溉技术（低压管道输水灌溉、滴灌、微润灌、膜上灌、微喷灌、渗灌、涌泉灌、膜下滴灌、坑灌、根灌、陶灌、畦灌、波涌灌）在国内迅速应用和发展，原刊名“喷灌技术”专业面就显得太窄，不能涵盖整个节水灌溉领域。因此，在水利部领导的指示下，经国家科委、国家新闻出版局批准，本刊自 1996 年第 3 期开始，正式更名为“节水灌溉”。

创刊号封面

创刊年第 2 期（改为双色封面）

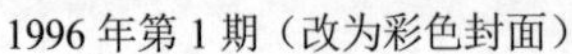
1996 年第 1 期（改为彩色封面）

改刊名后首刊

二、刊期变更

1976—1997 年，本刊为季刊。

1997 年 9 月，党的十五大报告中指出："要把节水灌溉作为一项革命性措施来抓。"党和国家领导人也多次强调在我国实现现代化农业的伟大事业中，节水灌溉具有极其重要的地位和作用。各科研单位、大专院校加大了节水灌溉理论与技术研究的力度、深度和广度，硕果累累。为了及时传播研究人员的科研成果，必须增加本刊的出版容量，缩短论文出版周期，本刊自 1998 年第 1 期开始改为双月刊。

进入 21 世纪后，我国各行各业飞速发展，在实现全面建设小康社会奋斗目标的道路上飞奔，节水灌溉的科研事业也不例外。国家不断加大教育和科研投入，极大地调动了广大科研工作者的积极性，国内广泛开展各种国外先进理论和技术在节水灌溉领域的应用研究，特别是信息技术的高速发展，使得节水灌溉理论和技术研究成果大量涌现；党的十七大报告指出：建设生态文明，基本形成节约能源资源和保护生态环境的产业结构、增长方式、消费模式；循环经济形成较大规模，可再生能源比重显著上升；主要污染物排放得到有效控制，生态环境质量明显改善；生态文明观念在全社会牢固树立，这使得水资源和水环境的研究成果数量迅速增长。鉴此，为适应行业发展趋势自 2008 年第 1 期开始，将双月刊改为月刊。

三、报道内容变化趋势

1976—2000 年，本刊作为技术类期刊，面向广大科技人员和管理人员，随着节水灌溉技术的普及，还要面向基层从事节水灌溉工作的操作人员，因此，本刊始终把宣传实用技术放在最突出的位置上，着重将科学技术转化为生产力。主要刊载内容：各种喷灌设备及其主要部件（各型喷头）的性能试验研究和应用研究；喷灌工程规划、设计、施工、管理研究；各种喷灌设备及其主要部件的性能介绍等。作者单位以水利厅（局）、设计院、水科院为主，大专院校很少。

2000—2010 年，随着我国经济发展水平不断提高，国家支持科研的力度不断加强，各种科研项目得以实施，广大科研工作者的研究深度和广度不断拓展，使得本刊的论文内容逐渐从实际应用类向科学研究类转变。在作者单位中，大专院校、科研院所、国家及省级重点实验室、国家及地方专业研发中心的比例逐年快速递增，作者单位涵盖水利、农业、林业、园林、地质、环保、旅游等多个领域。

2010 年以后，我国各行各业全面进入高速发展轨道，节水灌溉研究从基础理论、技术研发、模型研究、遥感反演、测量技术、机理探索等方面全面展开，成绩斐然。论文内容主要为：气象-水文-水（地表水、土壤水、地下水）-土壤-作物-肥-灌溉方式（包括非工程节水方式）-灌溉制度-环境等多种环节之间的相互联系、相互影响规律，研究这些规律所采用的各种科学方法；智能系统；数值模型、机器模型等，其中部分论文研究的都是前沿和热点问题。

四、主办单位变迁

（1）1976—1981 年：全国喷灌科技情报网。

（2）1982—1985 年：水利电力部科学技术情报所、全国喷灌科技情报网。

（3）1986—1989 年： 水电部科学技术情报研究所、中国灌排技术开发公司、全国喷灌科技情报网。

（4）1990—1993 年第 2 期：水利电力科技情报研究所、中国灌排技术开发公司、全国喷灌科技情报网。

（5）1993 年第 3 期至 1994 年第 2 期：水利电力信息研究所、中国灌排技术开发公司、全国喷灌科技信息网。

（6）1994 年第 3、4 期和 1996 年第 1、2 期：中国灌排技术开发公司、水利电力信息研究所、全国喷灌科技信息网。

（7）1995 年：水利电力信息研究所、中国灌排技术开发公司、全国喷灌科技信息网。

（8）1996 年第 3 期至 1997 年第 1 期：中国灌排技术开发公司、武汉水利电力大学、全国喷灌科技信息网。

（9）1997 年第 2 期至 2001 年第 2 期：水利部农水司、中国灌排技术开发公司、武汉水利电力大学、全国喷灌科技信息网。

（10）2001 年第 3、4 期：中国灌溉排水发展中心、武汉大学、全国喷灌科技信息网。

（11）2001 年第 5 期至 2002 年第 2 期：中国国家灌溉排水委员会、中国灌溉排水发展中心、国家节水灌溉北京工程技术研究中心、武汉大学。

（12）2002 年第 3 期至 2021 年第 4 期：中国国家灌溉排水委员会、中国灌溉排水发展中心、武汉大学、国家节水灌溉北京工程技术研究中心。

（13）2021 年第 5 期开始：武汉大学、中国灌溉排水发展中心。

五、历届编委会

历届编委会主任、副主任及名誉主任名单

刊期	主任	副主任	名誉主任
1983 年 2 期开始（第 1 届）	许志方	陈炯新 高如山 郭景泰 赤兵	
1989 年 1 期开始（第 2 届）	许志方	马祖述 高如山 余开德 陈大雕	
1993 年 4 期开始（第 3 届）	许志方	马祖述 薛克宗 余开德 陈大雕	
2001 年 3 期开始（第 4 届）	冯广志	刘经南 姜开鹏 陈大雕 贾大林 顾宇平 谈广鸣 许迪	刘润堂（常务副主任）
2002 年 2 期开始（第 4 届）	李代鑫	刘经南 姜开鹏 陈大雕 贾大林 顾宇平 谈广鸣 许迪	陈雷 冯广志 刘润堂（常务副主任）
2004 年 5 期开始（第 4 届）	李代鑫	刘经南 姜开鹏 陈大雕 顾宇平 谈广鸣 许迪	陈雷 冯广志
2006 年 4 期开始（第 5 届）	李代鑫	李仰斌 茆智 姜开鹏 顾宇平 高占义 谈广鸣	翟浩辉
2012 年 1 期开始（第 6 届）	李仰斌	茆智 李远华 倪文进 高占义 谈广鸣 李琪	李国英
2019 年 2 期开始（第 7 届）	赵乐诗	吴普特 倪文进 韩振中 黄修桥 李益农 崔远来 党平	田学斌 康绍忠

六、历届主编、副主编名单

（1）1984 年 3 期至 1987 年 1 期。值班副主编：陈大雕。

（2）1987 年 2 期至 1988 年。主编：陈大雕。

（3）1989—1992 年 3 期。主编：陈大雕；副主编：林中卉。

（4）1993 年 4 期至 1996 年 3 期。主编：陈大雕；副主编：林中卉、燕在华（专职）。

（5）1996年4期。主编：陈大雕；副主编：燕在华（专职）。

（6）1997年。主编：陈大雕。

（7）1998—1999年。主编：陈大雕；副主编：燕在华（专职）。

（8）2000年至2001年5期。主编：陈大雕；副主编：燕在华（专职）、卢国荣（专职）。

（9）2001年6期至2002年：主编　陈大雕；副主编　燕在华（专职）、卢国荣（专职）、徐建新。

（10）2003年1、2期。主编：陈大雕；副主编：燕在华（专职）、卢国荣（专职）、龚时红。

（11）2003年3期至2006年3期。主编：燕在华；副主编：卢国荣（专职）、龚时红。

（12）2006年4期至2007年3期。主编：李远华；副主编：闫冠宇、刘志勇（专职）、卢国荣（专职）。

（13）2007年4期至2009年10期。主编：李远华；副主编：闫冠宇、卢国荣（专职）。

（14）2009年11期至2019年1期：主编：李远华；副主编：闫冠宇、关良宝（专职）。

（15）2019年2期起。主编：崔远来；副主编：党平、关良宝（专职）。

七、来自国际、国内知名专家的评价

2000年3月，在本刊出版发行100期之际，国际灌排委员会主席B.Schultz教授致贺信本刊，对本刊出版发行100期表示祝贺。院士、清华大学副校长张光斗先生，水利部农水司，中国灌溉排水发展中心，国际灌排委员会副主席、武汉大学教授许志方先生，国际知名节水灌溉专家、院士、武汉大学教授茆智先生，全国微灌学组副组长、武汉大学教授董文楚先生，享受国务院政府特殊津贴的史群教高对本刊给予高度评价和真诚鼓励。

国际灌排委员会主席 B.Schultz 教授的贺信

最近，我获悉全国性期刊《节水灌溉》已在中国发行100期。我谨代表国际灌排委员会(ICID)向期刊的创办者们对此重要事件表示祝贺。

我写此信时，正值在荷兰海牙参加第二届世界水资源论坛大会。论坛的专题之一是讨论粮食和农村发展的用水前景。从这一专题以及其他专题的讨论中可以明显看到，水资源短缺将成为世界上许多地区的一个严重问题，对于这些地区来说，节水灌溉是一个主要的挑战。可以预期，在未来的二十五年内，世界总人口将从60亿增加至80亿，面临的挑战将显得更加激烈。

在国际灌排委员会中已设置若干个工作组，并有一批倡导者专门研究水资源短缺问题。中国国家灌排委员会也一直在其中起到重要作用。这也许不仅因为中国的水资源短缺是一个重要问题，同时也因为中国在这一领域中已取得了令人瞩目的经验和技术。

为此，我特地为期刊的出版发行100期向你们表示祝贺。同时，也希望期刊能够成为一种传播信息的有效手段，将新的发展和成就在关心节水灌溉的人群中广泛传播。

国际灌排委员会主席
Bart Schulta
2000 年 3 月 21 日

Message from the president of ICID

Recently I was informed that a nation wide journal ‘Water Saving Irrigation’ has been initiated in China. On behalf of the International Commission of Irrigation and Drainage (ICID), I would like to congratulate the initiators with this important event.

I write this message while I am attending the Second World Water Forum that is taking place in The Hague, the Netherlands. During this forum the sector Vision on Water for Food and Rural Development has been presented and discussed. From this Vision as well as from other Visions that are presented during the Forum it is obvious that water scarcity will be a severe problem in many regions of the World and that water saving in irrigation will be a major challenge for all those involved. This the more while it is expected that the world's population will grow from 6 to 8 billion people in the coming 25 years.

ICID has several working groups and initiatives dealing with issues of water scarcity. The Chinese National Committee has always played an important role in these working groups and initiatives. This may be partly because water scarcity is an important issue in China, but also while there is already an impressive know how in China on this subject.

Therefore I would like to congratulate you with this initiative and I hope that the journal may be an effective mean to disseminate information on new developments and achievements among those concerned with water saving in irrigation.

Prof. dr. Bart Schultz
President ICID

国际灌排委员会主席 B.Schultz 教授的贺信

《节水灌溉》编辑部
武汉大学二区
湖北省武汉市　　480072

您们好！贵刊2004年第4期发表孟春红 夏 军同志的文章《"土壤水库"储水量的研究》，结语中"土壤水是地球水体的重要组成部分之一。陆地上植被和作物所利用的水分主要是从土壤中直接吸取的。土壤水虽然不像地表水、地下水那样集中分布，也不能由人工直接提取、运输和作各种用途的运用，但是人们能够通过间接的办法利用它。任何形式的水必须转化为土壤水后才能被植物吸收利用。从而使土壤水变成了人类生产资料和生活资料的天然来源的需要组成部分。因此土壤水的存蓄、补给、消耗、更新和平衡对农业、牧业、林业、自然生态环境和水资源平衡都有极其重要的意义。"可见土壤水的重要性。我国旱耕地比水浇地多，农作物生长全靠土壤水，所以土壤水应是水资源的一部分。但我国评估水资源量，包括地表水和地下水，不计土壤水，显然是不全面的。所以土壤水蓄量的评估，是急需解决的问题，孟文的研究十分重要，希望早日评估出我国土壤水水资源量。

我国学者提出建设土壤水库，是增加全国水资源的重要措施，要研究如何建设土壤水库，如何增加蓄水量，进行研究。我不懂土壤水，但对水资源十分关心，所以读孟文很受教益，提出以上认识。
此致
敬礼！

张光斗上 张光斗
2004年8月29日

清华大学校长张光斗院士的来信

八、重要报道事件及合作关系

本刊在配合广西壮族自治区推广的"广西千万亩水稻节水灌溉技术开发"项目中，进行了大量宣传报道，为该项技术在我国中、南部广大地区的推广应用起到了极大的支持作用。该项目荣获1996年国家科技进步一等奖。李子春在本刊

1999 年第 4 期上发表了论文《IC 智能卡管理系统在节水灌溉中的应用》，该管理系统在济南市的平阴县、济阳县推广应用 200 多台套，年节水 192 万 m^3，节电 156 万 kW・h，节约水费 84 万元，此技术获得省水利厅科技进步二等奖。为了配合水利部在全国建设“2 个省、10 个市、300 个县节水示范重点工程”，本刊作了大量的报道。为了配合水利部灌排企业分会的工作，专门开辟了灌排企业设备分会栏目。同时还重点宣传了《水法》《节水灌溉工程规范》等法令法规。

自创刊以来，本刊在建立与节水灌溉设备开发生产企业、科研单位的紧密联系方面一直默默耕耘，联系从无到有、从少到多、从松散到紧密，一步一个脚印，目前，本刊已与 300 多个企业和 100 多家科研单位密切合作，成为高效的纽带；有近 400 家企业、科研单位在本刊上发布广告，对技术、产品的应用发挥了巨大作用。

《北京水务》注重报道重点工程和先进技术

《北京水务》编辑部

《北京水务》期刊为国内外公开发行刊物，主管单位为北京市水务局，主办单位为北京水利学会、北京市水科学技术研究院和北京市水利规划设计研究院。本刊为中国学术期刊综合评价数据库来源期刊、中国核心期刊（遴选）数据库收录期刊、北方优秀期刊、北京市优秀期刊，中国知网、万方数据库收录期刊。本刊以服务和促进北京市水务事业的进步、提升水务支撑保障能力为宗旨，立足北京，辐射全国，兼顾海外，坚持新发展理念，全面推进“安全、洁净、生态、优美、为民”五大发展目标，大力实施“转观念、抓统筹、补短板、强监管”，持续深化水务改革创新，更加奋发有为地推动水务实现高质量发展，大力宣传党和国家水务工作的方针政策、法律法规；展示北京市在节水与水资源管理、水生态修复与水环境治理、供水排水、水土保持、水旱灾害防御和安全生产行业监管、水利工程建设及水务管理与改革、水务信息化和现代化建设等方面的经验和成就；传播国内外先进的水务科技和管理技术；总结推广先进的科技成果；弘扬悠久的首都水文化；交流水务改革经验；助力推动水治理体系和水治理能力的现代化；打造首都水务科技与文化的新型平台。长期得到水利行业主管部门领导、两院院士及水利知名专家的关注与支持。

一、期刊发展

1976 年，《北京水利科技》创刊，不定期出版，从 1987 年起为定期出版，季期，每期约 10 万字，内部发行，主管单位为北京市水利局，主办单位为北京市水利科学研究所，编辑部设在北京市水利科学研究所水利科技情报站，从 1993 年下半年起设在北京市水利科技咨询推广中心，共出刊 56 期。发刊辞提出“宣传报导在毛主席革命路线指引下，北京市水利战线勘测、设计、科研、施工、管理和农田基本建设等方面取得的经验，广泛交流先进技术和革新成果，并介绍水利科技资料和动态”。

《北京水务》期刊沿革

年份	名称	主管单位	主办单位	刊期	发行
1976	北京水利科技		北京市水利科学研究所	季刊	内部发行
1994	北京水利	北京市水利局、北京水利学会	北京市水利科技咨询推广中心	双月刊	内部发行
1995	北京水利 CN-3766/TV	北京市水利局、北京水利学会	北京市水利科技咨询推广中心	双月刊	公开发行
1999	北京水利 CN-3766/TV	北京市水利局、北京水利学会	北京市水利水电技术中心	双月刊	公开发行
2000	北京水利 CN-3766/TV	北京市水利局	北京水利学会 北京市水利水电技术中心	双月刊	公开发行
2005	北京水利 CN-3766/TV	北京市水务局	北京水利学会 北京市水利科学研究所 北京市水利规划设计研究院 北京市水务局党校	双月刊	公开发行
2006	北京水务 CN11-5445/TV	北京市水务局	北京水利学会 北京市水利科学研究所 北京市水利规划设计研究院 北京市水务局党校	双月刊	公开发行
2010	北京水务 CN11-5445/TV	北京市水务局	北京水利学会 北京市水利科学研究所 北京市水利规划设计研究院	双月刊	公开发行

《北京水务》发展概况

随着水利事业的蓬勃发展，水利作为国民经济基础产业和城市建设基础设施地位的确立，《北京水利科技》已不能容纳日益增加的水事活动内容。北京市水利局和北京水利学会决定，并报国家科学技术委员会和北京市科学技术委员批准，从 1994 年下半年起更名为《北京水利》，由北京市水利局和北京水利学会合办，定位为综合性的科技刊物，双月刊，每期 10 万字左右，彩色封面。

1995 年国内公开发行，1999 年国内外公开发行，发行至我国 30 多个省市（含台湾省）和美国、日本、布隆迪等国家。

为了与国际接轨，从 1999 年起，将原 16 开本改为大 16 开本，增加英文目次，从 2000 年起增辟广告业务，从 2001 年起，对科技含量高的论文，增加英文摘要。

为了执行北京市科学技术委员会和北京市新闻出版局关于政事职能分开的规定，从 1999 年起，刊物主管单位为北京市水利局，主办单位为北京水利学会和北京水利水电技术中心。本刊在宣传党和国家水利方针政策、促进水利事业发展和水利科学技术提高以及提供水利信息等方面发挥了一定作用。由于刊物内容丰富，论文学术水平较高，传递信息快，受到广大读者欢迎。

为加强对北京市水资源地集中统一管理，积极建设节水型城市，促进经济和社会全面、协调、可持续发展，2004 年 5 月，北京市政府组建了北京市水务局。作为北京市水务系统的对外宣传窗口《北京水利》期刊面临新的挑战和机遇，2005 年，原《北京水利》编辑部上报国家新闻出版总署，申请刊名变更有关项目，同年 11 月，国家新闻出版总署报刊〔2005〕1106 号文同意《北京水利》更名为“北京水务”，主办单位由北京水利学会、北京市水利水电技术中心变更为北京水利学会、北京市水利科学研究所、北京市水利规划设计研究院和北京市水务党校，主管单位为北京市水务局。

从《北京水利》到《北京水务》

二、办刊宗旨

以服务和促进北京市水务事业的进步、提升水务支撑保障能力为宗旨，立足北京，辐射全国，兼顾海外，坚持新发展理念，报道国内外水务科研新成果、科技新动态，更加奋发有为地推动水务实现高质量发展，打造首都水务科技与文化的新型平台。

三、办刊重点

1. 宣传北京市水利（水务）方针、政策

为北京持续实施《21 世纪初期首都水资源可持续利用规划》《北京城市总体规划（2004—2020》，刊登了《北京水资源问题对策》《以建设一流城市为目标制定首都水资源可持续利用规划》《水利要率先为实现现代化打好基础》《迈向 21 世纪北京农业节水的几点思考》《京郊节水农业发展展望》《北京城市雨洪利用总体构想》等指导性和超前性文章。

为贯彻实施 2014 年京津冀协同发展国家战略，组织了《京津冀协同发展进程中水安全保障的压力和挑战》《北京市排水及再生水管理问题及对策研究》等论文。

2. 报道重点工程

密云水库、官厅水库工程：出版了密云水库建库 30 周年、40 周年、50 周年、60 周年专栏或者专刊，集中发表了在水库建设、管理、科技等方面的阶段性成果，如黑土洼湿地生态治理和水质改善工程、水土保持和生态清洁小流域建设工程、塌岸治理和综合整治工程、溢洪道改建等工程技术。

南水北调工程：为“庆祝南水北调北京段工程竣工通水”特做了一期增刊（2008 增刊 2）。本刊栏目打头的是“领导论坛”，约到了北京市南水北调工程建设委员会办公室副主任孙国升的《世纪工程的建设之本》，该文从工程的管理和运行机制、质量管理体系、技术攻关克难等高度总结了南水北调工程的核心特点，也是后续技术研究论文的一个开局，后续论文都是对这篇的展开和深入，全刊做到了由总到分、由分到深的高度布局。后面的“建设与管理”“规划设计”“质量控制”“新

技术新工艺”“分析与研究”，刊发论文21篇，每篇论文背后都是专利成果支撑，如PCCP安装质量控制、输水暗涵、砂浆应用等。后续每年都有南水北调有关的论文发表。

ISSN 1673-4637
CN 11-5445/TV

北京水务

增刊1
2020年9月

BEIJING WATER　BEIJING SHUIWU

北京市水务局主管　北京水利学会　北京市水科学技术研究院　北京市水利规划设计研究院　主办

北京水务
1976年创刊
双月刊
2020
增刊第1期
(2020年9月10日出版)

主　管　北京市水务局
主　办　北京水利学会
北京市水科学技术研究院
北京市水利规划设计研究院

国外发行代号　BM 1389
中国标准　ISSN 1673-4637　CN 11-5445/TV

目　次

重点关注

牢记嘱托　传承精神　接续奋斗
——在学习贯彻习近平总书记重要回信精神暨纪念密云水库建成60周年主题活动视频会上的讲话摘要　1
风雨兼程一甲子　砥砺奋进再扬帆　5

密云水库工程建设与管理

密云水库潮河主坝加固前后安全性对比分析与评价　9
白河主坝沉陷观测资料分析　14
第一溢洪道改建工程水工模型试验分析　19

密云水库水资源

1960—2018年密云水库以上流域入库径流变化趋势研究　22
密云水库区间河道洪水风险反演及其对防洪安全的思考　26

密云水库水环境水生态

密云水库总氮时空变化及与蓄水量关系分析　31
密云水库内湖水质状况及动态变化趋势分析　36
密云水库滆关水质动态变化分析　40
密云水库流域河长制工作成果分析　46
密云水库浮游植物群落结构及多样性分析　49
多型号清漂船在密云水库水面保洁工作中的应用分析　54
密云水库滤藻鱼类增殖放流对水生态环境影响分析　60
密云水库库滨带水源保护建设研究　64

密云水库建成60周年专刊报道

3. 跟踪重大项目

跟踪的重大项目有：北京市科学技术委员会重大课题“海绵城市建设技术体系及期绩效评价基于海绵城市建设的城市水系洪涝风险防控技术应用”；国家自然科学基金项目“再生水灌溉对系统性能与环境介质的影响及调控机制”；国家“十五”攻关科技项目；国家重点研发计划“城郊高效安全节水灌溉技术典型示范”；国家水体污染控制和治理科技重大专项课题“基于再生水的高标准、高品质水景观构建与水生态维系技术研究和工程示范”；北京市科技计划课题“北京市南水北调输水暗涵漏损智能监控预警关键技术研究与示范”；水利部科技推广中心水利示范项目“坡改平生态护坡技术示范”。

4. 研讨重大问题

对历次洪水，如2012年北京“7·21”洪水、2016年“7·20”洪水等专刊专栏进行了报道。

对永定河生态补水、潮白河生态补水等以专栏、增刊进行了报道。

北京水资源、水生态水环境、防汛应急、工程建设与管理等都是常规栏目。

北京水务

1976年创刊

双月刊

2012

第5期

(总第166期)

(2012年10月出版)

目　次

重点关注

关于构建城市防洪体系的几点思考 …… 1

北京中心城区"7·21"降雨径流分析 …… 3

北京市"7·21"特大暴雨水土保持措施效益评价 …… 8

北京"7·21"暴雨与"63·8"暴雨对比分析 …… 14

房山区小流域主沟道"7·21"特大暴雨灾情调查与影响对策分析 …… 16

应对"7·21"特大暴雨防汛抢险物资管理的思考 …… 20

莲花池西路、莲石东路沿线积水解决方案研究 …… 24

水资源

平谷区水资源持续开发与利用策略 …… 26

分析与研究

官厅水库水文特性统计分析 …… 29

Water Mark 系统在密云水库上游小流域的应用 …… 32

分布式模型在密云水库枯水季来水预报中的应用 …… 35

水环境

北京市南沙河海淀段水环境现状分析与评价 …… 37

规划与设计

永定河房平湖生态修复工程的景观设计 …… 40

水土保持

门头沟区上达摩矿山型小流域生态治理思路 …… 43

工程建设与管理

北京市永定河(西南)循环泵站初期运行情况分析 …… 46

怀柔水库库区水文站不同蒸发器蒸发量对比分析 …… 49

水平衡测试发展状况、问题分析及对策 …… 51

"3S"技术在密云水库及其上游流域水管理中的应用 …… 55

水文化

水利遗产的工程考古 …… 59

水信息

日本东京城市自来水漏水率下降 …… 61

欢迎订阅《给水排水》杂志(月刊) …… 7

北京中心城区"7·21"降雨径流分析

白国营　杜龙刚　臧敏　赵洪岩　钟一丹　[illegible]君　王美荣

(北京市水文总站　100089)

摘　要　2012年7月21日，北京地区普降大暴雨，城区降雨量215 mm，城区所有河道均产生洪水。详细分析了此次降雨的时空分布特点及城区4条重要排水河道的洪峰过程，并对城区中小河段洪峰流量及洪量进行了估算。分析结果表明，此次降雨频率为10~20 a一遇，河道洪峰接近50 a一遇。此次城市河道洪水的特点是峰高量大、来得快去得快，初步分析是由于城区不透水面积的增加造成的。

关键词　中心城区　暴雨　洪水

中图分类号　TV125　　文献标志码　A　　文章编号　1673-4637(2012)05-0003-05

北京中心城区面积1 085 km²，共布设市级雨量站28个，水文站4个。2012年7月21日城区普降大暴雨，各雨量站、水文站准确地监测到本场降雨及产生的洪水过程。本文通过定量分析本次降水的雨水情过程与特点，为今后城市防洪减灾工作提出参考意见。

1　雨情分析

1.1　暴雨时空分布

受东移南下的冷空气和西南气流的共同影响，从7月21日9时至7月22日4时的19 h内，北京市普降大暴雨，局地出现特大暴雨。通过水文和气象两部门共346个雨量站点采用算术平均法计算，全市平均降雨量170 mm，是新中国成立以来的最大降雨。城区平均降雨215 mm，是1963年以来最大降雨。太行山脉平均降雨301 mm，燕山山脉158 mm，平原区200 mm。降雨量在200 mm以上的覆盖面积为6 000 km²。降雨暴雨中心位于房山区河北镇，达541 mm，超过500年一遇。降雨量等值线图见图1。

因本次降雨受同一天气系统影响，据考证天安门站降雨资料真实可靠，代表性强，因此降雨雨型采用该站实际降雨过程作为中心城区代表雨型。由天安门站"7·21"暴雨过程图2可以看出，本次降雨主要集中在7月21日14时至7月22日4时，降雨过程为双峰雨，强降雨发生在14时、19时和20时。

1.2　暴雨频率分析

结合城区管网排水与河道排水特点，暴雨频率分析时段选择为最大1 h和最大24 h。时段降雨统计依据自各站逐时降雨过程资料，不同频率降雨参考《北京市水文手册–暴雨图集》，其中最大1 h 5年一遇60 mm、10年一遇76 mm，最大24 h 10年一遇200 mm、20年一遇250 mm及50年一遇300 mm，统计结果见表1。由频率分析结果可以看出，最大1 h降雨量基本属于5年一遇，但是量值已经远远超出北京市市政雨水管网1~3年一遇的标准，也就是每小时36~45 mm的降雨。最大24 h降雨基本属于10~20年一遇，石景山区模式口达到50年一遇。

2　城区河道水情分析

2.1　实测洪过程分析

清河、坝河、通惠河及凉水河是城区4条主要排水河道均建有水文站，此次大暴雨各水文站对洪水过程都进行了完整观测，没有出现漏峰现象。4条河道中通[illegible]

收稿日期：2012-08-24

作者简介：白国营(1973—)，男，高级工程师。

对北京"7·21"洪水的专栏报道

5. 突出先进性和创新性

《北京水务》还有它的先进性和创新性，它应该反映北京水利科技新成果，引进国内、外的先进科学技术；刊载的文章要有科技含量、有理论依据、有数据，仪器设备有技术性能指标、有图表、有照片。

1998 年 4 月，北京城市中心区河湖水系治理工程开工，它是北京市委、市政府确定的重点工程，列入新中国成立五十周年重大建设项目，为了配合这项工程的开展，《北京水务》登载了温明霞、杨伽蒂所写的《成都市府南河整治工程考察》，文中记载了参与城市水系工程设计的技术人员一行 15 人，赴成都市参观考察府南河的整治情况。他们深入了解了成都市治理府南河时修复生态、美化环境的经验，并与担任工程设计的成都市市政设计院技术人员，就工程设计技术交换了意见。此文在当时的工程指挥部、设计及施工技术人员中得到相当好的反应。在这项总体工程开展中，得知“六海清淤工程”启动，经过比较分析后，引进江苏的冲淤经验——人工持高压水枪将淤泥冲开、剥落搅动成泥浆，用泥浆泵送到岸上的技术。再与水上接力泵及陆上接力泵站连接，送到指定地点。采用了挖塘机、挖泥船接力、管道输泥等崭新技术，取得成功。为了总结这项新技术，《北京水务》于 2000 年第 1 期发表了北京市水利规划设计研究院赵晓维工程师的文章《北京城市河湖环保清淤新技术》。紧接着 2001 年，该技术在官厅水库清淤应急供水工程部分推广应用，疏通妫水河河口拦门沙只用了一个月时间。官厅水库清淤是 1983 年就提出的方案，历经多轮争议，克服了“挖不胜挖”“劳民伤财”的异议，经过 1998 年六海的实践，终于在官厅水库应用成功。

到 1999 年底，“北京城市中心区河湖水系治理工程”完工，它的“水清、岸绿、流畅、通航”的生态治理和美化环境的理念，在 2002 年的“北护城河治理工程”、2008 年的北京奥运会“奥运村龙形水系规划设计”、2010 年的永定河“五湖一线”绿色生态发展带和 2019 年的永定河复流中得到推广发展。这些河道生态治理理念在《北京水务》不断通过专栏、专刊、重点关注得到探索、剖析，进而引导施工技术创新。

《水科学与工程技术》的前身是《海河科技》

《水科学与工程技术》编辑部

《水科学与工程技术》是在我国第一次水利建设高潮——“根治海河”中诞生和发展起来的。从 1977 年创刊的《海河科技》，到 1992 年的《河北水利水电技术》，再到 2004 年的《水科学与工程技术》，为了适应时代发展，刊物两次更名，走过了 43 年的办刊历程。从海河治理到南水北调，该刊是我国水利建设的参与者和见证者，为水利建设者们积累了宝贵资料，也为推动工程建设、科技交流和水利发展做出了不可磨灭的贡献。

《海河科技》

20 世纪 90 年代初，海河流域综合治理已经完成。1992 年，为适应时代发展，《海河科技》更名为“河北水利水电技术”。21 世纪初，“南水北调中线工程”开工建设。这是一个纵贯中华大地、跨越四大江河，当今世界最大的水资源优化配置工程。《河北水利水电技术》的办刊范围已不适应形势发展的需要，经国家科技部、国家新闻出版总署批准，从 2004 年第 6 期更名为“水科学与工程技术”。

更名情况

《水科学与工程技术》是同行业中极具影响力的科技期刊。刊物是政策宣传的窗口，现代学术研讨的论坛，技术交流的阵地，是广大水利水电工作者团结奋进、规范发展的纽带，为我国水利水电市场建设和河北省国民经济战略性调整做出了独特贡献。

从创刊之初起，几代办刊人秉承“科学、严谨、求实、创新”的作风，建立健全了一系列管理制度，在《约稿制度》《来稿登记制度》《审稿制度》《发稿制度》基础上，进一步完善出版流程及三审三校制度。严格按规章制度进行各项工作，精心组稿，细心编辑，准时出版，使期刊质量不断提高。截至 2020 年 10 月，共出版 223 期，发表 6228 篇论文。这些论文展示了不同历史时期、不同的治水方针下我国水利界理论研究创新、工作思路创新、节水方针及水利水电工程建设的丰硕成果。

2017 年，《水科学与工程技术》以崭新的面貌出现在我们眼前，还“戴”上了刊标，更具特色，得到了水利人的喜爱。

2017 年刊物新貌

《水科学与工程技术》编辑部历史沿革

时间线	期刊名称	刊发周期	主管主办单位	人员构成	所出期数
1977 年 11 月	海河科技	不定期发行	主办单位为河北省根治海河指挥部		1
1982 年 1 月	海河科技	季刊	主管单位为河北省水利厅，主办单位为河北省水利学会、河北省水利水电勘测设计研究院	主编 于凤均	4
1986 年 12 月	海河科技	季刊	主管单位为河北省水利厅，主办单位为河北省水利学会、河北省水利水电勘测设计研究院	主编 阎庆亮	4
1992 年	河北水利水电技术	季刊	主管单位为河北省水利厅，主办单位为河北省水利学会、河北省水利水电勘测设计研究院	主编 陆精明	4

续表

时间线	期刊名称	刊发周期	主管主办单位	人员构成	所出期数
1995 年 6 月	河北水利水电技术	季刊	主管单位为河北省水利厅，主办单位为河北省水利学会、河北省水利水电勘测设计研究院	主编 蔡阿祥	4
2000 年 8 月	河北水利水电技术	季刊	主管单位为河北省水利厅，主办单位为河北省水利学会、河北省水利水电勘测设计研究院	主编 顾辉	4
2001 年 4 月	河北水利水电技术	双月刊	主管单位为河北省水利厅，主办单位为河北省水利学会、河北省水利水电勘测设计研究院	主编 顾辉	6
2004 年 1 月	水科学与工程技术	双月刊	主管单位为河北省水利厅，主办单位为河北省水利学会、河北省水利水电勘测设计研究院	主编 顾辉	6
2012 年 1 月	水科学与工程技术	双月刊	主管单位为河北省水利厅，主办单位为河北省水利学会、河北省水利水电勘测设计研究院	主编 孙景亮	6
2016 年 4 月	水科学与工程技术	双月刊	主管单位为河北省水利厅，主办单位为河北省水利学会、河北省水利水电勘测设计研究院	主编 王海	6
2019 年 6 月	水科学与工程技术	双月刊	主管单位为河北省水利厅，主办单位为河北省水利水电勘测设计研究院	主编 王海	6

五种学术期刊的诞生与发展

南京水利科学研究院科技期刊与信息中心

2020年的金秋十月，国庆后第一个工作日早晨，科技信息研究中心南楼北楼渐渐热闹了起来。“早上好。”“来得真早啊！”“以后天天见啦。”同事们几句简单的问候中，崭新的一天拉开了序幕。

这里是位于古都南京、清凉山麓的南京水利科学研究院。这一天是南科院主（承）办的五种期刊统一管理后正式集中办公的第一天。五部期刊分别是：《水利水运工程学报》《岩土工程学报》《海洋工程》《水科学进展》和英文刊 *China Ocean Engineering*。

捧一本期刊在手心，看着质朴的封面，摸着厚实的铜版纸，轻轻地翻动，一阵墨香迎面而来……

一、创刊故事

1978 年，中国共产党第十一届中央委员会第三次全体会议在北京举行，会议决定把全党的工作重点转移到经济建设上来。在大好形势的鼓舞下，全国各行各业出现了一派欣欣向荣、蓬勃发展的新气象。作为我国最早成立的水利科学研究机构、位于虎踞龙蟠之地的南京水利科学研究所（南京水利科学研究院前身）也热情投入到我国水利水电和水运现代化建设之中。1979 年 3 月 3 日，经国家科

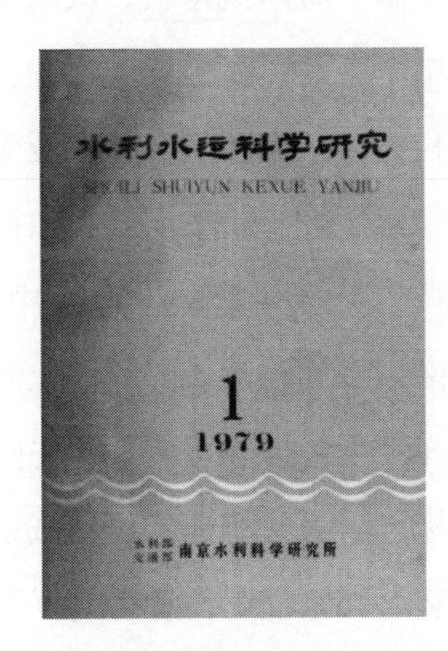

《水利水运科学研究》创刊号

委发文批准，南京水利科学研究所内部刊物《水利水运科技情报》从下半年开始改名为《水利水运科学研究》；9 月，《水利水运科学研究》创刊号正式出版。南京水利科学研究院第一部期刊就此诞生。

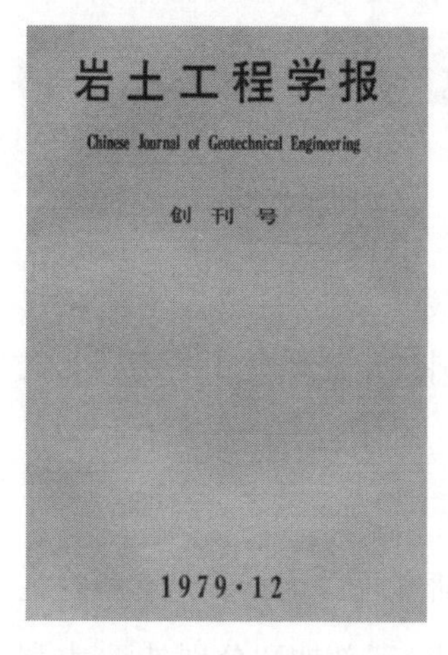

《岩土工程学报》创刊号

1979 年 4 月，中国水利学会岩土力学专业委员会成立大会在南京举行。会议决定由水利学会联系土木、力学、建筑学会共同发起创办《岩土工程学报》，学报第一届编委会也于当天成立，黄文熙先生担任主编。12 月，《岩土工程学报》创刊号正式与读者见面。正如黄文熙先生所言，这是我国岩土工程学界值得高兴的事情。本着发扬学术民主，开展学术交流，促进岩土工程科学技术发展的目的，学报以尽快改变目前落后面貌、赶上国际先进水平为己任。黄文熙先生在创刊词中还就岩土工程学的发展，提出了一些建议。正是这些建议，为岩土工程界学者研究的开展指明了方向。

1983 年，世界范围内海洋资源的开发利用规模不断扩大，海洋科学技术迅速发展。我国海域辽阔、海岸线漫长、大陆架宽广。党的十一届三中全会后，我国海洋工程也有了巨大发展，相关科技队伍不断壮大、专业学术研讨会相继开展，积累了近千篇学术论文和报告。10 月，在广大科技人员的迫切希望下，由中国海洋工程学会主办、南京水利科学研究所和上海交通大学承办的《海洋工程》创刊了，严恺先生担任编委会主任。这标志着我国海洋工程领域迈进了一大步，也预示着海洋工程工作者将为开发利用我国丰富的海洋资源、实现社会主义建设的宏伟目标做出积极的贡献。

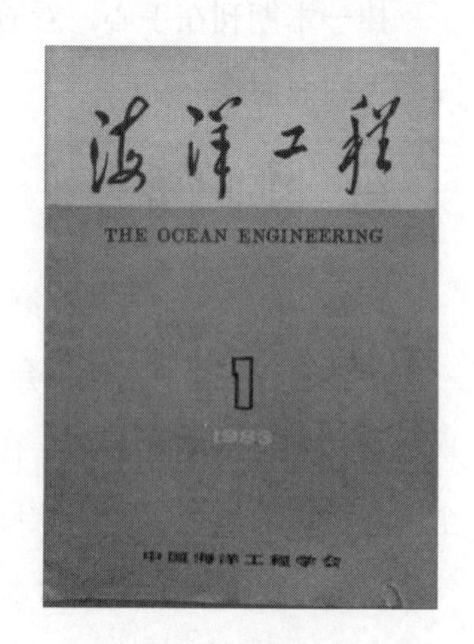

《海洋工程》创刊号

1985 年 12 月，《海洋工程》第一届编委员会第二次会议在南京召开。为了适应对外开放，促进海洋工程领域的国际交流，编委们一致赞同筹备出版《海洋工程》英文版。1987 年，*China Ocean Engineering* 正式创刊。这为国内外海洋工程领域科技人员，跨越语言障碍、广泛交流学术成果和工程经验，提供了一个国际化的平台；也为我国研究者了解国际相关进展，打开了一扇学术之窗。

China Ocean Engineering 创刊号

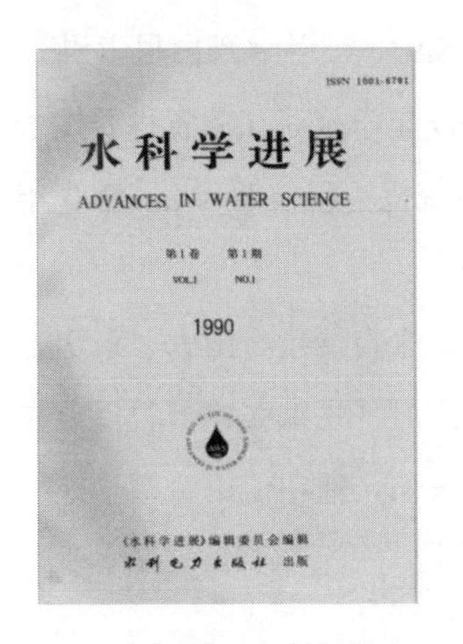

《水科学进展》创刊号

岁月流转，南科院人兴办科技期刊、促进学术繁荣的情怀依旧。1990 年初，一位水利学者，带着通过水利部审批的创刊申请书，守在国家新闻出版总署的署长办公楼前。此时创办新刊尤为困难，必须经总署领导审批。第一天，这位学者没能等到总署领导。第二天，他带了馒头和水坐在办公楼前继续等，从上午等到下午上班时，终于等到有一位看似领导的同志走了过来……12 月，南科院又一本期刊创刊。这就是《水科学进展》。那一位学者就是期刊的创办人——刘国纬先生。《水科学进展》以水为论述主题，以推动水科学技术进步为办刊宗旨，将水圈视为一个整体、促进水科学边缘学科的建立和发展、鼓励开拓科学前沿。

至此，南京水利科学研究院五种期刊相继完成创刊，这些期刊将共同记载我国水利事业发展的足迹。

二、期刊发展历程

徜徉在南科院图书馆，凝望着书架上期刊每年的合订本，让人不禁想细细品读三四十年来各个期刊的传承和发展过程。

1.《水利水运工程学报》

《水利水运科学研究》自创刊以来，报道南京水利科学研究院主要科研成果，刊载国内有关学术性论著，择要介绍国外有关先进科技成果，广泛进行学术交流，并努力贯彻“双百”方针，开展学术讨论。窦国仁、魏汝龙、胡去劣、朱伯芳、沈珠江、林宝玉等老一辈科学家相继在期刊上发表学术见解。

2000年经国家科技部审核，新闻出版总署批准，《水利水运科学研究》从2001年起更名为“水利水运工程学报”，仍为季刊；2012年由季刊改为双月刊。

1992年，学报首批入选全国中文核心期刊。之后，陆续成为中国科技核心期刊、RCCSE中国核心学术期刊，被中国科学引文数据库（CSCD）和知网、万方、维普等数据库收录；同时被美国《剑桥科学文摘》（CSA）、波兰《哥白尼索引》、美国《乌利希期刊指南》等国外重要数据库收录。1989年学报获江苏省科委授予的“江苏省优秀期刊奖”；1996年评为 “全国水利系统优秀科技期刊”；2000年获《CAJ-CD规范》执行优秀奖。

2008年5月15日在南京召开了期刊编委会会议。来自清华、南大、东南、河海、南京工大和南科院的32位编委参加了会议。会上时任主编张建云教授首先宣读了本届编委会主任、时任水利部副部长胡四一的来信，他在信中希望学报不断提高办刊水平并祝愿学报越办越好。

水利水运科学研究

河床紊流的随机理论

一、前言

窦国仁院士为《水利水运科学研究》撰文

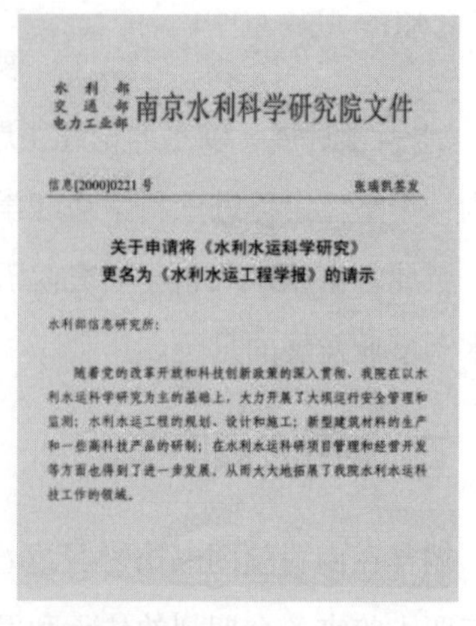

水利部
交通部
电力工业部
南京水利科学研究院文件

信息[2000]0221号　　张瑞凯签发

关于申请将《水利水运科学研究》更名为《水利水运工程学报》的请示

水利部信息研究所：

随着党的改革开放和科技创新政策的深入贯彻，我院在以水利水运科学研究为主的基础上，大力开展了大坝运行安全管理和监测；水利水运工程的规划、设计和施工；新型建筑材料的生产和一些高科技产品的研制；在水利水运科研项目管理和经营开发等方面也得到了进一步发展，从而大大地拓展了我院水利水运科技工作的领域。

期刊更名为“水利水运工程学报”

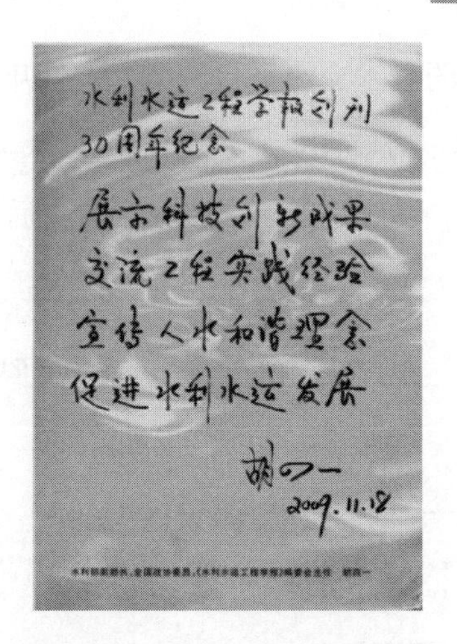

编委会主任胡四一为《水利水运工程学报》创刊 30 周年题词

2013 年，为了提高学报国际影响力，基于逐步落实学术期刊国际化的办刊思路，对编委会进行调整，经过近认真推荐和反复酝酿，聘请了 72 名［含国（境）外 15 名］专家担任了新一届编委。

几十年来，《水利水运工程学报》作为南京水科院对外交流的重要学术期刊，先后与国（境）外近 50 家研究机构和高等院校建立了长期资料交流关系。作为我国水利学科类的重要期刊，她一直受到国内外同行专家学者的高度关注。最近十年，学报工作人员积极深入水利相关高校和科研院所主动宣传、协办行业会议，开设重大项目专题，策划组稿约稿，以期进一步提高期刊影响。

2.《岩土工程学报》

《岩土工程学报》是我国第一份岩土工程学科的全国性、综合性的学术期刊。1979 年期刊创办之初，由中国水利学会联系土木、力学、建筑学会共同发起；水力发电学会、振动工程学会分别于 1980 年和 1988 年参加主办。从此《岩土工程学报》成为了国内唯一六个国家一级学会共同主办的学术期刊。学报从 2005 年起改版为月刊。

1998 年，为纪念学报创办人黄文熙先生和更好地促进岩土学科的发展，第一届“黄文熙讲座”开讲，沈珠江院士为第一讲撰稿人。2006 年起，“黄文熙讲座”同时举行现场学术报告会，使其成为真正意义上的讲座，并逐渐成为我国岩土工程界最具影响力和代表性的学术交流平台。至今，已开设“黄文熙讲座”23次、举办学术报告15次，周镜、方晓阳、谢定义、黄熙龄、陈祖煜、郑颖人、包承纲、汪闻韶、张在明、李广信、龚晓南等著名专家学者先后撰稿或担任主讲人。

岩土工程学报　　第2卷第1期(总2)
1980年3月

目　　录

硬化规律对土的弹塑性应力-应变模型影响的研究……黄文熙（1）
上海四幢高层建筑箱形基础测试的综合研究……张问清　赵锡宏　殷永安　钱宇平（12）
强夯法加固松软地基……钱　征　李广武　王文奎（27）
某水利枢纽电站厂房基坑岩体位移变形有限元分析……李定祥　杨家岭　葛修润（43）
层状岩体坝基抗滑稳定分析中的几个问题……陆家佑（55）
三向电阻网渗流模型试验原理及其应用……杜延龄　许国安（64）
振动单剪仪的研制和调试……左元明　郭家禄　魏汝龙（78）

工程实录

深埋箱形基础的地基反力问题……马达成　陈坚峰（88）

情报资料

日本土石坝抗震技术介绍(续)……汪闻韶（95）
参加第七届欧洲土力学与基础工程会议散记……盛崇文（102）
参加第四届国际岩石力学大会情况报导……付冰骏（112）
简讯……（114）

黄文熙先生为《岩土工程学报》撰文（1）

硬化规律对土的弹塑性应力-应变模型影响的研究

黄　文　熙

（清　华　大　学）

提　　要

在建立土的弹塑性本构关系时，对于应用不同的硬化规律，本文研究了不同硬化规律对土的弹塑性模量矩阵$[D]_{ep}$的影响，建议了探求屈服面与塑性势面的方法，也推导了三元、平面应变与轴对称情况下$[D]_{ep}$的普遍表达式，供有限元法分析之用。

一、前　　言

在应用弹塑性增量理论作土的弹塑性分析时，通常假定总应变量$\{\delta\varepsilon\}$可以分成弹性应变增量$\{\delta\varepsilon^e\}$与塑性应变增量$\{\delta\varepsilon^p\}$两部分，即

$$\{\delta\varepsilon\}=\{\delta\varepsilon^e\}+\{\delta\varepsilon^p\} \quad (1)$$

弹性应变增量可用Hooke定律计算，即

$$\{\delta\varepsilon^e\}=[D]^{-1}\{\delta\sigma\} \quad (2)$$

其中$[D]$代表弹性模量矩阵。

土的塑性应力-应变关系是根据塑性理论（例如Hill[1]所介绍的理论）的概念来建立的。它包括三个部分[2]，即(1)屈服面或屈服条件理论；(2)流动规则理论；(3)加工硬化理论。现分述如下。

二、屈服面或屈服条件理论

屈服面理论通常假定在应力空间存在着一种屈服面。应力状态在某一个屈服面上的土体如果发生超越这个屈服面的应力变化，就将同时发生弹性与塑性应变，并将跳到另一个新的屈服面上去。如果应力变化发生在屈服面所包的范围内，那么土体将只发生弹性应变。当应力水平不断提高时，这种屈服面可以膨胀、移动或改变形状。当应力达到极限或破坏状态时，所形成的屈服面称极限面或破坏面。

屈服面大小、位置和形式的变化决定于土体的应力历史（亦即应力路线）与应力水平。屈服面的这些变化就称加工硬化（或软化）。如果相继的屈服面只是大小不同，这种硬化就称等向硬化。如果相继的屈服面大小及形式不变，只是位置发生移动而不转动，这种硬化就称运

黄文熙先生为《岩土工程学报》撰文（2）

岩土工程学报创刊三十周年

潘家铮

戊子冬

潘家铮院士为《岩土工程学报》题词

黄文熙先生

黄文熙先生诞辰 100 周年纪念活动

黄文熙讲座学术报告会开幕式（2006 年）

《岩土工程学报》创刊 40 周年纪念文集出版

《岩土工程学报》自创刊以来一直为全国中文核心期刊、中国科技核心期刊，并被收录在中国科学引文数据库（CSCD）等国内重要数据库。1995 年起被 EI Page One 数据库收录，2007 年起被 EI 核心数据库收录。

2002 年开始，学报连续四届被评为“百种中国杰出学术期刊”；多次获得中国科协精品科技期刊工程项目资助。2012 年连续 8 年获得“中国最具国际影响力学术期刊”或“中国最具国际影响力优秀学术期刊”荣誉。

3.《海洋工程》

《海洋工程》由中国科学技术协会主管，中国海洋学会主办，南京水利科学研究院和上海交通大学联合承办。刊载近海工程、海岸工程、水下潜水救捞技术、海洋能源利用等方面学术论文，报道科技动态，并开展问题讨论和技术交流。中国海洋工程学会秘书处室也挂靠在期刊编辑部。编辑部承担着历届中国海洋（岸）工程学术讨论会的组织和论文集的编辑出版工作。

《海洋工程》为全国中文核心期刊和中国科技核心期刊，并被美国《剑桥科学文摘》（CSA）、联合国《水科学和渔业文摘》（ASFA）、日本科学技术振兴机构中国文献数据库（JST）、中国科学引文数据库（中科院文献中心）等国内外知名数据库收录。

2008 年《海洋工程》刊发的 2 篇论文荣获第六届中国科学技术协会期刊优秀学术论文三等奖；2010 年《海洋工程》编辑部获中国海洋学会先进集体称号；入选“2012 中国国际影响力优秀学术期刊”。从 2013 年起，期刊由季刊改为双月刊。2019 年《海洋工程》被收录入中国科学引文数据库（CSCD）核心库。

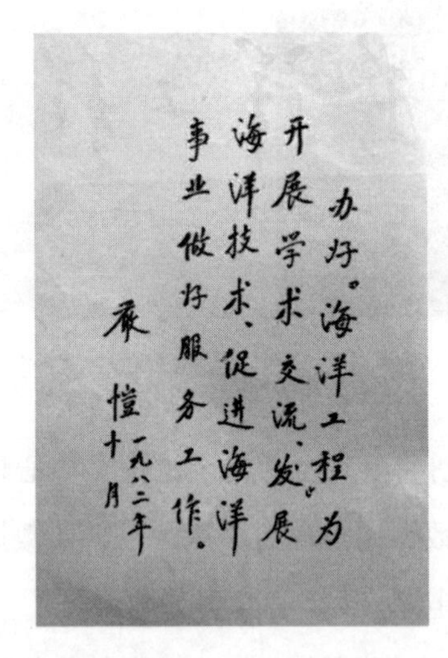

编委会主任严恺先生为《海洋工程》题词

4. *China Ocean Engineering*

China Ocean Engineering 致力于加强国际学术交流，促进科学技术合作，为世界海洋工程和海洋资源的开发利用做出宝贵贡献。1987—1993 年由 Pergamon Journals Limited 公司发行，2011 年起由 Springer 出版社发行。期刊为中国科技核心期刊，并被收录在中国科学引文数据库（CSCD）核心库，同时被美国 SCI、EI、PA、CSA、AMR，日本 CBST 和俄罗斯 Рж（AJ）等国际知名文摘和数据库收录。

2013 年 *China Ocean Engineering* 由季刊改为双月刊。

China Ocean Engineering 曾获 1999 年度中国科协、国家基金委期刊专项基金资助；中国科协 2002 年度、2003 年度专项出版基金和专项设备基金资助；2007—2008 年度国家自然科学基金重点学术期刊专项基金资助；2012—2015 年中国科协第一期“中国科技期刊影响力提升计划”项目三等奖资助。2012—2019 年，连续八年入选“中国国际影响力优秀学术期刊”；2019 年，入选“中国科技期刊卓越行动计划”。

期刊承担了 International Conference on Asian and Pacific Coasts 的轮值举办工作。

5.《水科学进展》

《水科学进展》立足水科学前沿，以探求地球系统科学作为办刊的科学思想，着力成长为国际性期刊。

创刊后的第一个十年里，期刊共发表论文和述评 501 篇，举办笔谈和论坛多次；刊登已故著名水科学家纪念文章 8 篇。《水科学进展》多次获得优秀期刊称号，影响力居全国同类期刊前列，被评为全国中文核心期刊，同时也成为美国工程索引（EI）、《化学文摘》（CA）等世界著名科技文献检索系统的收编对象，每一期论文目录均在联合国教科文组织的刊物 *IHP WATERWAY* 上刊登。创刊三年即被 EI 核心数据库收录。

2001 年，《水科学进展》作为唯一被 EI 光盘版收录的水利水电类中文科技期刊，共刊出论文 91 篇，被 EI 收录 57 篇，收录率达 62.6%，年收录率比 2000 年提高了 7 个百分点，这是进入 21 世纪后刊物又迈出的坚实一步。2002 年期刊由季刊改为双月刊。

《水科学进展》除被 EI、CA 收录外，还陆续被《剑桥科学文摘》（CSA）、Scopus、JST 日本科学技术振兴机构数据库、俄罗斯 Рж（AJ）等国际知名文摘和数据库收录。《水科学进展》多次被评为“百种中国杰出学术期刊”“中国精品科技期刊”；连续 8 年入选“中国国际影响力优秀学术期刊”；2019 年入选“中国科技期刊卓越行动计划”梯队期刊。

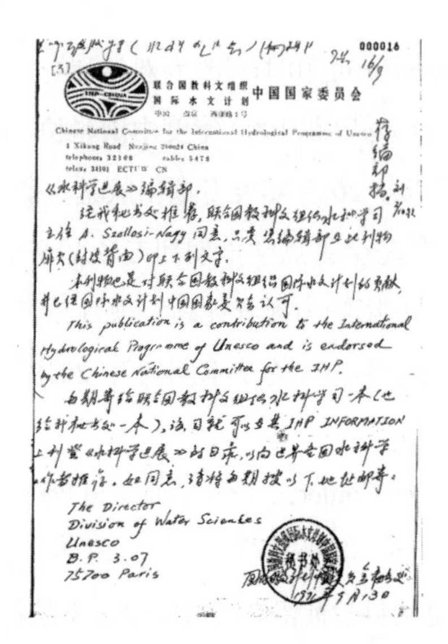
联合国教科文组织国际水文计划中国国家委员会

Chinese National Committee for the International Hydrological Programme of Unesco

《水科学进展》编辑部：

This publication is a contribution to the International Hydrological Programme of Unesco and is endorsed by the Chinese National Committee for the IHP.

The Director
Division of Water Sciences
Unesco
B.P. 3.07
75700 Paris

《水科学进展》目录在联合国教科文组织 *IHP WATERWAY* 上刊登

从创刊起，《水科学进展》即开辟了“水科学家”专栏；经过 20 多年，陆续刊登了 40 位已故水科学发展里程碑式专家的小传，记录了他们的生平趣事、治学风范以及他们为水科学事业做出的重要贡献。后经整理成册，取名《江河之子》，并于 2014 年出版。

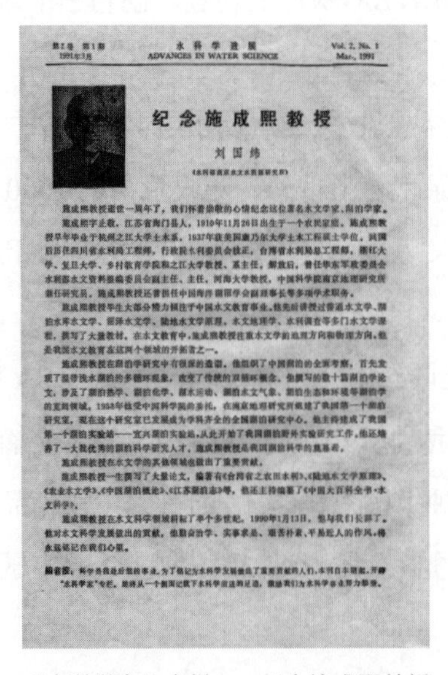
水科学进展
ADVANCES IN WATER SCIENCE

纪念施成熙教授

刘国纬

“水科学家”专栏——纪念施成熙教授

水科学进展
ADVANCES IN WATER SCIENCE

纪念林平一先生

刘国纬

“水科学家”专栏——纪念林平一先生

《江河之子》成书出版

三、展望

回望 1979，改革开放的春风拂遍神州大地，先辈们满怀斗志、奋起直追，掀起了波澜壮阔的工程建设高潮。大量工程实践的开展，促进了学科的发展，催发了南科院五部期刊的相继诞生，也赋予了这些期刊成长的使命与动力。

几十年来，五种学术期刊已硕果累累。这些成绩，是所有勤奋的作者、无私奉献的审稿专家、广大热心的读者和默默耕耘的一代代编者们的共同付出与智慧的结晶。忆昔抚今，向他们致以崇高的敬意和深情的感谢。同时，更要感谢各期刊主管、主办和承办单位长久以来的引导和大力支持。

期刊的发展水平，是一个科研院所甚至一个国家的科技竞争力和文化软实力的重要体现。新时期，我们将积极服务和融入国家战略，在建设世界一流科技期刊的号召下，继续坚守学术公正和“百花齐放、百家争鸣”的方针，努力推进期刊特色化、国际化。

《人民珠江》注重百花齐放、百家争鸣

《人民珠江》编辑部

一、概况

《人民珠江》创刊于1980年，是水利部主管、珠江水利委员会主办的水利水电技术性刊物，其宗旨和任务是宣传党和国家关于水利工作的方针政策，总结交流珠江水利科技成果和工作经验，传递珠江流域水利水电建设信息，报道国内外水利水电科技新成果、新技术和新动态，推动珠江水利事业建设，促进珠江流域水资源的可持续利用和经济社会的可持续发展。

《人民珠江》内容以珠江为主，兼顾我国的水资源开发利用保护的学术论著、技术总结、调查报告、学术讨论与争鸣、流域介绍、勘测规划、工程设计、工程施工与运行管理等方面。刊物主要设有珠江撷英、规划科研、应用基础、环境水利、工程技术、数字水利、水利管理等30余个栏目。

二、创办过程

1979年10月，经国务院的批准，水利部珠江水利委员会在广州正式成立。来自全国各地的水利工作者齐聚珠江委，白手起家、从零开始，对珠江流域进行“统一规划，综合开发，加强管理”。在珠江水利统一管理重新起航之时，《人民珠江》孕育而生。《人民珠江》老同志、老专家翁廉回忆道，1980年元旦他来到珠江委，同年3月刘兆伦主任就决定，效仿长江委、黄委，创刊《人民珠江》，让珠江委拥有自己的水利科技刊物。刘兆伦主任对《人民珠江》的出版发行非常重视，亲自拟了一份草稿，明确了《人民珠江》的方针任务、刊物性质、刊期页数、发行范围、经费预算等。

在确定了办刊思路之后，《人民珠江》编辑部便马不停蹄地运作起来。从策划到 1980 年 6 月第一期《人民珠江》正式出刊，不过短短 3 个月的时间。第一期《人民珠江》封面简洁明快，叶剑英的刊名题字圆润有力，本期共刊载 12 篇文章，共 48 版。其中刊发的《祝贺〈人民珠江〉诞生》（麦蕴瑜撰写）一文中，作者深情地写道：“……它是珠江流域水利工作者开展水利科学技术‘百花齐放、百家争鸣’的大好园地。我深信，它一定能够在珠江流域水利建设中，在水利科学技术现代化上担负起交流、总结和促进的作用。”

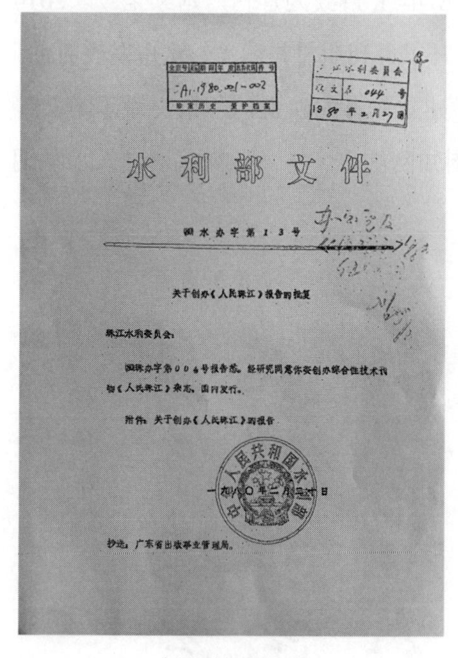

水利部文件

(80)水办字第13号

关于创办《人民珠江》报告的批复

珠江水利委员会：

(80)珠办字第006号报告悉。经研究同意你委创办综合性技术刊物《人民珠江》杂志，国内发行。

附件：关于创办《人民珠江》的报告

一九八〇年二月二十日

抄送：广东省出版事业管理局。

创刊时批复文件

《人民珠江》创刊封面

二、发展

围绕着国家赋予珠江水利委员会对珠江流域进行“统一规划，综合开发，加强管理”的使命，《人民珠江》在创刊号上发表时任水利部部长钱正英等领导同志关于治理珠江问题的指导性讲话的同时，刊登了《珠江流域概况及开发治理意见》等文章。为珠江的综合利用规划和建设积累重要资料和加快协调进程，起到了积极的促进作用。改革开放以来，珠江水利建设有了新的飞跃，《人民珠江》站在全流域的高度，也以各种方式深化流域热点话题，充分展示珠江水利科技成果。

在几代人的共同努力下，《人民珠江》茁壮成长。创刊之初为内部刊物，以季刊形式出版发行；1982 年成为国内公开发行的双月刊，逢单月底出版发行；1997 年第 1 期起改为大 16 开本，在香港回归之际，1997 年第 3 期我们迎来了《人民珠江》办刊 100 期，荣幸邀请到叶选平、钱正英等领导同志为《人民珠江》手书题词；2002 年栏目进行了分类综合调整；2013 年以后根据实际情况调整栏目名称；2014 年期刊内容扩展为全国水利范围；2016 年 1 月改为月刊，延续至今。2014—2020 年期间，期刊建成采编系统，显著提升了办刊质量与效率；缩短发表时滞，时效性更强；建立淘汰制的特约编委制度；建立作者 QQ 群，积极交流，耐心答疑，《人民珠江》质量上有了质的飞跃，中国知网综合、复合影响因子进入水利期刊前 20 位。

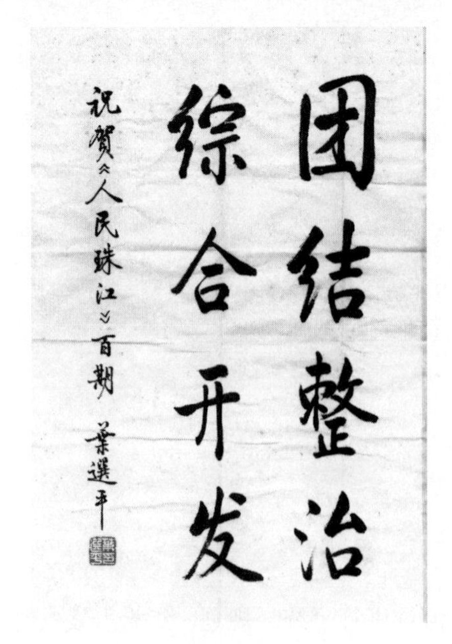

叶选平百期题词

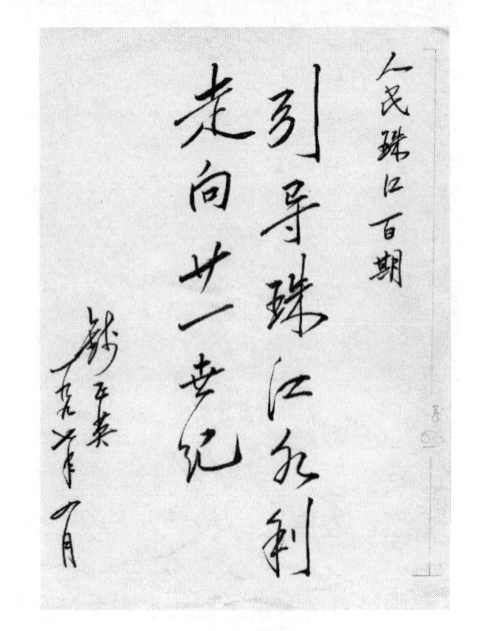

钱正英百期题词

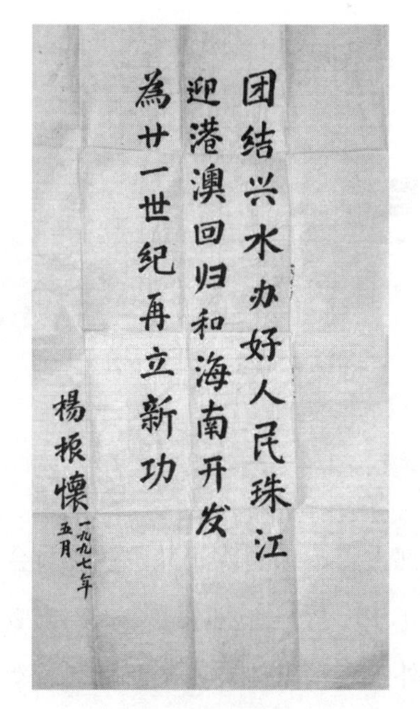

杨振怀百期题词

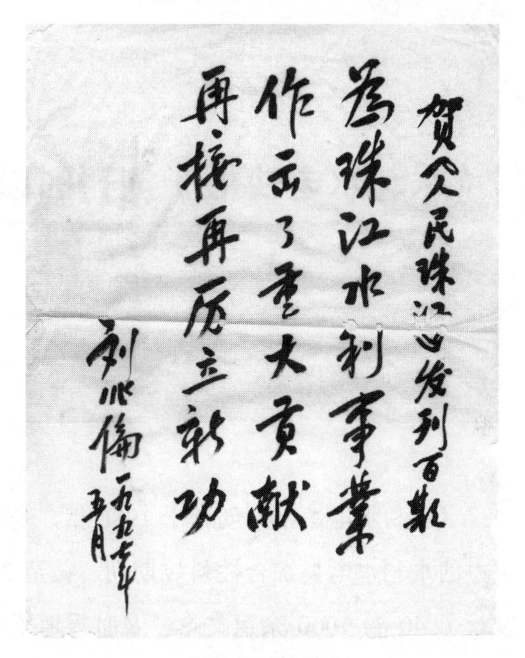

刘兆伦百期题词

《水利水电快报》创刊时以刊登译文为主

《水利水电快报》编辑部

《水利水电快报》创刊于1980年，是水利部主管、水利部长江水利委员会主办的水利水电类综合性科技期刊。截至2020年10月，《水利水电快报》出版发行了40卷7000余篇文章，及时报道了国内外水利水电新技术、新工艺、新材料、新设备，为长江治理事业及我国水利水电事业发展和水利水电科技创新进步发挥了重要作用。

《水利水电快报》的历史最早可追溯到20世纪60年代初，当时的长江流域规划办公室（以下简称“长办”）技术情报室创立了一份内刊《水利水电信息》，这就是《水利水电快报》的前身。《水利水电信息》为半月刊，翻译语种包括英、俄、德、法、西班牙、日语等，文章短小精悍、可读性强，引起了广大水利工作者的极大关注，深受读者欢迎。

1980年1月，《水利水电快报》正式创刊，由长办技术情报科承编，为半月刊，每期16页，办刊宗旨为“洋为中用”，仍以刊登译文文章为主。1985年1月，《水利水电快报》经国家科委批准正式公开发行，湖北省报刊登记证第219号，邮局代号34-110，每期页码变为20页。同年，《水利水电快报》成立了第一届编委会，由时任长办总工洪庆余任编委会主任，曹乐安、承嘉谋任编委会副主任，陈济生、方子云、赵纯厚等10位为编委会委员，方爱珍为主编，柳耀泉为副主编。

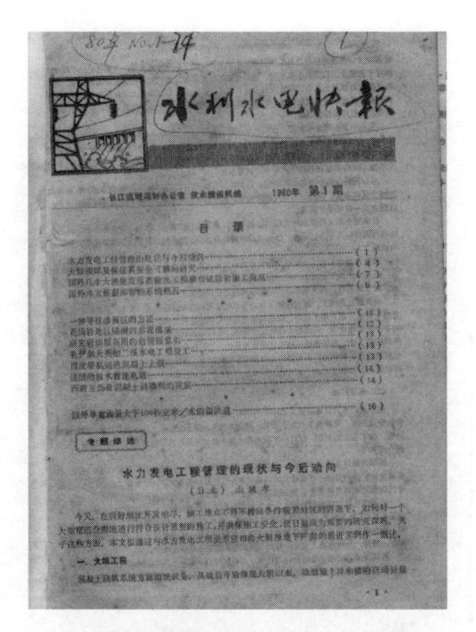

《水利水电快报》1980 年第 1 期创刊号

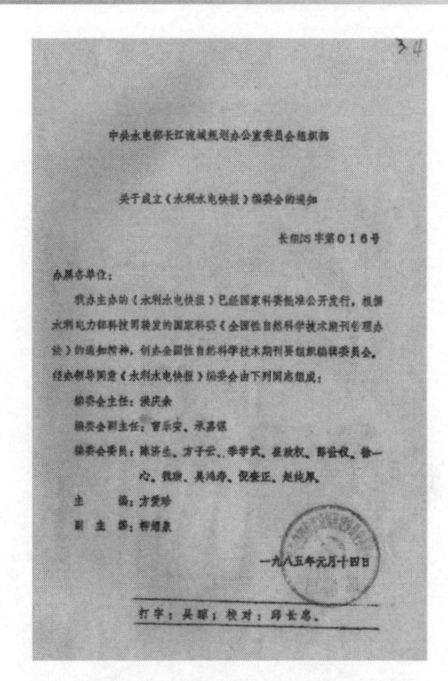

中共水电部长江流域规划办公室委员会组织部

关于成立《水利水电快报》编委会的通知

长组85字第016号

办属各单位：

我办主办的《水利水电快报》已经国家科委批准公开发行，根据水利电力部科技司转发的国家科委《全国性自然科学技术期刊管理办法》的通知精神，创办全国性自然科学技术期刊要组织编辑委员会。经办领导同意《水利水电快报》编委会由下列同志组成：

编委会主任：洪庆余

编委会副主任：曹乐安、承嘉谟

编委会委员：陈济生、方子云、季学武、崔政权、郑世权、徐一心、魏璇、吴鸿寿、倪金正、赵纯厚。

主　　编：方爱珍

副 主 编：柳增泉

一九八五年元月十四日

打字：吴晖；校对：薛长忠。

《水利水电快报》第一届编委会

20 世纪 80 年代正值我国水利水电事业逐步走向繁荣的关键时期，《水利水电快报》积极主动地、有针对性地刊发当时国外重点流域水电开发、重大水电工程建设方面专业论文的翻译文章，也出版了不少技术专辑，为葛洲坝工程、三峡工程和南水北调工程等一系列国家重大水利水电工程建设论证提供了信息技术支撑和信息服务，《水利水电快报》影响力也随之扩大，多次获得各种奖项。

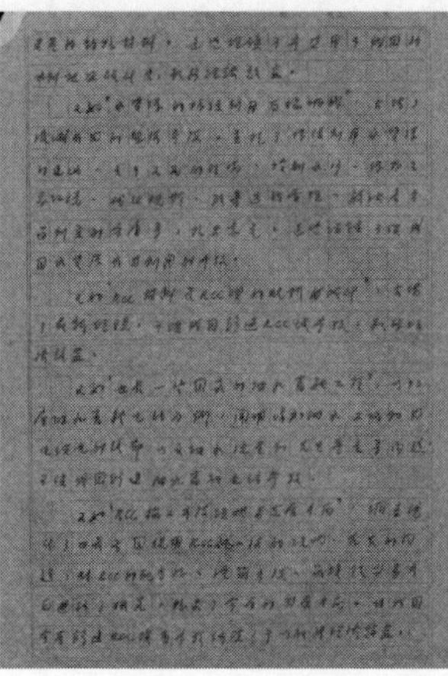
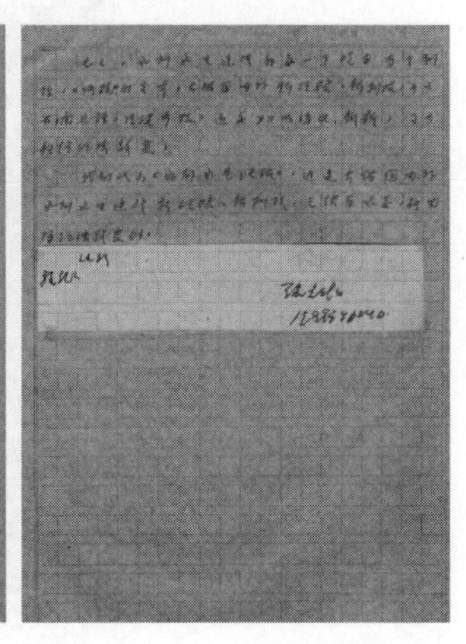

张光斗院士对《水利水电快报》产生效益的评价

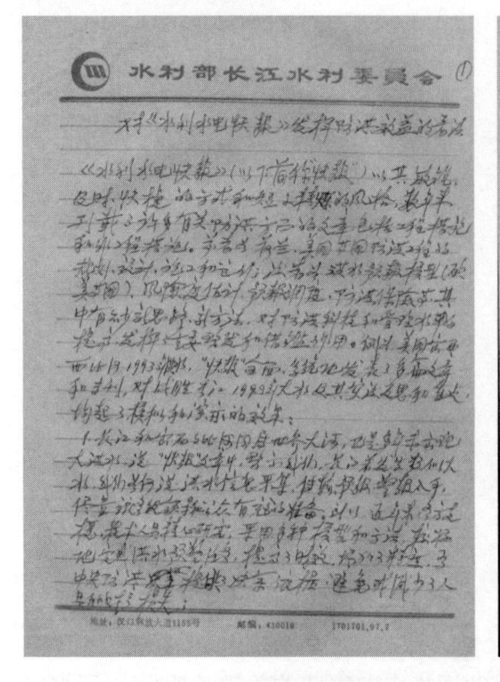

水利部长江水利委员会 ①

对《水利水电快报》发挥防洪效益的看法

[illegible]

地址：汉口解放大道1155号 邮编：430010 1701701.97.7

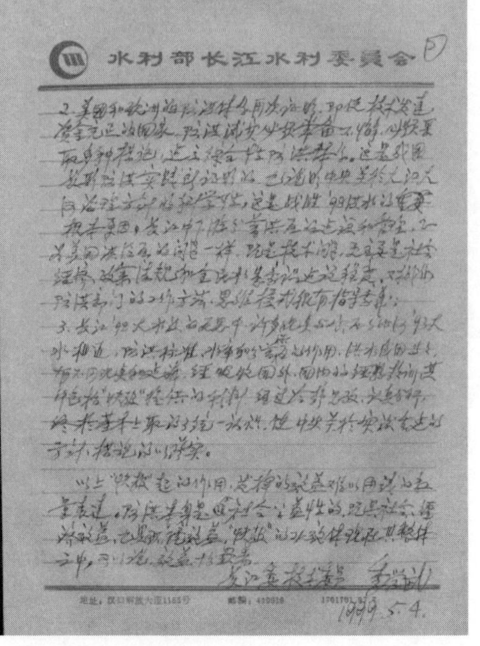

水利部长江水利委员会 ②

[illegible]

地址：汉口解放大道1155号 邮编：430010 1701701

1999.5.4.

水文专家季学武对《水利水电快报》在防洪方面贡献的评价

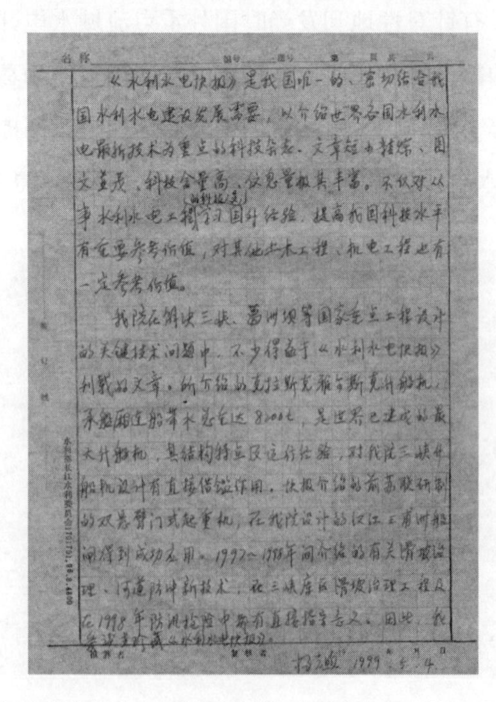

《水利水电快报》是我国唯一的、密切结合我国水利水电建设发展需要，以介绍世界各国水利水电最新技术为重点的科技杂志。文章短小精炼、图文并茂，科技含量高，信息量极其丰富。不仅对从事水利水电工程(的科技人员)学习国外经验，提高我国科技水平有重要参考价值，对其他土木工程、机电工程也有一定参考价值。

我院在解决三峡、葛洲坝等国家重点工程设计的关键技术问题中，不少得益于《水利水电快报》刊载的文章。所介绍的克拉斯诺雅尔斯克升船机，承船厢连船带水总重达8200t，是世界已建成的最大升船机，其结构特点及运行经验，对我院三峡升船机设计有直接借鉴作用。快报介绍的前苏联研制的双悬臂门式起重机，在我院设计的汉江王甫洲船闸得到成功应用。1992—1998年间介绍的有关滑坡治理、河道防冲新技术，在三峡库区滑坡治理工程及在1998年防汛抢险中都有直接指导意义。因此，我院十分珍藏《水利水电快报》。

杨光煦 1999.5.4

水利工程专家杨光煦对《水利水电快报》在重大水电工程方面贡献的评价

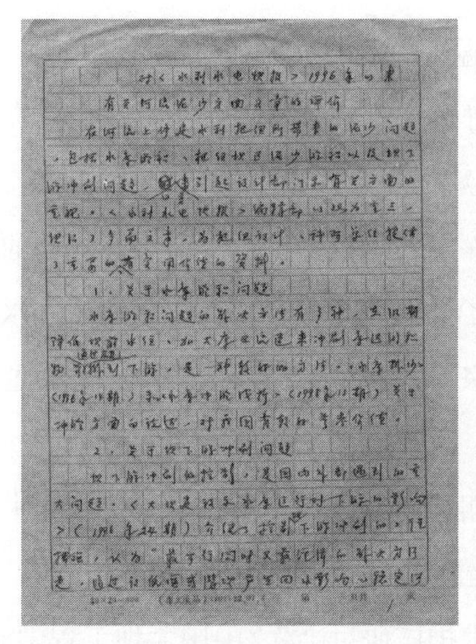

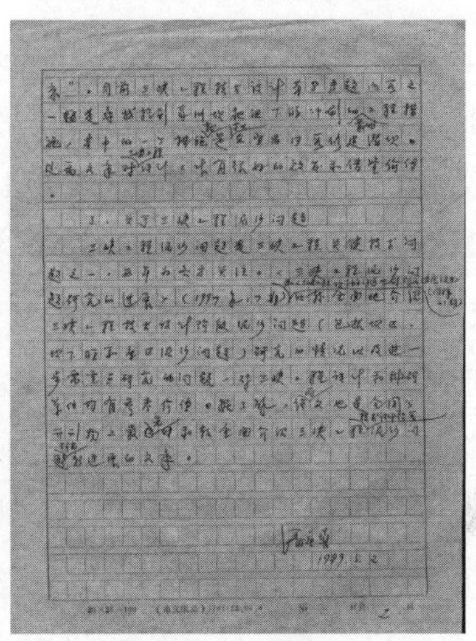

河流专家潘庆燊对《水利水电快报》在河流泥沙方面贡献的评价

当时的《水利水电快报》特色鲜明，在国内水利水电科技期刊里独树一帜，获水利水电业内同行的高度赞誉：文伏波院士评价《水利水电快报》“他山之石，可以攻玉”；长办原总工李镇南评价《水利水电快报》：“坚持内容新、报道快、信息量大的办刊宗旨，取得了很大成绩，赢得了广大读者的赞誉”；长江委水保专家方子云撰文评价《水利水电快报》：“对于传播和引进水利水电先进技术，介绍世界水利事业的发展趋势，交流新的科技信息，开阔读者视野，提高水利水电工作者的科技水平起了很大作用，成绩显著，效益巨大”。

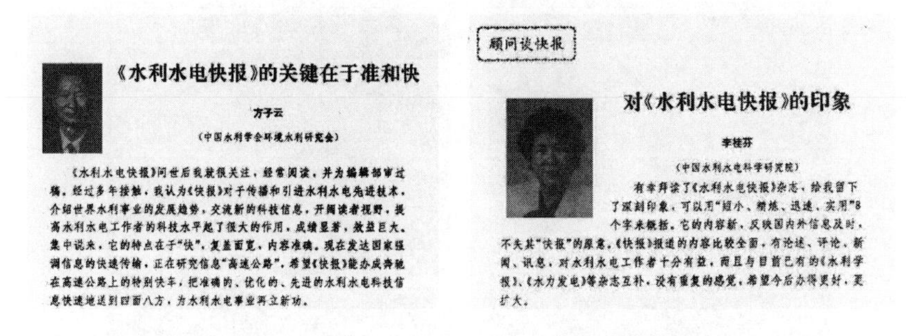

《水利水电快报》的关键在于准和快

方子云

（中国水利学会环境水利研究会）

《水利水电快报》问世后我就很关注，经常阅读，并为编辑部审过稿。经过多年接触，我认为《快报》对于传播和引进水利水电先进技术，介绍世界水利事业的发展趋势，交流新的科技信息，开阔读者视野，提高水利水电工作者的科技水平起了很大的作用，成绩显著，效益巨大。集中说来，它的特点在于“快”，复盖面宽，内容准确。现在发达国家强调信息的快速传输，正在研究信息“高速公路”，希望《快报》能办成奔驰在高速公路上的特别快车，把准确的、优化的、先进的水利水电科技信息快速地送到四面八方，为水利水电事业再立新功。

顾问谈快报

对《水利水电快报》的印象

李桂芬

（中国水利水电科学研究院）

有幸拜读了《水利水电快报》杂志，给我留下了深刻印象，可以用“短小、精炼、迅速、实用”8个字来概括。它的内容新，反映国内外信息及时，不失其“快报”的原意。《快报》报道的内容比较全面，有论述、评论、新闻、讯息，对水利水电工作者十分有益，而且与目前已有的《水利学报》、《水力发电》等杂志互补，没有重复的感觉，希望今后办得更好，更扩大。

专家对《水利水电快报》特色的评价

在1998年之前，发表的文章主要是翻译的国外权威期刊文献，是水利行业唯一一份宣传报道国外水利水电工程建设成就以及水利科技最新进展的译文刊。

1998—2003 年，随着我国水电事业突飞猛进的发展，水利科技日新月异，国内很多水利技术和成就都走在了世界前列，部分坝型坝高创造了世界纪录，在保持以刊登译文为主的基础上，《水利水电快报》也开始刊载少量中文科技论文。

近年来，在我国推进媒体融合向纵深发展和打造世界一流科技期刊的大背景下，《水利水电快报》全面实施“刊网融合”转型发展，坚守“传播水利水电科技信息、服务水利水电事业发展”的办刊宗旨，取得了初步成效：一是通过积极开展选题策划、组约稿件，紧跟行业热点，出版了《长江保护与发展 70 年》《金沙江堰塞湖应急处置》等重点专栏专辑，期刊内容更加丰富；二是“水利水电快报知识服务平台”已建成，微信公众号粉丝近 5000 人，媒体融合更加深入；三是支持协办了“第八、第九届水库大坝新技术推广研讨会”“中国大坝工程学会 2019 年学术年会暨第八届碾压混凝土坝国际研讨会”等学术会议，办刊模式更加多元；四是期刊发行量大幅提升，与多家单位开展了多种形式的服务和广泛的合作，通联发行范围更加广泛。2020 年 10 月，中国知网发布的《中国学术期刊影响因子年报（2020 版）》中，《水利水电快报》2019 年综合影响因子较 2018 年增长 76.92%，影响力指数（CI）学科排序较 2018 年提升了 10 位。同月，金平果 RCCSE 发布的《中国学术期刊评价研究报告》（2020 版）中，《水利水电快报》评价为 B+，成为水利工程学科的“准核心期刊”。

《长江治理与保护 70 年》专辑

《2018 年堰塞湖处置》专栏

展望未来，《水利水电快报》将继续秉承科学创新精神，遵循水利改革发展总基调，贯彻期刊发展新方略，推动刊网融合新发展，不断提升期刊综合影响力，并继续为我国水利水电事业发展做出新贡献。

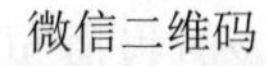
微信二维码

《华北水利水电大学学报（自然科学版）》发展成为双核心期刊

《华北水利水电大学学报》编辑部

《华北水利水电大学学报（自然科学版）》于 1980 年创刊，当时刊名为“华北水利水电学院学报”，主管单位为水利部，主办单位为华北水利水电学院。1986 年由内部刊物半年刊转为公开发行的季刊。2000 年随首学校建制由水利部划至河南省，“学报”主管单位更改为河南省教育厅。2007 年扩容为双月刊。随着 2013 年学校更名为华北水利水电大学，2014 年经国家新闻出版广电总局发文批准，《华北水利水电学院学报》更名为“华北水利水电大学学报（自然科学版）”。截至 2020 年底，共出版 41 卷 173 期。

办刊宗旨和定位：依法办刊，开门办刊，质量立刊。以反映水利科技创新成果为主，通过水利专题及开设栏目及时报道和宣传国内外水利水电科研新成果、科技新动态及学术新思想，推动水利水电建设事业和国民经济可持续发展。主要栏目有水利专题讨论、水文水资源、治河与防洪、水工结构与材料、地质工程、水环境与水生态等。刊文囊括了有关黄河、长江等流域的科研成果，国家大型水利水电建设的前沿及热点问题等。

学报被中国期刊全文数据库等多家检索机构收录，2003 年获《CAJ-CD 规范》执行优秀期刊，2009 年获全国高校学报优秀编辑质量奖，2011—2019 年成为 RCCSE 中国核心学术期刊（A-），2020 年成为 RCCSE 中国核心学术期刊（A）。

《华北水利水电大学学报》约稿的点点滴滴

陈海涛（《华北水利水电大学学报》编辑部）

随着学校更名大学和博士点建设成功，《华北水利水电大学学报（自然科学版）》面临着期刊发展滞后、服务功能跟不上的问题。在学校政策和资金的支持下，我们开启了期刊质量建设的新征程。

要提高办刊质量，有两点是必须要做到的，一是内容质量的提升，二是编校质量的提升。内容质量是期刊的生命线，只有具备了高水平的内容，才能有高质量的期刊，才能使期刊的学术价值提高、影响力扩大。要提升内容质量，就要刊登高质量、高水平稿件。那这些稿件如何来？靠自然来稿是很难得到的，要靠主编、编辑们去约、去争取，需要主动出击、精心策划、细心组织、努力宣传、耐心争取。下面就谈谈我们期刊约稿的点点滴滴。

一、在迷茫中探索求稿出路

期刊质量建设首先要做的就是打破原来的办刊模式，从被动办刊转向主动出击，从等稿转向约稿。但如何约稿，我们最初是比较迷茫的。在网上搜集了一些大学和研究院所博导教授的信息，开始打电话、发邮件。但是所打电话几乎均被识为骚扰电话，绝大部分邮件石沉大海。只有少部分有回复，但也是碍于同学和朋友的面子，最终一期下来只能约到一两篇稿件。如此的建设效果不是太理想，必须转变思路，探索更加有效的求稿路径。

二、走进学术会议找到突破

走进学术会议，约到了第一篇稿。经专家指点，我们到学术会议中去约稿。李宝萍主编参加的第一个学术会议是2015年在石家庄召开的“第十三届中国水论坛”。会议根据专题不同，分了十几个分会场，李主编走进了感兴趣的“水干旱”专题会场，找了个空座聆听报告。很快，李主编注意到：同桌的专家对所有的报告都进行点评，给每一位报告人提问题或建议。李主编意识到，这位专家的学术思维是真活跃，知识面是真宽，并且对待学术非常认真，不由得肃然起敬。由于他讲话多，在不停地喝水，于是，他杯子空了，李主编就起身给他倒水，一下午给这位专家倒了五六杯水。会议快结束时，主持人对这位专家说：李主编是来约稿的，看在给您倒了一下午水的份上，教授您给篇文章吧？没想到，这位专家很痛快地答应了下来。我们李主编私下还感慨，早知道就多给几位专家倒水了。由此，我们在会议上约到了第一篇稿，这位专家靠其学术威望和影响力又呼吁了相关专业的几名教授赐稿。所以，我们期刊通过参加会议组织了第一个学术专题“水干旱专题”，刊登到2016年第1期上。

三、协办会议，围绕学术热点策划学术专题

基于对专家学者们支持我们优质稿件的感谢和对学术交流活动的支持，我们开始协办“中国水论坛”“水科学发展论坛”“河湖论坛”等会议。给会议力所能及的支持，宣传我们的办刊理念、期刊建设思路和服务学术的思想，并聚焦学术热点，向与会的专家学者们约稿，组织学术专题研究栏目。近几年来，通过协办和参加学术会议，组织刊发的专题有“水干旱”“最严格水资源管理”“水安全”“气候变化与水资源响应”“区域水土资源耦合及演变”“黄河流域生态保护与高质量发展”等。专题文章占全部刊发文章的60%以上，有时专题扩大成了专刊，有时一期全部是约稿。

通过以协办学术会议为途径，以约稿提升内容质量为手段，以聚焦学术专题为引领，我们期刊的整体质量和影响力有了较大幅度的提升。中国知网发布的《中

国学术期刊影响因子年报》（2020 版）显示，《华北水利水电大学学报（自然科学版）》的复合影响因子为 2.028，期刊综合影响因子为 1.503，在 76 家水利期刊中均位列第 4。通过几年的努力建设，我们期刊的学术质量和学术影响力不断提高，美誉度不断扩大，得到了水利行业众多专家和作者的信任和好评。

这些年在和学者们的交流和研讨中，我们深深感到，当你走进了学术圈子，你就会被他们的精神和思想所感染，他们执着的科研精神，坚韧的科研毅力，活跃的学术思想，平易近人的态度，都激励着你向前，从而促进学术和期刊的共同进步。

《水利建设与管理》的前身是《水利管理技术》

张雪虎（《水利建设与管理》杂志社有限公司）

《水利管理技术》创刊于1980年，当时主办单位为水利部工程管理局，主要服务水利工程管理单位，作者对象多为单位的管理和技术人员，涉及水利工程运行中的各类管理和技术问题。

1998年10月，水利部水利管理司与水利部建设司合并为水利部建设与管理司，《水利管理技术》亦进行交接。11月至12月，主办单位变更为水利部建设与管理司，承办单位为水利部建设与管理总站，组建了31人的编委会和5人的编辑部，完成了新杂志《水利建设与管理》的创刊基础工作，并组织了第一期的选题组稿、编稿、审稿工作。1999年2月23日，《水利建设与管理》第一期正式与广大读者见面，向全国出版发行。水利部领导对此极为重视，时任部长汪恕诚、副部长张基尧分别为首期杂志写了“卷首语”和“发刊词”，并提出相关要求。3月，国家科技部发出《关于同意调整〈麦类作物〉等科技期刊的通知》（国科发财字〔1999〕071号），正式批复同意编辑出版《水利建设与管理》杂志。

1999年8月，中办、国办印发通知，要求对中央国家机关和省、自治区、直辖市厅局报刊结构进行调整。根据该文件精神和水利部安排，《水利建设与管理》刊物予以保留，主办单位变更为水利部建设与管理总站。2001年3月，科技部在《关于同意有关部门落实中办发〔1999〕30号文件精神对所属期刊进行调整的通知》（国科财字〔2001〕7号）中批复同意。

杂志创办的初衷是报道和传播水利工程建设与运行阶段的管理和技术经验，为双月刊。办刊之初，栏目不固定，主要有“本期特稿”“建设管理”“设计施工”“招标投标”“工程监理”“工程质量”“工程管理”“工程加固”“河道整治”“防洪抢险”“水资源”“经验交流”等，投稿人多为各省水利工作者，主要由各省水利厅征订，也有少量个人征订。由于缺乏经费支持，期刊运营困难，苦苦支撑。

2007年起，主办单位变更为中国水利工程协会，同时刊物由双月刊变更为月刊。2011年4月成立《水利建设与管理》杂志社有限公司，专门负责期刊的编辑出版工作。除了常规的社会征订外，借助协会会员，发行渠道大为拓宽，经营状况大大改善。2011年8月起，封面样式改为蓝色调样式，内文版式优化调整，纸张升级，印刷改为四色印刷，开始刊载商业广告。

目前，《水利建设与管理》已发展成为水利行业建设与管理领域重要的全国性科技期刊，每月23日出版。该刊由中华人民共和国水利部主管，中国水利工程协会主办，《水利建设与管理》杂志社编辑出版；具有国家新闻出版广电总局颁发的《期刊出版许可证》，具有统一的国际标准连续出版物号和国内统一连续出版物号；融政策性、学术性、技术性、创新性和实用性于一体，是水利行业建设管理领域广大从业人员深度交流科技信息的重要平台。致力于宣传水利建设与管理领域方针政策、法律法规，报道中国水利工程协会的重要活动，全国水工程建设科技发展成果、全国重大水利工程建设进展，展示优质水利工程、优秀市场主体风采，积累工程建设、运行阶段的管理、技术经验，交流学术思想、科研成果。主要有“本期特稿”“建设管理”“运行管理”“科研设计”“工程施工”“水工材料”“水力学”“水文泥沙”“水环境与水生态”“地质与勘测”“机电与金属结构”“水利信息化”“工程检测”和“‘甘泉’公益专项基金”“172项节水供水重大水利工程”“水利水电工法”“水利行业信用”“QC小组活动”等专题专栏。

期刊在提升审稿服务质量和速度的同时，提升稿源整体质量，丰富栏目内容，增强期刊学术性，加大研究性稿件的征集力度，重点向科研机构、高等院校等单位从事科学研究的作者倾斜，尤其是各类科研基金资助支持的研究项目，专业涉及地质与勘测、水文泥沙、水利信息化、工程检测、机电与金属结构、水环境与生态、水力学等。严格按照研究性稿件质量标准把控，并对符合要求的稿件一律免费优先刊发，对特别优秀的支付稿酬。新的举措正逐步显示出效果，来稿类型进一步丰富，高质量的研究性稿件比例逐步提高，编校印刷质量稳步提升。

《水利水电科技进展》的前身是《华水科技情报》

河海大学期刊部

《水利水电科技进展》是经国家新闻出版总署批准，由中华人民共和国教育部主管，河海大学主办的科技期刊。本刊于1981年创刊，主要报道国内外水利水电建设的新理论、新技术、新成果、新经验，为我国水利水电工程建设及运行管理服务。主要刊登水科学、水工程、水资源、水环境、水管理方面的科技论文。主要栏目有“水问题论坛”“研究探讨”“工程技术”“水管理”“专题综述”“国外动态”等。

一、《华水科技情报》创刊

为了贯彻执行“双百”方针，促进学术交流，为华东水利学院的教学、科研服务，1981年1月《华水科技情报》创刊，为季刊，内部发行。《华水科技情报》主要报道国内外水利方面的科技发展动态和最新科研成果；刊载有推广交流价值的水利方面的译文；进行有关教学、科研、规划、设计、施工以及测试仪器和科技组织管理方面的综述评论；报道重要的国内国际学术会议和学术活动，以及有关国内情报工作和情报活动等。

创刊号封面

二、更名为“河海大学科技情报”

1985年正值建校七十周年，华东水利学院正式恢复“河海大学”校名，中共中央顾问委员会邓小平主任亲笔题写了校名。《华水科技情报》从1986年3月（第6卷第1期）起，随校名更名为“河海大学科技情报”。

1986年第1期封面

三、更名为《河海科技进展》

随着科学技术的发展，科技工作者除了阅读科学论文外，还迫切需要阅读反映国内外科技进展、学术动态的文章。因此，《河海大学科技情报》从1989年起着重刊登与国内外水资源开发利用有关的专题综述、评论、发展动态以及国内外综述文章的译文。为了进一步丰富刊物内容，提高刊物质量，并使刊名与内容相符，河海大学于1989年1月13日向水电部情报所提交了《关于申请将〈河海大学科技情报〉更名为〈河海科技进展〉的报告》（河海（89）字第11号），经上级批准，《河海大学科技情报》从1991年3月（第11卷第1期）起，更名为“河海科技进展”。

1991 年第 1 期封面

四、更名为“水利水电科技进展”

《河海科技进展》作为一本水资源综合性学术期刊，自 1981 年创办以来，一直为内部刊物。为了进一步扩大学术交流，河海大学于 1990 年 12 月 1 日向能源部、水利部申请办理正式期刊登记手续，领取国内统一刊号，在国内发行，但国家对国内外公开发行的刊物管制严格，申请一个正式刊号困难重重，一直都没有获得批准。

1994 年 4 月初在河海大学校长的积极支持下，河海大学科技期刊编辑部主任商学政多次前往北京，到水利部期刊主管部门了解情况，申办刊物公开手续，先后拜访过水利部信息研究所情报处、水利部科技司、国家新闻出版署、国家科委办公厅等部门，汇报《河海科技进展》的办刊情况，并提出该刊申请公开发行的诉求。在不断的摸索中，终于了解清楚了当时期刊申请公开的审批程序，先由水利部信息研究所情报处工作人员提出两份候选期刊，经处长、所长研究同意后上报水利部科技司审批，然后报国家科委科技司期刊处审定。水利部系统每年申（请）报公开期刊很多，而每年国家只给水利部两个指标，上半年和下半年各一个，选择最急需的上报。水利部信息研究所情报处每半年上报两份候选期刊，并排先后顺序，被批准的一般总是排在第一位的期刊。

在商学政主任坚持不懈努力下，1994 年 5 月下旬，接到水利部信息研究所的电话，要求期刊刊名作适当更改。商学政主任和主编研究并请示校长后，决定刊名改为“河海大学科技进展”。水利部信息研究所在 1994 年 6 月份上报上半年的公开刊号时，把《河海大学科技进展》作为候选期刊上报了。7 月份商学政主任又一次到水利部信息研究所，了解到国家科委期刊处对《河海大学科技进展》的刊名有异议，同时由于指标限制未获批准。但这预示着《河海大学科技进展》离公开为期不远了。商学政主任再到北京与水利部信息研究所情报处处长商讨刊名的问题。根据商学政主任的建议并经校长同意，刊名改为“水利水电科技进展”。1994 年下半年，水利部信息研究所将《水利水电科技进展》列为首位上报。1995 年 1 月国家科委以“国科函信字〔1995〕003 号”文批准了全国 132 种科技期刊公开发行，河海大学的《水利水电科技进展》榜上有名。编辑部的同志欢欣鼓舞，办刊热情和积极性大大提高。

1995 年 2 月，经国家科委批准，《河海科技进展》从第 15 卷第 1 期起改名为“水利水电科技进展”，由季刊改为双月刊，向国内外公开发行，钱正英同志欣然为其题写了刊名。这标志着本刊进入了新的发展阶段。

1995 年第 1 期封面

五、成果

自创刊以来，《水利水电科技进展》在各级领导的关怀下，在历届主编、编委和编辑部全体工作人员的共同努力下，已经走过了39个春秋，跻身于水利类期刊前列，获得广泛好评。期刊现为中国科学引文数据库CSCD来源期刊、中文核心期刊、中国科技核心期刊、RCCSE核心期刊，同时被《文摘与引文数据库》（Scopus）、《剑桥科学文摘》（CSA）、《哥白尼索引》（IC）等数据库收录。

微信二维码

《水力发电学报》一直委托清华大学承办

《水力发电学报》编辑部

中国的水力资源蕴藏量居世界第一，为加快我国水力发电建设，尽快发挥更大作用，经过筹备，1980 年 6 月，由 150 多位与水力发电有关的专家和教授创立了中国水力发电工程学会，其主要任务就是提高我国水力发电的科学技术水平，为促进我国水力资源的开发利用做出贡献。伴随着我国水力发电事业的不断发展壮大，中国水力发电工程学会已经成为国内水电建设行业中规模最大、活动最活跃的群众学术团体。学会全面贯彻党的十九大和习近平总书记系列重要讲话精神，认真落实“创新、协调、绿色、开放、共享”的发展理念，深入实施科教兴国、人才强国、创新驱动发展战略，努力为水电科技工作者服务、为党和政府科学决策服务、为水电企业和会员服务、为水电事业创新发展服务。

为大力促进水力发电科技事业的繁荣和发展、促进水力发电科学技术的普及和推广、促进水力发电科技人才的成长和提高，学会从成立初期就积极推动，并于 1982 年创办《水力发电学报》，委托清华大学水利水电工程系承办期刊至今。清华大学水利水电工程系非常重视学报工作，先后由张宪宏教授、谷兆祺教授、王光纶教授担任学报主编，现在由水沙科学与水利水电工程国家重点实验室主任李庆斌教授担任主编。同时聘任了 28 位专家组成编委会，其中 11 位为国外专家。还聘请了学会副秘书长、知名专家担任副主编，聘请水文和水资源、水力学和环境、岩土工程、水工结构工程、水力机械等方面的五位年富力强的博士担任责任编辑，同时按学科分类建立有审稿专家库，为保障学报质量奠定了良好的基础。

自 1982 年 3 月创刊以来，已由初期出版季刊、双月刊，发展到 2015 年的月刊，截至 2021 的 5 月，《水力发电学报》已经出版了 226 期。多年来大量刊载了与水力发电有关的学术论文，主要包括水文水资源与水电站优化运行、水力学、水环境与水生态、河流海岸动力学、岩土力学与工程、水工结构、材料与施工管理、水能与水力机械和海洋能发电工程等领域的研究性成果。目前《水力发电学报》为全国中文核心期刊，被中国科学院引文数据库收录为“中国科学引文数据库来源期刊”，被中国学术期刊文摘、中国科技论文统计与分析数据库、中国报刊订阅指南信息库、中国学术期刊光盘版以及国际权威数据库 Scopus 等收录。在中国科协组织的历届优秀科技论文奖评审中，均有学报文章入选。学报自 2015 年开始，每年评选 10 篇优秀论文并给予奖励。编辑部的编辑管理工作也随着科技发展不断进步，启用期刊稿件采编系统，实现了远程无纸化在线办公，极大地提高了工作效率，出版周期从 2 年多缩短到目前的 6 个月，稿件质量明显提升。为促进我国水电建设发展、科技创新进步、国内外学术交流、科技人才培养成才等做出了积极贡献。

新时代、新起点、新征程，学报编辑部将继续开拓创新，锐意进取，进一步重视做好期刊平台建设，不断提升期刊专业化运营水平，努力向建设一流科技期刊目标稳步迈进。

创刊号封面

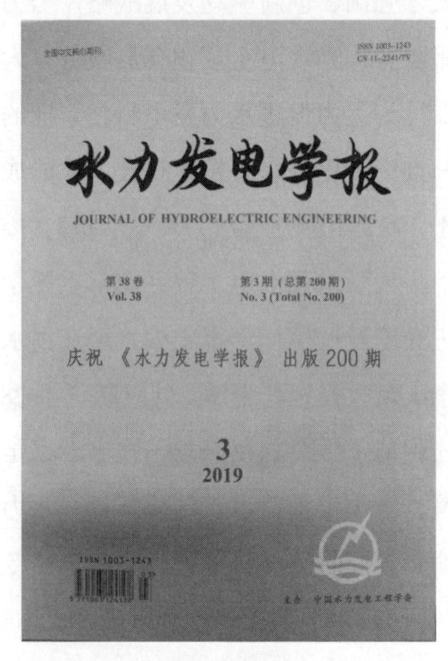

第 200 期封面

《海河水利》的发展及探讨

张俊霞　唐肖岗（海河水利委员会）

一、《海河水利》期刊的发展历程

《海河水利》是水利部主管、水利部海河水利委员会（以下简称海委）主办的公开发行的水利科学技术期刊。

1982—1992 年，萌芽发展期。1982 年 6 月，《海河水利》创刊，为季刊，属内部发行期刊。1985 年改为双月刊。《海河水利》坚持为开发治理海河铺路，为海河流域的经济振兴服务。按照党的治水方针，宣传水利不仅是农业的命脉，也是国民经济发展的命脉，增强全社会的水资源意识和水患意识，唤起民众爱水、惜水、节水；交流建设与管理经验，传递科技信息，为基层、为生产不断探索耕耘，积极推动水利事业发展。自创刊以来，《海河水利》受到海河流域广大科技人员的欢迎，海委也决心办好《海河水利》。

1992—2002 年，枝繁叶茂期。随着改革开放的深入发展，海河流域的外事活动日渐增多，已与德国、美国、朝鲜、马里、几内亚、日本、巴基斯坦、罗马尼亚、俄罗斯、亚行、世行等国家或国际组织建立了联系，彼此往来。不少国家的学者、专家或官员来海河流域考察、合作或学术交流，有的已建立了定期交流机制。海河流域的水文地理环境与美国加利福尼亚相近，海委曾几次派员去美国加州等地考察学习。这些国家希望能与《海河水利》建立长期的资料交流关系；国外选送留学生来天津学习，有些外国留学生自愿出钱订阅《海河水利》；海委系统乃至流域内不乏港、澳、台及外籍华人亲友前来探亲，他们很想深入了解家乡水利事业的发展情况，天津市侨联曾与我们联系，商量赠阅或订阅《海河水利》事宜。天津市科委及水利部有关领导也曾提出《海河水利》要创造条件争取国际发行。经过多方努力，从1992年5月30日起，《海河水利》有了自己的刊号，开始国内外公开发行，完成了从内部印刷到公开发行的飞跃。经过《海河水利》编辑部及全体编辑人员的持续努力，1996年《海河水利》被评为全国水利系统优秀科技期刊，2001年入选为中国期刊方阵双效期刊。同时，还先后入选中国学术期刊（光盘版）、万方数字化期刊群、维普中文科技期刊数据库、超星期刊域出版平台。

2002 年至今，高质量发展期。《海河水利》坚持理论与实践统一和创新性与实用性相结合的方针，传播有关水利理论、水利改革发展和水利科技研究新成果、新经验，报道有关国内外水利学发展动态，宣传海河流域水利建设成就，为开发治理海河铺路，为海河流域经济社会发展服务。其所设栏目与时俱进，几经调整，目前主要有水资源、水生态、规划设计、防汛抗旱、工程建设与管理、农村水利、城市水利、技术与应用、水利信息化、水利经济等。读者对象为水利及相关行业科研人员、教学人员、施工及管理人员以及关心海河流域治理与开发的各级领导和社会各界人士。截至2020年10月，《海河水利》连续出版225期，共刊登论文5000余篇，为海河水利科研成果的传播交流、科学技术的推广和应用以及海河水利事业成就的宣传和海河水利文化的弘扬提供了一个重要平台和窗口，在海河水利事业可持续发展中发挥着十分重要的作用。2014年被国家新闻出版广电总局认定为学术期刊，2020年入围中国核心期刊（遴选）数据库收录期刊。

二、《海河水利》期刊的发展瓶颈

由于编辑部人少事多，工作千头万绪，各项工作进展比较缓慢，在一定程度上影响了期刊编辑出版质量。

（1）人员极度缺乏。众所周知，一般月刊需配备7名专职编辑，双月刊需配备5名专职编辑，季刊需配备3名专职编辑。而《海河水利》编辑部在编职工只有3人，同时负责《海河水利》《海河年鉴》的编纂出版发行工作，人员数量严重不足；且45～50岁1人，50岁以上2人，人员老龄化严重，没有35岁以下的青年编辑。2020年以来，编辑部工作量增大许多，如年鉴编纂方面除完成《海河年鉴》《中国水利年鉴》（海委部分）外，还增加了《中国水利年鉴（文学艺术卷）》（海委部分）；期刊编辑出版方面，因为国家机构改革期刊编辑出版工作划归宣传部门管理，加大了对期刊编辑出版的监管力度，组织开展了期刊编辑出版和社会效益的自查、审读、评估和考核工作，加上经济创收工作，使编辑部工作量陡增，人员越发不足。

（2）腾云期刊协同采编系统试用进展缓慢。2020年5月，中国知网为《海河水利》编辑部定制了腾云期刊协同采编系统。系统是提高编辑部自身能力的工具，若用好了就会减少好多人力和工时，提高工作效率，收到事半功倍的效果。由于编辑部人少且忙于编辑稿件、经济创收和日常期刊管理工作，经常焦头烂额，所以系统一直处于搁置状态。

（3）期刊稿件质量参差不齐。因为人手不够，编辑部组稿约稿能力弱，基本处于等米下锅的状态，作者投什么稿就发什么稿，完全不能自主；迫于创收的压力，还要刊登广告单位和一些人情文章，稿件质量无法保证。

（4）期刊出版周期长，稿件积压严重。《海河水利》为双月刊，每期72页，22篇论文，平均每年刊登论文约130篇。出版周期均在6个月以上，有的甚至超过1年之久。因为期刊排期的问题会流失很多稿源，我们在编辑稿件之前与作者联系时会非常遗憾地发现很多作者等不及已经转投他刊了。

（5）增刊的定位很尴尬。为了弥补正刊版面的不足，编辑部有时候会不定期地出版增刊。但很多单位和作者都对增刊存在偏见，编辑部主编有时候也认为一些文章只能上增刊，有意无意地就降低了增刊的质量。这使得增刊的境遇很不好，成为了避免退稿的权宜之计。

（6）没有外审专家库。稿件录用标准不明确，除了参照中国知网文献不端系统检测结果外，基本就是主编一个人决定稿件是否能录用，期刊影响力不够，很难见到兼具学术前沿性和争鸣性的热点稿件。

（7）制度不健全。编辑部的工作门类繁杂，没有可遵循的制度指南和流程标准，全凭职工的一腔热情和自身的高度自觉。

三、应对策略与蝶变思路

（1）探索多种协同办刊形式。在与天津市水利学会、华北水利水电集团、天津市龙网科技发展有限公司、海河流域水土保持监测站等单位友好合作的基础上，计划与河北工程大学开展合作，逐步增加学校和科研机构论文的占比，提升《海河水利》作为学术期刊的形象；借助河北工程大学强大的师资力量，将关口前移，组好稿，约好稿，把好审稿关，减少后期稿件编辑的工作量。这种模式运作成熟后，可以适时引入其他高校和科研院所，拓宽合作范围，这样一来，既可以为高校和科研院所人员提供发表论文的平台，又能改善《海河水利》期刊没有外审专家的现状，提升期刊稿件质量、扩大并稳定期刊稿源。这是一种双边甚至是多边合作，可以达到双赢甚至是多赢的效果。

（2）加速开展腾云期刊协同采编系统试运行工作，争取尽快正式上线。主动应对传播环境变化，推动传统媒体和新兴媒体融合发展。术业有专攻，要打破科室壁垒，与网站、音像、档案等科室开展合作，适时建立网站微信公号，开展线上线下的营销。有的杂志社全媒体融合发展做得特别好。在传播层面，他们通过二维码嵌入多媒体内容提升传播价值，依托数字平台策划选题等途径改造纸媒，为纸媒价值赋能；在业态层面，通过承担部分重要展会的会刊、快讯、参展指南等纸质或电子出版物的组织、编辑出版等工作，在行业上与其他媒体区隔开来，提升行业影响力。这也是我们编辑部努力的方向，如有必要可以取经学习，推动期刊数字化转型升级。

（3）以速度求生存，突出时效性，缩短出版周期。一个出版物，只有尽快出版，才能抓住时效性，所提供的资料才有用，才能占领市场，满足需要。通过努力，力争在缩短出版周期的同时，在稿源的质量和数量上有所突破，持续改进，不断完善，吸引更多高水平和高质量的论文。

（4）充分利用现有的骨干审稿专家和编委等人脉资源，使其在推荐稿件、组稿约稿和审稿方面发挥更好的作用。加大对外宣传和交流，主动向有关专家约稿。利用出差或会议机会主动出击，对那些认真负责且审稿数量相对多的委外专家专门致谢或不定期回访。

（5）继续加强与相关编辑部的交流联系，认真吸取经验。结合委内重大专项课题，开设专栏，有针对性地组织稿件，支持鼓励委内重大研究成果优先在《海河水利》上发表。

（6）建立健全规章制度。加强编辑部自身建设和规范管理，对编辑部常规性工作要领及时总结整理，建章立制，确保出版流程规范，每一个环节都有据可查。同时，加强内部管理，强化责任落实，严格执行各项规章制度，保障期刊可持续健康发展。

（7）《海河水利》编辑部的工作内容繁杂，需要一个团队所有成员的全力配合。要知人善任，用人所长，扬长避短，人尽其才。要十分注重发挥有创造性理念人员的作用，注重发挥在市场条件下能有效解决问题、开展工作人员的作用。不迷信“外来的和尚会念经”，相信“十步之内，必有芳草”，充分调动编辑部每一个人的积极性。加强岗位培训学习，不断提高编务人员的综合素质和业务工作能力。

《水利经济》的创刊与发展

河海大学期刊部

《水利经济》创刊于1983年，是由水利部主管，河海大学、中国水利经济研究会共同主办的学术性、技术性、实用性相结合的科技期刊，是国内唯一的水利经济研究与应用专业期刊。它诞生于我国改革开放的历史时期，伴随着我国水利经济的迅猛发展而不断成长，为水利经济领域学术成果的传播以及水利经济学科建设做出了积极的努力和应有的贡献。

一、诞生与成长

水是生命之源、生产之要和生态之基。作为自然界的基本要素，水是一切生物赖以生存、经济赖以发展的重要和最根本的条件之一。水是可以再生的资源，同时也是有限资源。随着人类社会的发展和人口的激增，特别是近代社会生产力的飞速发展，水资源紧缺日益加剧。

在传统的经济和价值观念中，人们通常认为没有劳动参与的物品没有价值，抑或不能交易的物品没有价值。受这种传统观念的影响，水作为天然的自然资源，几乎被排除在商品范畴之外，只有使用价值，而没有价值。在计划经济盛行时期，水利被认为是政府“兴利除弊”的公益性事业和福利性事业，忽视经济核算和经营管理。甚至认为，水是天然资源，取之不尽，用之不竭。进入20世纪80年代以后，随着改革开放的实施，在观念和认识上取得了两大突破：一是由于世界性的人口、资源、环境问题的日益严重，资源的价值理论与定价方法、资源资产的评估、有偿使用与资源资产市场的研究引起了许多国家的专家学者和国际组织的重视，纷纷开展对包括水资源在内的资源价格进行专题研究。二是国内学者研究认为水利工程提供的是物化后的水，物化水属于商品范畴，进而提出水利经济和水利产业的概念。同时，原水的资源价值和物化水的商品价值成为水利产品价值理论和定价方法的基本依据。水利经济理论研究和实践逐步推进。

1980 年，我国著名经济学家于光远致函时任水利部部长钱正英，建议成立中国水利经济研究会，推动水利经济研究，得到水利界老前辈张含英、张季农和许多专家、学者的积极响应和赞同。同年 11 月，中国水利经济研究会在湖北省丹江口市宣告成立。张含英还发出了“要写中国的水利经济学”的倡议。1987 年，在于光远为顾问、中国社科院李成勋主编的《经济学新学科概览》一书中，专题介绍了建立水利经济学的必要性、研究对象和基本内容。随着我国由计划经济体制向社会主义市场经济体制的转换，水利发展需要依靠自然科学技术的支撑，同时也要运用经济手段，按经济规律办事。因此，重视和发展水利经济学研究，成为促进中国水利改革和发展事业的重要任务之一。

河海大学作为我国水利高等教育的摇篮，顺应水利改革和发展的时代要求，率先开展水利经济学科的研究，创办了我国第一个水利经济专业，成立了水利经济研究所。周之豪教授潜心研究，开拓创新，提出了系统的水利经济学的经典基础理论，被誉为是我国水利经济学科的开山鼻祖。

1983 年 11 月，中国水利经济研究会会刊《水利经济》经水利电力部党组批准内部发行，委托华东水利学院（现河海大学）负责编辑，并成立《水利经济》编辑部，设在水利经济研究所。1985 年 6 月，国家科委向水利电力部印发《关于创办〈水利经济〉杂志的批复》，同意中国水利经济研究会和华东水利学院创办《水利经济》杂志，该杂志为季刊，公开发行。1997 年 7 月，鉴于我国水利经济迅猛发展的新形势以及水利经济学科建设的新进展，《水利经济》杂志原来每季出版的周期已经不能适应形势的需求。根据中国水利经济研究会的建议，经校领导研究同意，《水利经济》计划从 1998 年 1 月起改为双月刊，并得到江苏省新闻出版局的批复。2002 年 6 月，进一步提高《水利经济》办刊质量，提升其学术地位，扩大其影响力，学校经研究决定，将《水利经济》编辑部整建制划转至河海大学期刊部管理，使《水利经济》迈向了集群化发展之路。

二、品牌与特色

品牌和特色是提升科技期刊影响力的重要要素。《水利经济》在办刊过程中高度重视品牌和特色化建设，努力提高期刊的认知度、知名度和显示度，提高品牌效应，彰显期刊的特色，扩大期刊的影响力。

《水利经济》依托河海大学和中国水利经济研究会等机构在水利经济专业领域的学科优势和专业资源，明确办刊方向，对期刊出版进行精准定位，打造期刊兼顾科技与人文社会科学的特色，形成跨学科和交叉学科发展优势；期刊适应不同时期水利工作方针和理念，紧紧围绕当时的水利中心工作，聚焦重大问题，开展了大量的理论探讨与系列实践研究，以水经济与水管理为主线，紧密围绕水利经济的理论和实践，刊载水利经济前沿问题、热点问题和难点问题的研究成果，彰显水利经济专业特色，观点权威，在行业内具有较高影响力和品牌特色。创刊30 多年来，《水利经济》凭借准确的办刊定位，成为具有较高知名度和影响力的行业性专业期刊。并以需求为导向，引入“使顾客满意战略”，注重培育和壮大读者群体，并通过鲜明的专业指向和高质量的专业内容，吸引了水利经济学科的知名教授、学术带头人以及从事水经济及管理专业的有关管理人员、科研人员、工程技术人员及大专院校师生等不同层次的具有较强专业素养的和特定专业背景的读者人群，确立了全面及时传播我国水利经济建设与改革的先进理念、技术和管理经验，促进水利经济学研究成果在水利现代化中应用的办刊宗旨，并以此作为选题策划、栏目设置和内容组织的依据，期刊的特色不断显现。

三、办刊成就

目前，《水利经济》是中国科技论文统计源期刊（中国科技核心期刊）、RCCSE中国核心学术期刊、中国人文社会科学 AMI 核心期刊、中国学术期刊综合评价数据库来源期刊、中国期刊全文数据库全文收录期刊、中国核心期刊（遴选）数据库统计源期刊、中文科技期刊数据库收录期刊，被“中国学术期刊（光盘版）”“中国数字化期刊群”“中国期刊网”“中文科技期刊数据库”“北极星”等数据库全文收录。据中国知网统计，《水利经济》2019 年期刊复合影响因子突破 1，为 1.015，期刊影响力指数位列学科 Q1 区。

微信二维码

《水利信息化》驱动水利现代化

《水利信息化》编辑部

一、前身《水利水文自动化》

《水利水文自动化》于 1983 年创刊，开始是水利部南京水利水文自动化研究所（简称“南自所”）的内部刊物，所内学术交流平台和与所外同行的交流资料。2003 年经国家科技部和新闻出版署批准，《水利水文自动化》成为水利部主管、南自所主办的正式出版的科技期刊。《水利水文自动化》逐步发展为我国水利水文自动化领域具有很高实用性和学术性的专业科学技术类全国性期刊。

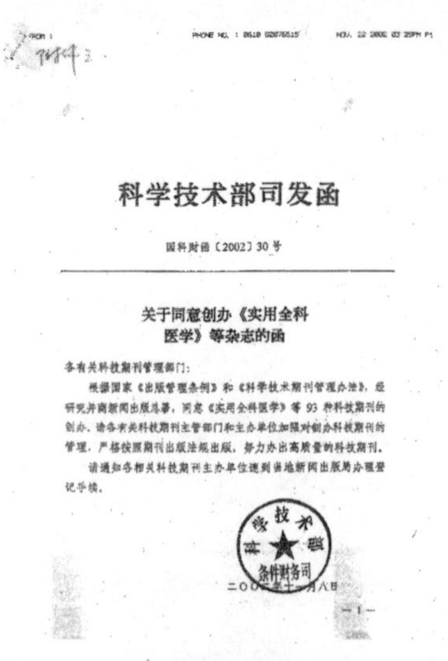

科学技术部司发函

国科财函〔2002〕30 号

关于同意创办《实用全科医学》等杂志的函

各有关科技期刊管理部门：

根据国家《出版管理条例》和《科学技术期刊管理办法》，经研究并商新闻出版总署，同意《实用全科医学》等 93 种科技期刊的创办。请各有关科技期刊主管部门和主办单位加强对创办科技期刊的管理，严格按照期刊出版法规出版，努力办出高质量的科技期刊。

请通知各相关科技期刊主办单位速到当地新闻出版局办理登记手续。

条件财务司

—1—

2002年新创办科技期刊名单

序号	刊名	刊期	主办单位	主管部门	刊号	登记地
1	工程地球物理学报	双月刊	长江水利委员会综合勘测局	水利部	CN42-1694/TV	武汉
2	水利规划与设计	季刊	水利部水利水电规划设计总院	水利部	CN11-5014/TV	北京
3	水利水文自动化	季刊	南京水利水文自动化研究所	水利部	CN32-1711/TV	南京

批准文件

二、更名“水利信息化”

进入21世纪，伴随我国水利事业、网信事业的快速发展，水利信息化建设跃上了新台阶，为水利治理管理工作提供了重要支撑。水利部党组审时度势，确立了“以水利信息化驱动水利现代化”的发展思路。水利信息化建设逐步深入，初步形成了由基础设施、业务应用和安全保障组成的水利信息化综合体系，有力地驱动了水利现代化。

为适应水利信息化事业发展的需要，在水利部领导的关心下，按照水利部信息化工作领导小组办公室的部署和安排，经新闻出版总署批准，《水利水文自动化》于2010年更名为“水利信息化”。水利部原副部长敬正书为新刊题名。

新闻出版总署文件

新出审字〔2010〕166号

关于同意《水利水文自动化》更名为《水利信息化》的批复

江苏省新闻出版局：

你局苏新出报字〔2009〕55号文收悉。

经研究，同意《水利水文自动化》更名为《水利信息化》，原刊号CN32－1711/TV作废，新编国内统一连续出版物号为CN32－1819/TV。办刊宗旨为：围绕水利信息化建设主要任务，宣传水利信息化建设政策、法规与标准，推广水利信息化建设经验成果，介绍国内外信息化建设现状与信息技术发展趋势，加强水利信息化理论研究与学术交流，推动信息化技术在水利行业的应用，促进水利现代化水平的提升。其他登记项目不变。

— 1 —

批准更名文件

《水利信息化》主管单位是水利部，指导单位是水利部信息化工作领导小组办公室，主办单位是南自所，为双月刊，全国各地邮局发行。期刊首届编委会主任胡四一，副主任汪洪、邓坚、张建云。期刊主编蔡阳，副主编丁强、曾焱、冯讷敏。

三、《水利信息化》服务宗旨和出版形态

《水利信息化》以服务水利行业信息化建设为宗旨，紧紧围绕水利信息化建设的主要任务，发布水利信息化建设政策、法规和标准，及时介绍水利信息化建设的经验和成果，介绍国内外信息化建设现状及信息化技术发展趋势，追踪信息化建设热点、难点和焦点，推动信息化技术在水利行业的应用，促进水利现代化水平的不断提升。在宣传水利信息化的理念、方针、政策和成果，探索水利信息化发展方向，加强水利信息化队伍建设，提高水利信息化研究水平，营造推进水利信息化的良好氛围等方面发挥了许多良好的作用，是目前我国水利信息化领域的唯一权威性期刊，也成为从事水利信息化工作的企业、高校、科研院所、软硬件供应商、咨询及服务机构、政府部门的工程技术人员及管理人员和决策人员的良师益友。

《水利信息化》坚持理论联系实际，坚持科研与生产结合，坚持“双百方针”，不断开拓，努力进取，竭力构造一个开放性的交流园地和学术平台，推动水利信息化建设不断向前推进。

根据期刊编委会章程，编委会由主任及各学科委员若干人组成。现编委会主任为叶建春副部长，编委会副主任为汪洪、张建云和蔡阳，编委由编委会主任、副主任提名，经与有关各方协商后产生，任职均经领导批准，具有广泛性和专业性，彰显本刊的权威性、普遍性和代表性。定期开设具有主题思想的专栏，有智慧水利、河长制、信息资源开发利用、网络安全、业务应用、自动化测控、网络与通信等，充分发挥编委对于期刊引领和推动作用。以“强感知、增智慧、促应用”为主线，实现国家水网数字孪生，推动建立国家水网智能调度模拟仿真平台，建成“预报、预警、预演、预案”体系。秉承“安全、实用”的发展总要求，充

分运用云计算、大数据、人工智能、物联网、数字孪生等新一代信息技术，推进水利场景数字化、模拟精准化、决策智慧化，构建数字化、网络化、智能化的智慧水利体系，为水利现代化提供有力支撑和强力驱动。

编辑团队重视期刊出版质量，依据国家编辑出版工作规范与要求，从形式到内容对所刊文章进行深度加工和审读。为向全国水利信息化同行介绍和推荐智慧水利优秀案例，同时积极践行纸质出版和数字化出版相结合理念，2019 年开始了数字出版，现在已经实现全刊开放的同步数字出版，大大推进了《水利信息化》的国际国内的影响力和知名度。现在本刊在国内知名度很高，在美国、法国、日本、澳大利亚、新加坡等国家及中国香港、台湾地区，都有读者和收藏者。

专业化、高起点、规范、高效的办刊模式，使《水利信息化》得到长足的发展，学术质量和影响力显著提升。2014 年被国家新闻出版广电总局认定为第一批学术期刊。期刊已列入“中国核心期刊（遴选）数据库”“中国期刊全文数据库（CJFD）”“中国学术期刊（光盘版）入编期刊”“中国学术期刊综合评价数据库”“中文科技期刊数据库（全文版）”等数据库。

微信二维码

《水利信息化》数字版二维码

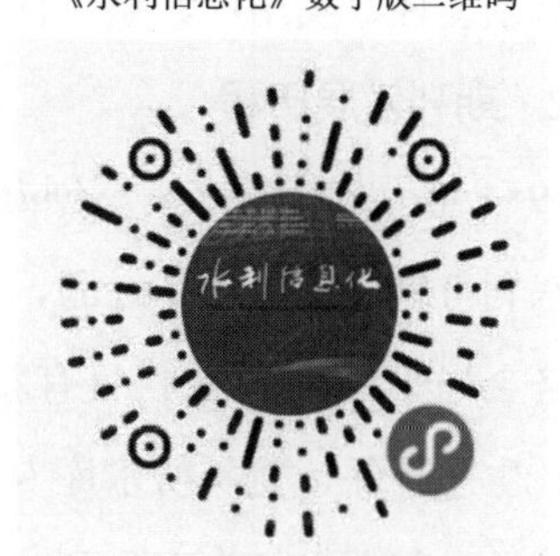

《水利科学与寒区工程》打造寒区水利特色

熊复慧　司振江（《水利科学与寒区工程》编辑部）

一、《水利科学与寒区工程》概况

1. 办刊宗旨

《水利科学与寒区工程》，黑龙江省水利科学研究院主办，黑龙江省水利厅主管。办刊宗旨是“立足寒区，面向国内外，反映水利科学创新成果，传播寒区水利工程实践经验，推动学术交流，促进人才培养，服务现代水利建设与发展”。目前是国内公开发行的中文科技期刊，月刊，主要刊发与水利科学及寒区水利领域内具有创新性、实用性、系统性、导向性和争鸣性的优秀科技论文。

2. 期刊发展历程

1984年黑龙江省水利厅创办了《水利天地》，科技水利刊物。办刊宗旨为“以宣传水利方针，交流改革经验，普及水利知识，为农村发展商品生产服务，为国民经济全局服务”。主要栏目有新春寄语、本期特稿、热点追踪、黑河之光、节水抗旱、生态环保、龙头桥水库专栏、治水春秋等。被知网、维普、万方三家检索系统收录。创办之初为双月刊，于2001年改为月刊。

2015年由黑龙江省水利科学研究院接管，于2016年更名为“黑龙江水利”，2018年更名为“水利科学与寒区工程”，2019年变更为双月刊，2022年又变更为月刊。

3. 编辑出版情况

《水利科学与寒区工程》自1984年创刊以来，至2021年底，已连续出版300

余期，共发表文献 12203 篇。总下载次数：387398 次，总被引次数：5163 次。现每年出版 12 期，每期发表约 40 余篇文章。期刊来稿量从 2019 年的 529 篇增至 2021 年的 988 篇。

二、寒区水利专栏

在《水利科学与寒区工程》期刊转至黑龙江省水利科学研究院之初，如何打造具有地方特色水利期刊，是办刊人首先要回答的问题，经过多次调研，并向全国科研院所，高校，兄弟期刊取经，最后决定设立“寒区水利”专栏。

1. 寒区水利专栏的基石

本刊主办单位黑龙江省水利科学研究院是省内唯一一家水利行业的科研机构，与国内外众多科研机构、大学院校有广泛的交流与合作，具有良好的国内、国际科研环境。共完成国家 863 计划项目、国家科技支撑计划项目、国家重点研发计划项目、国家自然科学基金、水利部公益性行业科研专项、水利部“948”计划项目及省重大、重点科技攻关等科技创新、科研成果 864 项。

拥有完善的科研基础设施及软硬件系统设备，包括低温模型实验室、冻土实验室、寒区生态技术实验室、大尺寸土体渗透固结实验室、寒区堤防渗流模型实验室、材料微观分析实验室等。拥有大型冻土三轴试验机、冻土动三轴试验机、冻土蠕变测试仪、土体冻胀融沉试验仪、材料低温力学性能测试仪、寒区冻土远程自动监测系统等仪器。面向国家及本省水利发展规划和建设，从季节冻土区水利工程技术要求出发，围绕寒区水利工程规划、设计、施工、检测、监测及管理等领域的技术问题，开展相关基础理论和应用技术研究工作。经过多年的努力，在水工建筑物抗冻技术、寒区土工合成材料应用技术、渠道防渗技术、砂堤砂坝防护技术和寒区平原水库护坡防冰冻技术等领域取得了许多有价值的成果，多次获得国家、水利部和黑龙江省科技进步奖及黑龙江省省长特别奖和重大经济效益奖。其科研力量的积蓄是寒区水利专栏的基石。

2. 寒区水利专栏的重要支撑

（1）工程冻土学科。从 20 世纪 60 年代开始，随着工程冻土、水工建筑物抗冻技术及抗冻建筑材料方面研究工作的开展，大量的冻土物理、力学性质，土的冻胀性及桩、板、墙等结构受冻胀力作用的模拟实验，取得了一系列的科研成果。抗冻技术研究成果解决了水利工程建筑物抗冻破坏关键技术难题，在东北、华北和西北 13 个省（自治区、直辖市）5 万余座各类水利工程及青藏铁路建设中得到广泛采用。

（2）寒区水工材料。在寒区水工材料方面，先后开展了工程土质、建筑材料、土工合成材料和高分子化学材料技术等方面的研究工作，承担的科研项目遍及黑龙江省内的主要江河流域和国家级重大水利工程。特别是在黑龙江省内各大中型水利工程建设等方面，面对寒冷地区的气候条件，围绕工程建设的“难点”问题，做了大量的科研工作，提出了大量有价值的建议和决策意见。经过 50 年的发展和学科建设，在土工合成材料、水工混凝土技术等学科的多个研究方向居于国内领先水平。

（3）冰理论的研究。中国东北和西北地区冬季常发生冰冻现象，冰冻带来的灾害给我国寒区造成巨大困难，随着冰理论研究的开展，各高校、科研院所陆续为寒区水利专栏供稿，如东北农业大学在我刊刊发的《冰塞成因与预测研究进展》（2021 年 4 期）、《我国淡水冰力学性质研究进展》（2019 年 6 期）等文章。大连理工大学等多次围绕海洋冰等问题向我刊投稿，如《基于视频图像获取冰面特征的自动检测算法研究》《辽河口生态环境监测浮标抗冰结构设计方案研究》《CT 扫描技术探测湖冰组构的初步研究》《冰下水中耗氧量测试装置的设计与应用》《石佛寺水库和乌梁素海冰温剖面类型的统计分析》《冰三点弯曲强度试验的方法与设备》《冰单轴压缩强度试验的方法与设备》《尺寸效应对海冰压缩强度的影响》等。

3. 国际合作

2016 年期刊编辑部、黑龙江大学水利与电力学院与俄罗斯科学院合作，为《水利科学与寒区工程》提供大量具有寒区特色文章。主要支撑项目如下：

（1）《俄罗斯冻土地区小型堤坝、溢洪道和渠道工程的温度状态和稳定性》由鲁道夫·弗拉基米罗维奇·张教授于 2012 年在黑龙江人民出版社出版，该作者于 2017 年在我刊发表有关俄罗斯萨哈（雅库特）共和国典型寒区土渠监测、灌溉系统土渠热力学、冻土水文地质条件、水文地理与俄罗斯西伯利亚典型土坝结构稳定监测、典型土坝温度应力应变状态等内容的文章。

（2）《中南阿拉斯加自然地理探索》由大卫·卡尔·施耐德教授于2013年在云杉地理出版社出版，该作者于 2016—2017 年在我刊发表有关中南阿拉斯加火山、地震、构造地质、岩土和化石、冰川成因及冻土分布、冰川地貌、降水、主要河流、林木生态地理、水文地理区划与生态地理区划等内容的文章。

（3）《寒区冻结层上水》由维克多·瓦西里耶维奇·舍佩廖夫教授于 2011 年在新西伯利亚科技出版社出版，该作者于2016年我刊发表有关寒区冻结层上包气带水分运移分析与计算、冻泉与冰丘形成机理分析、冻结层上地下水类型的划分、冻结岩层与地下水关系研究等内容的文章。

此外，“2019年中国科协‘一带一路’国际科技组织平台建设项目”等项目，为寒区专栏提供了具有国际影响力的文章。

三、期刊统计与评价

《水利科学与寒区工程》作为一个科技期刊是年轻的，有朝气的，经过近几年的发展，已初见规模，具体统计数据如下：

（1）期刊的年度文章量。2012—2021年，10年间共发文章3240篇，每年平均324篇，2019年后，年度文章量大幅提升，平均每期达40多篇。

（2）主题特色。期刊近10年文章以水利工程为主、寒区水利为特色，并刊发水资源、水土保持等相关主题的文章。

（3）发文情况。国外主要集中在俄罗斯地区，国内黑龙江、辽宁是主要投稿地区，近年，新疆呈现逐年增长趋势。除主办单位与合作单位外，贵州省水利水电勘测设计研究院、三峡大学、黑龙江省寒地建筑科学研究院、新疆水利水电勘测规划设计研究院、东北农业大学、华北水利水电大学是我刊的主要投稿机构。

（4）期刊评价况。据中国知网平台统计情况，目前期刊处于Q3区，复合影响因子0.242，呈现逐年上升趋势。

《水资源保护》的创刊与发展

《水资源保护》编辑部

一、历程

1985年，为了宣传贯彻我国水资源保护的方针、政策和法规，反映国内外水资源保护的先进技术，为全国水资源保护工作者提供一个交流水资源保护科学技术信息的平台，促进我国水资源和水环境保护工作，水利电力部以水资源办公室（85）水资办字第 2 号文批准《水资源保护》创刊，主管单位为水利电力部，主办单位为水利电力部水资源司、华东水利学院环境水利研究所，季刊，水利系统内发行；1992年，由国家科委（92）国科发情字388号文批准，《水资源保护》公开出版，主办单位为水利部水资源司、河海大学，编辑部设在河海大学环境水利研究所；1999年，按照国家新闻出版总署有关规定，《水资源保护》主办单位变更为河海大学和环境水利研究会（后更名为中国水利学会环境水利专业委员会）；2001 年，《水资源保护》编辑部由河海大学环境水利研究所管理改由河海大学期刊部管理；2003年，《水资源保护》由季刊改为双月刊，国内外公开出版发行。

二、办刊成就

从1985年创刊到今天，已经过去30多年，《水资源保护》在一代代水利人、一届届编委和编辑们的共同努力下不断成长，取得了可喜的成绩。首先，期刊引证指标良好，根据中国科学技术文献评价研究中心研制的《中国学术期刊影响因子年报（自然科学与工程技术）》（2019版），《水资源保护》复合影响子为2.188、综合影响因子1.622；2019年世界学术影响力指数排名第6，位于Q2区第1名；在CSCD数据库中第一次跻身Q1区；在中信所2019年公布的科技核心期刊引证指标数据中，《水资源保护》影响因子1.395，排名水利类期刊第3名，仅比第2名期刊差0.1。其次，期刊现为北大中文核心期刊、中国科学引文数据库（CSCD）来源期刊、中国科技核心期刊、RCCSE中国核心学术期刊，同时被美国《剑桥科学文摘》（CSA）、美国《化学文摘》（CA）、波兰《哥白尼索引》（IC）等国际知名数据库收录。在2020年发布的《中国科技期刊发展蓝皮书（2020）》中，《水资源保护》为2016—2018年中国科技期刊水利工程学科高下载论文TOP3期刊。2021年4月，《水资源保护》被EI收录。

三、办刊经验

完善办刊机制。以人为本、以刊为本，完善了《〈水资源保护〉期刊管理办法》，对编委会组成与管理、期刊出版质量和出版周期管理、期刊“三审三校”管理、稿件录用准则、编辑队伍建设和期刊经济效益经营进行了详细的规定，并严格执行，定期考核，适时调整，做既到科学严谨又灵活、充满生机。

创立独特的办刊模式。创立了“一刊一会一平台”的办刊模式，以办好《水资源保护》实体刊为核心，以会议和网络平台为两翼，对应《水资源保护》的刊文范围，创立了3个品牌学术会议——“水资源高效利用与节水技术论坛”“水生态大会”“水利信息化论坛”，邀请全国知名专家作学术报告，很好地团结凝聚了专家；在网络利用方面，充分利用微信、QQ、微博多种平台，尤其在微信工作群和微信公众号方面，充分发挥网络传播优势，很好地扩大和提高了《水资源保护》的影响。

紧抓热点，大力约稿，不断做专栏、专辑。加强同中国水利学会环境水利专业委员会等行业学会、高等院校、科研院所的联系与合作，密切关注水资源、水环境、水生态科技发展动向，及时追踪学科发展前沿和重大热点问题，以及国家、省部级等各类重大基金研究进展。近年来积极组织策划了黑臭水体治理、海绵城市建设、长江大保护、黄河大保护等一系列反映学科研究热点的专题征稿，彰显《水资源保护》的专业特色，努力将期刊打造为在行业具有较大影响力的专业期刊。

微信二维码

《水资源保护》和我

石秋池

彭桃英主编告诉我，《水资源保护》已经创刊35年了。乍一听还以为听错了，但是细算下来，也的确过了青葱岁月。说起来，我的职业生涯的绝大部分时间都和它密切联系着。

1986年，我从海河水利委员会调到部里，知道了我们有这么一本杂志，虽然刚开始还是内部刊物，但是没有过多久，在于明萱老处长等一众人的努力下，很快变成公开发表的杂志了。这对于所有人特别是年轻人都是一个利好的消息。因为发表文章是评职称所需要的。瞧，那个时候的我，对这本杂志的认识还仅限于此。

那个年代的水资源保护，还仅仅是开始，大多数人对水资源保护和水污染防治有什么异同还在不停的讨论甚至争论中。张林祥司长（那个时候我们还称他为张工）找出来一本翻译的苏联的一本著作，名字我已经不记得了，但是那本书里关于水资源保护有着明确的解释，包括水源涵养、水污染防治、河道疏通等。从那时起，我的脑子里就烙下了水资源保护要比水污染防治的范畴大的印象。至少在水利部水资办（水资源司的前身）保护处，大家都把这本杂志当作宝贝，因为全中国都还没有人用这个名字——水资源保护。我们也觉得非常庆幸，因为我们先起了这个名字。

随着对工作的不断了解，我对《水资源保护》有了更深入的理解。1996年，正值《水污染防治法》修改之时。张林祥司长提议，写一篇文章谈谈应该怎样修改这部法律。在张林祥司长亲自指导下，我们完成了这篇文章并发表在《水资源保护》杂志上。虽然是署名文章，但反映的却是水利部门对《水污染防治法》修改的意见。一部法律的修改，需要经历很多的讨论、争论和妥协，有的时候，我们所提的意见都未被采纳，还要被系统内的人误解，被系统外的人不理解。因为有了这本自己主办的杂志，使得我们的意见能够被更多的人认识理解，被更多的人重视。这便是这本杂志能够发挥的作用。而且在很长一段时间里，这本杂志在这方面的作用是无可替代的。

这样的经历让我想起了陈独秀和《新青年》杂志。舆论宣传在任何时候都是不可或缺的。无论是思想的交流还是技术的沟通抑或是一个故事的分享。杂志让我们的声音传播得更远，传播的时间更长。

随着机构改革和职能转变，部机关已经不能作为主办单位了。杂志慢慢地走出了部门管辖的范围。一段时间内，怎样定位、怎样组稿，怎样脱离部门的支持自己独立成长，都是面临的比较大的问题。尽管部里不再管辖，但是它毕竟是我们亲手培育的，凡杂志的事情，依然尽其所能。为使杂志重新获得出版主管部门的批准，我和当时水利部情报所的同志不断协调沟通，不断与主管部门沟通。还有多少个不眠之夜，为杂志审稿，尽管已不再是副主编。凡此种种，不再赘述。

彭主编告诉我，我也曾在这本杂志上发了约十篇文章。是的，职业生涯的绝大部分时间都是在为水资源保护工作，当然所有的感想、探索，我都愿意在这块阵地上与大家分享。

经过了 35 年的探索，《水资源保护》已经摸索出自己的办刊路子。“一刊一会一平台”确实让更多的读者、作者参与到水资源保护的工作中、探讨中、研究中和分享中。有了交流才会有更深的思考，才会有灵感和创造，才会为水资源的保护增添力量。祝愿《水资源保护》越来越好，越来越强。

英文期刊《国际泥沙研究》由年刊发展为双月刊

陈月红（国际泥沙研究培训中心）

International Journal of Sediment Research（《国际泥沙研究》）英文缩写为IJSR，是水利部主管，并得到联合国教科文组织（UNESCO）支持的英文科技期刊。

经中国政府申请，1983 年 11 月联合国教科文组织第二十二届大会决定在中国成立国际泥沙研究培训中心。1984 年 7 月，国际泥沙研究培训中心在北京正式挂牌成立。按中国政府和联合国教科文组织关于建立国际泥沙研究培训中心的协定，中心的任务之一是出版英文期刊《国际泥沙研究》。

为此，《国际泥沙研究》于 1986 年 8 月创刊，1986—1989 年每年发行一期；1989 年经国家新闻出版署批准正式公开发行，每年两期；1990 年出刊二期，1991—1997 年每年发行三期，1998—2018 年为季刊，2019 年为双月刊。期刊由国际泥沙研究培训中心（IRTCES）主办，自 2018 年起增加中国水利水电科学研究院和清华大学作为第二和第三主办单位。2004 年起为世界泥沙研究协会（World Association for Sedimentation and Erosion Research，WASER）会刊。

IJSR 的宗旨是为国内外从事河流泥沙与流域治理工作的学者及工程师提供一个交流科技成果和进行学术讨论的园地。刊登的内容除泥沙运动力学和河床演变等外，还包括地理学、地貌学、土壤侵蚀、流域产沙、水土保持、泥沙对环境及生态的影响、泥沙所引起的社会和经济问题评估等涉及全流域从河源到河口的有关泥沙问题。主要刊载来自世界各国的泥沙研究成果，主要栏目有研究论文、短文及讨论、某一专题领域的综合性述评等。

期刊历任主编有钱宁院士（1986—1987）、林秉南院士（1988—1993）、丁联臻教授（1994—1997）、王兆印教授（1998—2013）。现任主编为清华大学方红卫教授。

截至 2020 年底，本刊已经累计发行 35 卷，119 期。期刊 2007 年被 EI 检索，2007 年起被 SCI 数据库收录。近 8 年来的影响因子稳步增长。2019 年水资源领域为前 30.85%（29/94）Q2 区，环境科学为前 44.9%（119/265）Q2 区。

期刊从 2015 年第二期开始和爱斯唯尔合作在线发行，版面改为双栏排列。本刊已成为国际水利界的主流期刊之一，并连续六年获年度最具国际影响力学术期刊称号。

自期刊创立之初就确立了国际化办刊的方向，主要包括编委国际化和稿源国际化。目前有 14 名国际副主编（占副主编的 61%）和 50 名国际编委（占编委的 74%）。稿件方面，以 2019 年为例，全年来稿共 241 篇，其中中国来稿共 52 篇，来自 42 个国家的国外来稿共 189 篇，国外来稿占总来稿的 78.4%；从刊载情况来看，2019 年度 6 期共刊载文章 57 篇，其中国外稿件 42 篇，占 73.7%。该刊是国际泥沙领域唯一的学术性专业刊物，已成为反映国际学术界泥沙研究成果、推动和加强国际泥沙研究学术交流与发展的重要园地，为繁荣国际泥沙事业做出了应有的贡献。

创刊号封面

SEDIMENT
RESEARCH

SEDIMENT
RESEARCH

WASER
INTERNATIONAL JOURNAL OF
SEDIMENT RESEARCH
VOL.22, NO.1, MARCH 2007
INTERNATIONAL RESEARCH AND TRAINING CENTER
ON EROSION AND SEDIMENTATION

期刊封面

《大江文艺》坚持水利与文学并重

周汉华（《大江文艺》杂志社）

《大江文艺》1987年由中国水电协会长办分会创办，1988年同中国水电文协丹江口分会联合办刊。从1995年第二期起，由中国水利文协、中国水利文协长委分会、中国水利文协丹管局分会联合主办。1997年由中国水利文协主办，长江水利委员会承办，面向全国水利系统发行，成为中国水利文协主办的唯一纯文学刊物。2002年中国水利作协成立，并成为中国作协团体会员后，其办公机构设在长江委，与《大江文艺》编辑部合署办公，《大江文艺》被确定为水利作协机关刊物，负责组织推动全国水利系统文学创作活动。

《大江文艺》1987年创刊时，16开，不定期，1989年（总第5期）起定为季刊，但页码未固定，1993年第一期（总23期）起改为双月刊，页码固定为64页，1997年第一期（总47期）起，由16开改为大16开，页码为56页，2000年第一期（总65期）起，页码改为64页。

1987年创刊时，主编为成绥台，1995年第二期（总36期）起主编为朱汝兰，1999年第一期（总59期）起主编为傅新平、刘军，2002年第三期（总79期）起，社长兼主编傅新平，常务主编刘军，2003年第一期（总83期）起，社长营幼峰，主编刘军，2007年第一期（总107期）起，社长王百恒，主编刘军，2013年第一期（总142期）起，社长别道玉，主编刘军。

大江文艺第一期

《大江文艺》创刊以来，坚持水利与文学并重的办刊宗旨，在宏观上把握水利行业特色，内容上体现水利行业特色，广泛团结水利战线上的文学爱好者。从刊物所反映的领域看，勘测、水文、规划设计、防汛抗旱、水资源保护、水土保持、工程建设、监理等方面无所不及；从人物描写的方面来看，工程院院士、勘察设计大师、工程师、勘测队员、水文工作者、科研人员，施工队长、企业家、仓库保管员等，无所不包；从地域上看，无论是祖国边陲、云贵高原、黄土高坡，还是长江边上、珠江之滨、松花江畔、湘鄂沃土，只要是有江河的地方，都有涉及，作品体现出“文气水香”的艺术品位。截至 2021 年 2 月，共出刊 190 期，成为水利系统两个文明建设的阵地、瞭望水利建设成就的窗口、培养文学爱好者的沃土、广大水利读者的精神家园。

30 多年来，为推动文学创作，培养作者，办好刊物，编辑部参与并开展了形式多样的活动。主要有 1995 年在丹江口举办的《大江文艺》武当文学笔会。1998 年在武汉举办的“长江委文学创作研讨会”，2009 年 8 月在沈阳召开的首届“中国水利作家协会主席、秘书长工作会议暨《大江文艺》理事联谊会”；2012 年 11 月在水利部江垭培训中心召开的“中国水利作协 2012 年年会暨《大江文艺》理事单位联谊会”，2013 年 10 月在湖北省恩施土家族苗族自治州召开的“中国水利作协 2013 年年会暨《大江文艺》杂志社年会”等。

30 多年来，《大江文艺》出版多期专辑（增刊），记录重大事件，主要有：

1998 年长江大水后，编辑部全体同仁创作《’98，长江壮歌》专辑，用文学的形式记录下这场大水的印痕。

2000 年，出版《中国治水人（长江篇）增刊》，刊发电视片中国治水人（长江篇）撰稿词、台本、摄制手记、随想、片子主题歌。

十集电视系列片

《中国治水人（长江篇）》拍摄剪影

五十年探索　五十年追求

中国治水人

2005 年出《大江文艺》100 期专刊，全国政协委员、中国作协党组成员、书记处书记、副主席、《大江文艺》顾问陈建功，中国作协党组成员、书记处书记、《大江文艺》顾问高洪波，湖北省作协党组书记、常务副主席韦启文，《人民文学》副主编肖复兴等发来贺词。2006 年 1 月 26 日，《文艺报》刊发《大江文艺》出刊百期消息。长江水利网特邀成绶台、刘军两位主编，做客大江论坛，接受主持人专访，并与网友进行互动交流。

百期专辑

2008 第五期出“文化专辑”，因为“水文化因河流孕育，受河流滋养，随河流流淌，与河流共存”。设大众论坛、思水空间、河湖文化、珍水感言、历史解码、流域印象、文化人生栏目。

2010 年出“庆祝长江水利委员会 60 华诞”专辑，2020 年出“庆祝长江水利委员会 70 华诞”专辑，集中反映长江委为治江事业做出的贡献。

2018 年，出《大江文艺》创刊 30 周年专辑，熊召政、肖复兴、池莉、孙惠芬、裘山山、李炳银、徐剑、陈应松、李春雷、董宏猷、秦岭、任蒙题辞，中国水利文协主席何源满发表《〈大江文艺〉创刊 30 年感言》，中国水利作协主席熊铁撰文《行进在追梦的路上——纪念〈大江文艺〉创刊 30 年》，47 位骨干作者提笔回忆与《大江文艺》的缘份，祝贺《大江文艺》大江文艺创刊 30 年，感谢《大江文艺》的培育。

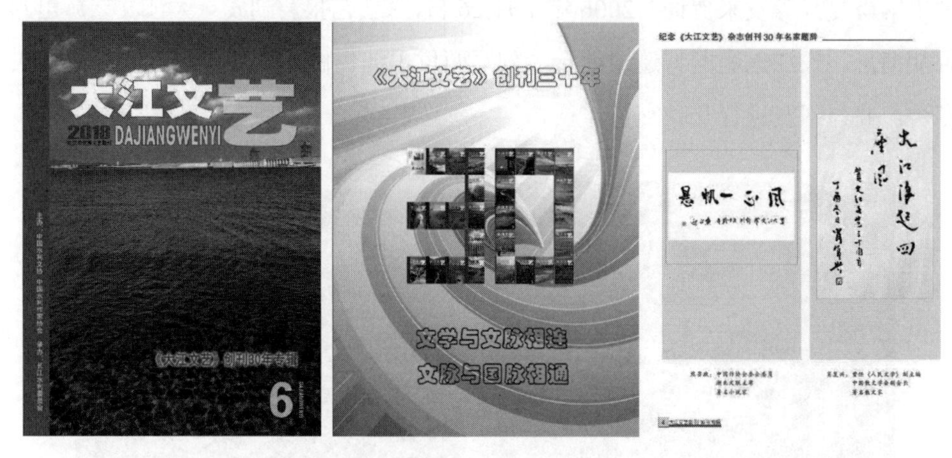

30 周年专辑

2020 年，新冠疫情期间，《大江文艺》第一时间向全国水利系统职工征集抗疫文稿，并很快出版抗击新冠疫情专辑。

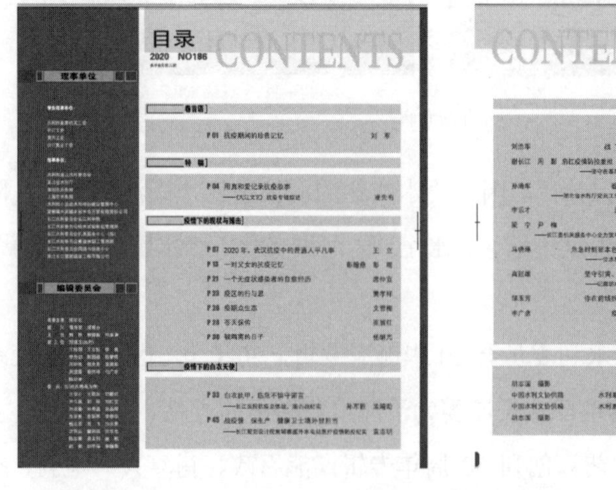

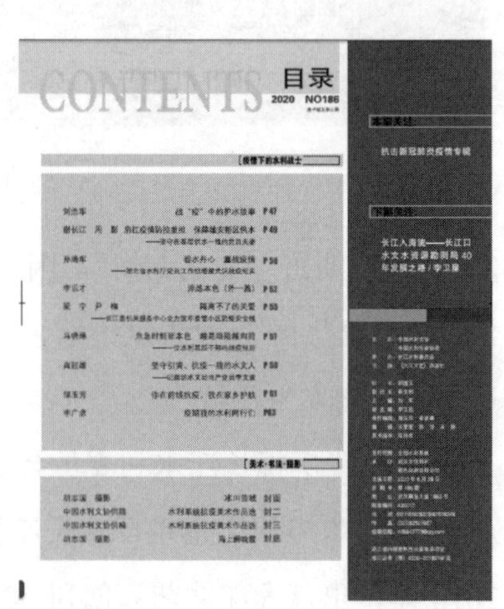

图五抗疫专辑目录

本刊较固定的栏目有：发表依恋山水，赞颂江河作品的“在水一方”；反映水利建设成就的“水利丰碑”；专发小说的“虚构世界”、反映人生各种滋味的“百味人生”，发诗歌的“缪斯家园”，发表评论的“作者·读者·编者”。

针对一些重要时间节点和水利大事件，本刊都会开辟专栏，如 1988 年第三期“纪念丹江口水利枢纽开工 30 周年”，2001 年第二期开辟“特别推荐”专栏（发表杨马林长篇历史小说《朱元璋惩贪》一书简介，创作体会、评论文章等），以及“纪念红军长征胜利七十周年”“建国 60 周年”等。

对重要但较长稿件，本刊给予连续。如 2001 年，连载新闻体纪实话剧剧本《汪洋湖》；2002—2003 年，连续十期刊发山西作家哲夫的长篇纪实文学《叩问长江》。

对各类征文获奖作品，本刊也多期连续刊发 。如“保障饮水安全”征文、“砥励奋进水惠民生”征文、“河长湖长制故事”征文等。

几十年中，《大江文艺》刊发了很多精品之作。

1997 年第三期《大江文艺》发表李鸿的小说《为官之道》后，中国作协创研部副部长吴秉杰说：《为官之道》把诸种艺术因素结合得比较完美。时任中国作协书记处书记陈建功看后由衷地赞叹：“水利战线的作家成为我国文学事业重要的生力军，这一前景是可以期待的。” 此文虽在推荐参加鲁迅文学奖时因发表时间不符合要求没被评上，但湖北省作协凭此文破格将李鸿吸收为会员。

李良的《鏖战唐家山》本刊在 2010 年第三期首发后，《中国水利报》选载、《河南水利》连载。后由河南人民出版社出版，河南省政协秘书长、原河南省水利厅厅长王树山为书作序。

2011 年，本刊主编收到靳怀堵的报告文学处女作《悲壮三门峡》一稿时，立即被文章的深度、广度和厚度所打动，决定刊发。但主管刊物的领导认为所写内容过于敏感，担心发表后惹上麻烦，要求编辑部不得贸然行事，稿子一度被搁置。时任中国水利文协副主席王经国听说此事后，要了文稿仔细审读，最终批下“此文可发”四字，于是此文得以在本刊第五期首发，此文在本刊创造了两个先例：一是一篇近八万字的作品一次刊出，在本刊是史无前例的；二是《大江文艺》2011 年第五期因此成为了抢手货，很快被人索要一空，这是办刊 20 多年来从未有过的现象。水利（电力）部原部长钱正英，著名水利专家、长江委原主任魏珽琤，黄委主任陈小江，长江委主任蔡其华，黄委党组成员郭国顺，黄河小浪底水利枢纽局党委书记张善臣等领导、专家阅后都给予了肯定。此文后被《水与中国》连载。2012年由作家出版社出版，中国报告文学学会常务副会长、著名作家黄传会在书的序中写道："《悲壮三门峡》在《大江文艺》刊发后，产生了强烈的反响，从全国政协原副主席、工程院院士钱正英等水利专家，到一般的水利工作者、一般的读者，都表示出了浓烈的阅读兴趣。"第五届徐迟报告文学奖评选中，此书获提名奖，在全国文坛引起关注。

冬如的报告文学《中国有条黄柏河》在《大江文艺》上首发部分章节，《中国报告文学》杂志转载。侯起秀的历史小说《开中河记》《同心记》《堵口记》、赵学儒的报告文学《水往高处流》《南水北调中线工程大移民（河南卷）》、刘铁军报告文学《走进南水北调生命线》、杨马林报告文学《长江警报》《三峡工程正走向现实》《中国切盼普安澜》等都是本刊的亮点。此外，南晴、乔桥、罗张琴、周火雄等人的散文，刘凯南的诗歌，刘军的文学评论也属本刊佳作，在本刊占有一席之地。

本刊也得到人们的厚爱，著名作家徐迟、中国科学院及中国工程院院士潘家铮、原水利部副部长刘宁都曾在本刊发表作品。

30 多年来，《大江文艺》培养出众多水利界的文学骨干，如伍梅、何红霞、蒋彩虹、李卫星、任海青、田军、李哲强等。截至 2020 年底，有近 20 人被推荐参加鲁院高级研讨会学习，208 人成为中国水利作协会员，其中中国作协会员 28 人。

在完成期刊编辑的同时，编辑部人员还利用专业优势，组织出版"中国水利文艺丛书"，至2020年，共出版14辑，100多位作者共出书145本。

今后，《大江文艺》将一如既往地朝更优更强的方向发展。

《中国水利年鉴》向融合发展迈进

李丽艳　李康（中国 水利水电出版传媒集团）

《中国水利年鉴》是水利部主管的大型行业年刊，是政府年鉴，刊载党中央、国务院有关水利的方针政策、法律法规，党和国家领导人的重要论述和指示，汇编国务院水行政主管部门的主要信息，反映水利各项工作的决策、部署、工作要求，具有较强的指导性、权威性和存史价值，由中国水利水电出版传媒集团有限公司编辑出版。

《中国水利年鉴》于 1990 年 4 月创刊，16 开本，每年出版 1 期，至 2020 年已连续出版 30 期。1990 年创刊号，除记载 1989 年的水事外，还追记了 1949 年中华人民共和国成立后至 1988 年历年的重要资料。《中国水利年鉴》紧紧围绕水利中心工作，在刊载党和国家有关水利法律法规和重要文献、全面系统准确记录水利年度发展状况和重要时事、提供我国水利系统最新统计资料和有关信息、指导水利改革发展、典藏水利史籍等方面发挥着重要作用，成为反映全国水利事业发展和记录水利史实、汇集治水管水经验的重要工具书，是反映和记载我国国情、社情和水情、水事的重要载体，是服务水利行业的基础事业，是传承水文化的重要手段，是一部集政策性、宣传性、资料性于一体的水利行业权威刊物。《中国水利年鉴》多次获得中央级年鉴评比、全国年鉴编纂出版质量评比综合特等奖、一等奖和中国年鉴奖等奖项，在水利行业内外具有广泛影响。

自 2015 年李克强总理在第十二次全国人大第三次会议上所作的政府工作报告中首次提出“互联网+”行动计划以来，各行各业都乘着这股东风掀起了一场网络化革命，为更便捷、更智慧的生活环境和生活方式的出现提供了可能。史、志、鉴的编撰工作自古以来就是记载历史和变革的重要方式，而在如今大数据、云计算的潮流中，如何让年鉴的编撰工作顺势而为、博采众长，既体现传承又富有创新，是所有年鉴工作者思考的重点。

一、传统的编纂方式束缚了新时代年鉴事业的发展

《中国水利年鉴》是一部专业性较强的行业年鉴，多年来，编辑部一直努力做好传承工作。但在实际工作过程中，也因此受到了一定的束缚，主要体现为以下几点。

（一）特约编辑和撰稿人流动性大

由于《中国水利年鉴》的特约编辑和撰稿人主要为水利部机关、各省（自治区、直辖市）水利（务）厅（局）和流域机构的工作人员，受工作性质的影响，人员流动性比较强。又因为他们大多数身处行政机关，年鉴的编撰工作只是他们日常工作非常小的部分，导致人员变动后忽视了与编辑部的交接，每年都需要单独花时间和精力去重新联系特约编辑，并更新他们的联系方式，甚至可能会因为与某一位特约编辑失去联系，出现与整个单位中断联系，无法及时获取到稿件的情况。

（二）撰稿部门地域分散，收发稿件滞后问题突出

《中国水利年鉴》的特约编辑和撰稿人分散在我国很多城市，在采取邮寄稿件的方式下，会受到很多不确定性因素的影响，导致稿件的滞后问题十分突出，严重影响了出版时间和进度。即使有发送电子邮件的方式发送电子版作为补充，也存在很多单位忘记发送或者发送错误的情况，影响年鉴出版的进度。另外，由于依赖盖章的纸质版原稿，也存在无法随时提取审阅的问题。

（三）原稿质量参差不齐，标准有待统一

虽然《中国水利年鉴》已经出版多年，统一的栏目和基本的条目名称已经定型，但由于特约编辑的流动性和工作的特殊性，有些特约编辑提交上来的稿件并未按照统一的撰写格式和要求撰写，编辑部在处理这些稿件的时候还需要重新花时间去统一体例格式。

（四）栏目条目数量众多，清点稿件工序烦琐

《中国水利年鉴》的条目数量众多，而且分布的规律性并不是特别强，有些规律只有经验丰富的老编辑才知晓。这主要是由于稿件是按照单位发送过来的，但统稿却是按照业务分类来完成的，很多业务工作在不同的单位间是有交叉的；而有一些业务工作量比较少，需要将这部分内容与其他业务内容整合。因此，不论是在排版、发稿还是在与各个特约编辑的稿件来往过程中，都会出现比较繁杂的工序，容易出错。

二、定制个性化的年鉴协同编纂系统

鉴于上面四个问题，我们大胆尝试，一个定制化的协同编纂平台已经上线运行。通过此平台，可以解决稿件收发、统稿、与作者联系等一系列问题。目前，一些非常棘手且极其耗时的工作可以通过定制化的平台顺利解决。具体的平台框架包括以下内容。

（一）实名制认证的登录系统

不管是编辑部的主任、责任编辑还是特约编辑，都需通过实名认证的方式注册和登录系统（或者是按单位信息注册）。这样，即使出现人员变动的情况，只需将账号密码传递给接任的同志，不需要重新通过其他方式特意建立联系，避免了可能出现的信息中断情况。

（二）针对不同角色的多样化用户界面

按照实名的方式登录系统之后，不同身份的人员会看到不同的界面。特约编辑界面的版块大致包括原稿上传、人员信息登记、校样下载、校样上传等。需要注意的是，上传的任何稿件都需要盖章或者特约编辑签字才视为生效。编辑部普通责任编辑的界面大致包括原稿下载、稿件线上编辑加工（也可以选择打印后加工）、校样下载、稿件打印、稿件状态查询、稿件传送等。而编辑部主任的界面则不仅需要具备普通责任编辑的功能，还应该要看到所有征稿函和所有校次稿件的收发和加工进展情况，以及随时调用阅读和编辑的功能。在这个功能的帮助下，可以免去繁琐的收发稿件步骤，也可以节省时间，准确地掌握年鉴的进度情况。

（三）灵活多变的合并与拆分功能

由于年鉴的栏目条目众多，与供稿单位的对应关系也较为复杂，所以需要一个灵活智能的合并与拆分功能。具体表现为编辑部主任和责任编辑的界面中应该存在一个按照栏目列好的空白版本，他们可以针对接收到的稿件，将这个稿件按照条目或者栏目导入到对应的栏目中，再通过合并就能形成年鉴的全文。同样，也可以将已排版的校样按照同样的拆分方式发放给各个特约编辑审校。合并和拆分的稿件应该是在所有编辑的界面中都能看到的，这样编辑部的每个成员都能清楚地知道稿件的哪些部分已经完成了，哪些部分还没有完成，避免了分工不明确和重复工作的情况出现。另外，针对特约编辑信息的变更，也需要通过合并功能来统计。

（四）完善的信息统计模块

信息统计模块主要是针对人员变动的情况设计的。在人员变动的情况下，不仅造成联系上不方便，而且可能会给稿费发放的工作增加麻烦。如果有了完善的信息统计模块，每年征稿函发放期间，各个特约编辑登录系统后就可以在人员信息登记板块查验各自的信息，如果没有变动就可以直接上传，如果出现了变动就更改后再上传。上传到编辑部的人员信息也通过合并功能，再加上对应的供稿信息（如字数等），合并成财务部门可以直接使用的统计表，这样可免去稿费发放时重复的信息收集工作，加快工作进度。

（五）流畅的协同编辑功能体验

对于编辑部最主要的三审四校环节，也可以直接在系统中完成，或者选择仍然按照以纸质版为主，在系统中记录和标记的方式完成。编辑部成员可以下载合并好的原稿件，打印后进行加工，或者直接由编辑部主任在系统中分好工，在线完成。针对《中国水利年鉴》的情况，我们选择了后一种，即在线完成编辑加工和复审，合稿后打印发给终审。整个过程通过协同编辑的功能，与各个特约编辑随时联系，解决书稿中各个环节的问题，提高了工作效率。

（六）MOOC 课程共享计划

针对不同水平的特约编辑，以及人员流动性的问题，对于年鉴编撰技能的培训和提升也是保证年鉴质量至关重要的环节。日常的 QQ 群、微信群交流可能过于碎片化，而集中性的培训对于时间和人员的要求也难以统一。因此，我们请资深的老师录制课程，编辑部将其上传到系统中，各位特约编辑都可以在登录后在线观看或下载，而他们的学习情况也可以在编辑部主任的系统中查阅到。这样可以在一定程度上实现标准的统一和保证稿件质量。

除此之外，系统还可以快速而准确地生成索引。借助这个平台，可以通过构建索引功能快速导出索引，节约了传统制作索引所花费的时间和精力。

目前，年鉴界正在快速而迅猛地发展。据不完全统计，2019 年出版的年鉴数量超过 8000 种，而每一种年鉴都在发展中求突破。《中国水利年鉴》也在尝试借助热点问题，扩大公众参与度，适时开创增刊，2020 年卷开设了增刊“水利文学艺术卷”。

三、数据库上线

《中国水利年鉴》是水利行业的智慧结晶和资料宝库，为充分发挥其对于各级水行政主管部门，对于水利建设、管理、设计、科研、教育等单位的重要参考价值和指导作用，《中国水利年鉴》数据库已正式上线。该数据库对 1990 年至今的纸质版年鉴内容资源进行了数字化处理，并通过梳理整合，实施多维度展示，不仅具有资料查阅的功能，还有统计分析的功能，为广大读者提供了数据支撑和服务，丰富了传统的年鉴业态，迈出了年鉴信息化建设的坚实步伐。数据库设置了“综合治理”“江河治理”“地方水利”三大模块，各模块下设细分条目。用户既可以按年度、类别等快速便利地选取需要了解的水利年鉴资料，又可以通过历年对比功能，清晰了解水利发展历程和脉络，使年鉴的实用性和存史性两大特点得到进一步呈现和加强。

四、创建微信公众号

为了宣传《中国水利年鉴》，加强与相关单位的工作联系，树立年鉴品牌，延伸拓展更多业务方向，《中国水利年鉴》编辑部创建了“品水品鉴”微信公众号。

公众号栏目设置

栏目	子菜单	内容
专题推荐	重要通知	组稿通知
	数字年鉴	查询服务
	最新资讯	年鉴工作会新闻、来稿情况
	品水品文化	水科普、水文化、水教育、水知识
互动中心	热点活动	有奖赠书
	年鉴交流	年鉴文章
	品鉴商城	京东、当当自营店
关于我们	年鉴编辑部	年鉴工作介绍
	文章投稿	年鉴类、水文化类
	商务合作	增刊、专刊，广告等
	联系我们	电话、QQ、邮箱

“品水品鉴”微信公众号通过丰富的表现形式，将年鉴内容进行展示，实现音频和视频的跨媒体链接，将声音和动态画面，通过浏览器在网上浏览、检索，提高年鉴的使用率；实现年鉴信息的实时发布，编辑将经过严格核实和加工整理的最新情况及相关资料，定期、分批上网发布，以促进年鉴的及时发布和出版，及时报道年度最新动态；实现与读者互动，收集读者的个性化需求，创新栏目、调整内容结构、丰富年鉴表现形式，最终达到能为读者提供专题性、个性化咨询服务，满足用户对年鉴工作以及水利方面的知识与信息的需求。

每条信息发布前都由编辑撰写人员对信息进行初审定稿，确保信息无误后提交文字及图片素材，由后台管理员进行编辑排版检查后，向部门负责人发送图文预览进行审核后，管理员进行正式发布。

微信二维码

《中国防汛抗旱》的前世今生

《中国防汛抗旱》编辑部

一、历史沿革

《中国防汛抗旱》前身为《防汛与抗旱》，1990 年 7 月 15 日由国家防汛总指挥部办公室和中国水利学会减灾研究会创办，为内部刊物，季刊；2004 年改名为“中国防汛抗旱”，仍为内部资料、季刊；2007 年改由中国水利学会主办，中国科学技术协会主管，由内部刊物转为公开发行，双月刊；2018 年变为月刊。截至 2020 年 10 月，已出版 173 期。

二、创办背景

1989 年汛后，国家防办派人去四川省万县市（现重庆市万州区）调研，一位防汛老专家提出：现在很多部门都有自己的宣传“喉舌”，防汛抗旱工作如此重要，却没有自己的刊物，十分遗憾。1990 年，国家防办决议创办《防汛与抗旱》杂志。1990 年 7 月，《防汛与抗旱》（内部刊物）创刊，由国家防办和中国水利学会减灾专业委员会主办，时任国务院副总理、国家防总总指挥田纪云题写了刊名，时任国家防总副总指挥、水利部部长杨振怀和时任国家防总副总指挥、国务院副秘书长李昌安题词祝贺创刊。

貫徹水法 依靠群众

減輕災害 造福人民

祝贺"防汛与抗旱"杂志创刊

楊振懷

一九九〇.五.十四.

时任国家防总副总指挥、水利部部长杨振怀题词

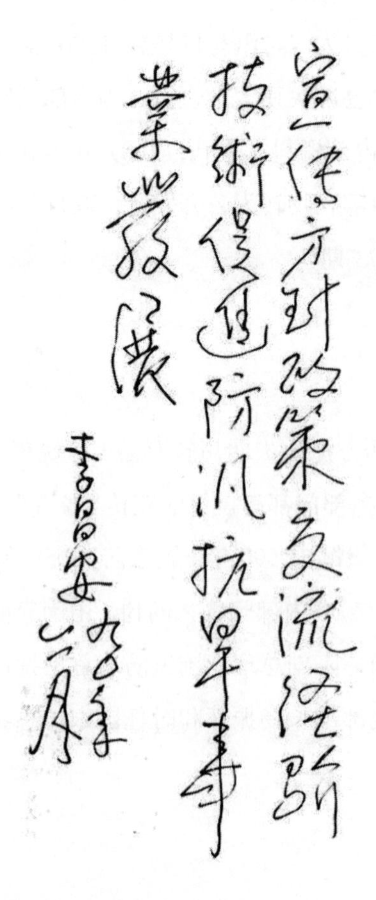

时任国家防总副总指挥、国务院副秘书长李昌安题词

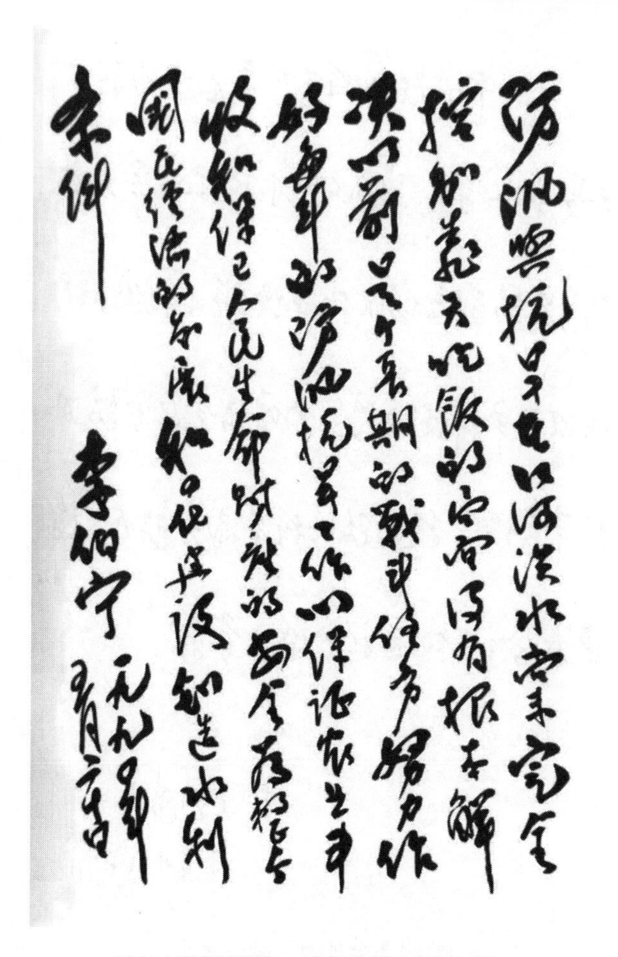

时任水利部副部长、党组副书记李伯宁题词

2007 年，在时任国务院副总理回良玉的关心支持下，《中国防汛抗旱》被国家新闻出版总署批准为公开发行的科技期刊。

《中国防汛抗旱》创刊词写到:“在防汛抗旱斗争中应运而生的《防汛与抗旱》，作为国家防汛抗旱总指挥部办公室的机关刊物和中国水利学会减灾研究会的会刊，将成为宣传党和国家防汛抗旱方针政策的喉舌，反映全国防汛抗旱成就的窗口，交流防汛抗旱经验技术的园地，研究减轻水旱灾害对策的论坛，联系全国防汛抗旱战线职工的纽带……”

《中国防汛抗旱》杂志要以科学发展观为指导，深入研讨防汛抗旱方略，认真总结交流防汛抗旱经验，积极推广防汛抗旱科技知识，为增强全社会防汛抗旱意识，提高防汛抗旱减灾能力，构建社会主义和谐社会做出贡献。

回良玉
元月廿八日

时任国务院副总理回良玉题词

三、办刊成就

30年来，《中国防汛抗旱》一直在履行30年前的庄严承诺，践行办刊宗旨。翻开一本又一本纸张已经泛黄的杂志，宛如穿过了时光隧道，一个个重要节点、重大事件、关键人物，凝固成一篇篇激昂的文字、一幅幅珍贵的照片，它们忠实记录了中国防汛抗旱事业波澜壮阔的变迁，也清晰折射出防汛抗旱工作者守望初心的奋斗足迹。30年来，在每一个历史时刻，每一个重大防汛抗旱现场，每一项重大水旱灾害主题，《中国防汛抗旱》几乎都能及时反映，以文字为刀、以纸为碑，镌刻下我国防汛抗旱事业的改革史、发展史。

新中国防汛抗旱 50 年、60 年专辑

当前，舆论生态、传播格局、传播方式正在发生着深刻变化，《中国防汛抗旱》也面临着严峻而现实的考验。《中国防汛抗旱》正稳步推进纸刊的改革，努力实践纸刊历史记录者的使命，不断提升公信力；《中国防汛抗旱》正加快推进媒体深度融合，努力抢占信息传播的制高点，不断提升时效性和影响力。

近年《中国防汛抗旱》期刊

站在新的起点，《中国防汛抗旱》将不忘初心再出发，与新的时代同行，创造出无愧于新时代的新业绩！

微信二维码

《水利科技与经济》重视介绍水利新著

刘越男　周琳博（水利科技与经济编辑部）

《水利科技与经济》1995 年创刊，现由哈尔滨市水利技术服务中心（原哈尔滨市水务科学研究院，因机构改革更名）主办，哈尔滨市水务局主管。创刊时为季刊，48 页。2004 年改为双月刊。2005 年改为月刊，延用至今，页码增至 120 页。

多年来，本刊践行没有功利目的的办刊理念和正确的写作目的，倡导中国近现代水利事业垫基人李仪祉先生“在工棚里燃烛读书写作”的精神，弘扬严谨求实创新诚信的学风和文风，坚守洁身自律的编辑操守和勤俭办刊精神，取得了较好的社会效益。

本刊现被中国核心期刊（遴选）数据库、中国学术期刊（光盘版）、维普网以及美国《剑桥科学文摘》（CSA）数据库、俄罗斯《文摘杂志》（AJ）数据库等收录。据了解，国内 120 种水利科技期刊中被俄罗斯《文摘杂志》（AJ）数据库收录的不到 20 种，本刊是其中 1 种。

基于多年的办刊实践，有两点认识跟同行们交流。

一、论作发表平台向老少边穷省区倾斜

近几年，本刊陆续刊发了新疆、贵州、云南、甘肃、青海、宁夏、西藏等老少边穷省区论文，特别是刊发的新疆论文逐年增多。新疆维吾尔自治区属边陲省区，该区尚无公开发行的水利科技期刊。而黑龙江省虽也属边陲省份，却拥有本刊、《黑龙江水利科技》和《水利科学与寒区工程》3 种水利科技期刊，因此本刊在发稿方面，向新疆科研论作予以适当倾斜。新疆和黑龙江同属寒区，可以相互

借鉴学习。

经初步统计，2018 年共刊发新疆论文 31 篇，占论文总数的 15.3%；2019 年共刊发新疆论文 24 篇，占论文总数的 13.2%；2020 年共刊发新疆论文 68 篇，占论文总数的 28.9%；2021 年共刊发新疆论文 53 篇，占论文总数的 19.5%。所发新疆论文质量也逐年提高，如 2018 年 4 期《克拉玛依市水资源供需分析》（王鹏）、2018 年 6 期《库水位骤降下某均质坝除险加固后稳定性态评价》（阿布都卡地尔・阿布都克拉木）、2018 年 7 期《伊宁县低山区草地覆盖主控立地因子研究》（苏悦）、2019 年 1 期《新疆伊宁县暴雨洪水发生的时空特征及致灾因素研究》（罗湘）、2019 年 7 期《干旱区平原水库防蒸发节水控盐及效益分析》（韩克武）、2019 年 8 期《水垫塘底板稳定水力要素的试验研究机数值模拟》（张康）、2020 年 6 期《新疆严寒地区某水电站浇筑式沥青混凝土心墙坝的设计》（廖腾耀）、2020 年 7 期《新疆叶尔羌河苏盖提吐乎防洪工程洪水特征分析》（麦麦提明・依比布拉）、2020 年 11 期《玛纳斯流域水土流失生态变化的遥感评估》（侯进平）、2021 年 8 期《旱区盐碱地膜下滴灌棉田土壤水盐运移特性研究》（焦文娟）、2021 年 9 期《基于主成分与多元线性回归分析的新疆兵团第八师灌溉用水有效利用系数影响因素》（王丽）、2021 年 11 期《基于变量迭代空间收缩法的土壤有机质含量高光谱快速检测》（王飞）等。

新疆作者投稿踊跃，这份肯定与信任鼓舞和激励着本刊所有编审人员，让我们尽最大所能为新疆及边远省份展示水利工作成就搭建平台，为工作在老少边穷省区的广大水利科技工作者提供沟通交流机会，为老少边穷省区水利事业发展加油助力。

二、把《书刊评介》栏目办成公益性栏目

国内现有中国水利水电出版社、河海大学出版社、黄河出版社、三峡大学出版社，每年出版新书、教材等不下几百种。本刊应基层水利工程技术人员的要求，创办《书刊评介》栏目。已刊出介绍《中国水利百科全书》的《没有围墙的大学》（2009 年第 10 期）、《大连理工大学博士生导师陈守煜教授的〈可变模糊集理论

与模型及其应用〉出版》（2011 年 12 期）、《170 万字辉煌巨著〈同位素水文学〉出版》（2013 年第 8 期）、《河海大学百年校庆丛书简介》（2017 年第 1 期）、《南京水科院博士生导师刘国纬的〈江河治理的地学基础〉等江河三部曲介绍》（2018 年第 2 期）、《中国农业大学博士尹北直〈李仪祉与中国近代水利事业发展研究〉介绍》（2021 年第 1 期）等，颇受读者好评。因为不收取任何费用，免费宣传，格外受到读者和作者的重视和欢迎。

亲历《河海大学学报》（社科版）的创办

蔚天骄

1995年，河海大学成立了人文学院及其他社科类学院，标志着学校从以往单一的工科院校向多科性大学发展，人文社会科学迎来了发展的新机遇，学校人才培养的观念更具有开放性。从学科特点看，水利从来都不限于单纯的工程技术领域，治水、管水总是与历史传统、社会经济、地理环境、人文文化密切相关。河海大学将人文社会科学与水利科学技术融汇结合，无论对于水利人才的培养还是水利工程的实践，都起到了积极的促进作用。

人文学院教师精神振奋，要在教学和学术研究方面努力做出成绩，为建设高水平多科性大学做出应有的贡献。当时我担任人文学院副院长，分管科研、研究生教育等工作，但学科建设存在一个明显的短板——发表学术论文数量不多。教师们普遍反映：本校缺少发表阵地，是一个明显的制约性瓶颈。学院领导和教师一致认为：有了学术刊物，能够激发教师学术研究的热情和积极性，进而促进河海大学人文社会科学的建设，逐渐形成河海特色的文科学术。人文学院对申请创办《河海大学学报》（社会科学版）积极性很高，认真调研了全国理工农医类高校创办文科学报的信息，搜集了十多份同类高校的资料。专门向学校领导呈文，希望创办社科版学报。学校领导对此非常重视，积极支持。《河海大学学报》（自然科学版）等科技期刊已有成熟的办刊经验和良好的学术声望，学校领导希望人文学院与科技期刊编辑部共商刊物创办工作。当时的期刊编辑部主任商学政教授热情支持，精心指导。学校高教所主办的《高等教育专辑》（内刊）也积极支持，人文学院在《高等教育专辑》基础上编辑印刷了《河海大学学报》（社会科学版）（内刊），为申报创办学报（社会科学版）准备了相应的资料。

1996年，我从相关途径获得一个信息：全国理工科高校将增设一批文科学报，这是一个大好机遇，一定要及时抓住。暑假中，人文学院向学校递交了创办学报（社会科学版）的请示，本人还执笔起草了呈送水利部的公文稿，学校领导在批示中表示支持。当时的申报程序是，河海大学向主管部门水利部申报，获准后，由水利部向国家新闻出版总署递交材料。在学校领导部署下，1996年冬，商学政教授、高教所负责人黄丽妙老师和我一起去北京，向水利部相关部门递交办刊申请和有关支撑材料，水利部相关部门也表示一定积极支持，及时向国家新闻出版总署报送。

1997年，我校申请创办《河海大学学报（哲学社会科学版）》获得批准。当时的公文张贴在校办的布告栏里，看到的人无不欢欣鼓舞。人文学院很多教师表示："这是值得庆祝的大喜事！"当年，全省理工科高校获得文科学报办刊批准的只有三家：河海大学、东南大学、南京理工大学。我校创办社会科学版学报是走在前列的，省内和国内很多同类高校的文科学报，比我校晚了好多年。

紧接着，学校部署招聘编辑人员，成立工作班子，组织编辑委员会，聘请校外专家担任特约编委。编辑部工作人员到位后，紧锣密鼓开始工作，从"一张白纸"开始，一方面组稿，联系审稿专家，建立不同学科的审稿队伍；同时"从实践中学习"，开始编辑稿件，设计封面、确定文面格式规范。1999年顺利出版了第一期《河海大学学报（哲学社会科学版）》。《河海大学学报（哲学社会科学版）》拓展了河海大学的学术影响力，其中"纪念张闻天诞辰100周年"专辑成为中央召开的有关会议文件之一。

回首往事，《河海大学学报（哲学社会科学版）》的创办得益于天时、地利、人和。国家政策和机遇是"天时"，校领导的重视和大力扶持、水利部的支持是"地利"，有人积极为这项工作全力以赴、相关部门通力合作是"人和"。三项有利条件形成“合力”,《河海大学学报（哲学社会科学版）》得以成功创办。经过 22 年的不断发展，现已成长为一棵枝叶茂盛的大树。

微信二维码

《中国水利水电科学研究院学报》成长为双核心期刊

《中国水利水电科学研究院学报》编辑部

《中国水利水电科学研究院学报》（以下简称《中国水利科院学报》）是由水利部主管、中国水利水电科学研究院（以下简称中国水科院）主办的综合性学术刊物，是全国中文核心期刊和中国科技核心收录期刊。在它的“双核心”发展历程中，共经历了以下三个阶段。

一、试刊阶段（1997—2002年）

学报于1997年开始作为院内部学术刊物进行试刊。时任院长梁瑞驹撰写了学报试刊发刊词。在试刊发刊词中指出了办刊的本意是通过学报在水利水电领域为全世界、全社会的知识、信息的积累和更新做出贡献。

试刊期间共出版了9期期刊，其中1997—1999年各2期，2000—2002年各1期。

试刊阶段虽发表论文数量不多，但不乏高质量的论文，许多老院士、老专家纷纷为学报撰稿，如林秉南院士、汪闻韶院士、陈厚群院士、朱伯芳院士、韩其为院士、陈祖煜院士、张有天教高、周魁一教高、陈惠泉教高、刘杰教高、周文浩教高、梁瑞驹院长、高季章院长、许国安教高、何少苓教高等等，试刊阶段的这些高质量论文不仅奠定了《中国水科院学报》的学术风格，而且大大提升了《中国水科院学报》的学术影响，同时还促进了中国水科院的内部学术交流，也展示了中国水科院的科技进展和学术观点。

《中国水科院学报》试刊（1997 年第 1 期）封面

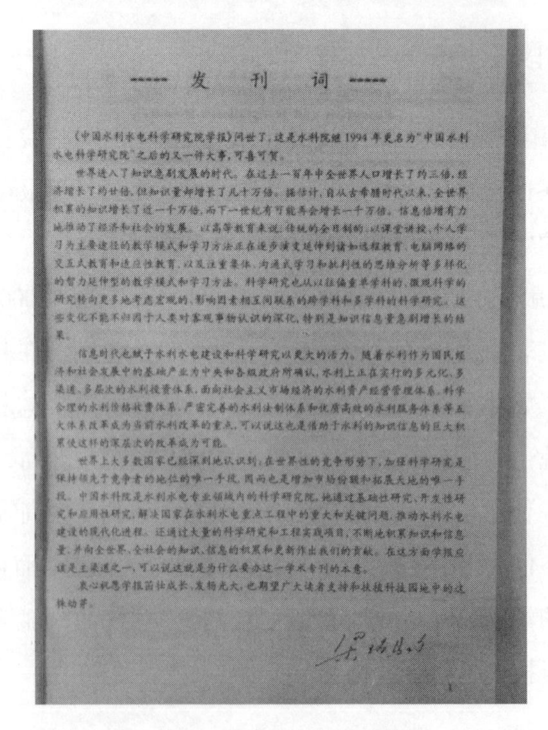

—— 发 刊 词 ——

《中国水利水电科学研究院学报》问世了，这是水科院继 1994 年更名为"中国水利水电科学研究院"之后的又一件大事，可喜可贺。

世界进入了知识急剧发展的时代。在过去一百年中全世界人口增长了约三倍，经济增长了约廿倍，但知识量却增长了几十万倍。据估计，自从古希腊时代以来，全世界积累的知识增长了近一千万倍，而下一世纪有可能再会增长一千万倍。信息经增有力地推动了经济和社会的发展。以高等教育来说，传统的全日制的、以课堂讲授、个人学习为主要途径的教学模式和学习方法正在逐步演变延伸到诸如远程教育、电脑网络的交互式教育和适应性教育，以及注重集体、沟通式学习和批判性的思维分析等多样化的智力延伸型的教学模式和学习方法。科学研究也从以往偏重单学科的、微观科学的研究转向更多地考虑宏观的、影响因素相互间联系的跨学科和多学科的科学研究。这些变化不能不归因于人类对客观事物认识的深化，特别是知识信息量急剧增长的结果。

信息时代也赋予水利水电建设和科学研究以更大的活力。随着水利作为国民经济和社会发展中的基础产业为中央和各级政府所确认，水利上正在实行的多元化、多渠道、多层次的水利投资体系，面向社会主义市场经济的水利资产经营管理体系，科学合理的水利价格收费体系，严密完善的水利法制体系和优质高效的水利服务体系等五大体系改革成为当前水利改革的重点。可以说这也是借助于水利的知识信息的巨大积累使这样的深层次的改革成为可能。

世界上大多数国家已经深刻地认识到，在世界性的竞争形势下，加强科学研究是保持领先于竞争者的地位的唯一手段，同而也是增加市场份额和拓展天地的唯一手段。中国水科院是水利水电专业领域内的科学研究院，她通过基础性研究、开发性研究和应用性研究，解决国家在水利水电重点工程中的重大和关键问题，推动水利水电建设的现代化进程。还通过大量的科学研究和工程实践项目，不断地积累知识和信息量，并向全世界、全社会的知识、信息的积累和更新作出我们的贡献。在这方面学报应该是主渠道之一，可以说这就是为什么要办这一学术专刊的本意。

衷心祝愿学报茁壮成长，发扬光大，也期望广大读者支持和扶植科技园地中的这株幼芽。

1

由时任院长梁瑞驹撰写的《中国水科院学报》试刊发刊词

中国水利水电科学研究院学报

JOURNAL OF CHINA INSTITUTE OF WATER RESOURCES AND HYDROPOWER RESEARCH

1997年 第1期 （试刊）

目 录

发刊词……梁瑞驹(1)
高拱坝抗震安全关键技术问题……陈厚群(3)
高碾压混凝土重力坝层面扬压力研究……张有天 刘 中 陈 平(10)
论边坡稳定分析Sarma法中条块间作用力方向的两种可能性……陈祖煜(19)
拱坝的多拱梁非线性分析……朱伯芳 贾金生 栾 丰(27)
三峡工程三期碾压混凝土围堰拆除时的涌浪过程初步研究……陆吉康 李小佩 李冬敏(34)
洪水灾害的双重属性及其实践意义……周魁一 谭徐明(45)
复杂水工结构网格离散的可分域切割法原理……李玉春 陈嘉华 黎利兵 张世建(53)
火/核电厂废热排放的研究……陈惠泉 黄壮泰 曾 平(62)
收缩流道中沙粒磨损试验研究……余江成 姚启鹏 黄社华(70)
H9000水电站计算机监控系统……王德宽(79)
低压输水管道防冻害及适宜埋深试验研究……金永堂 刘群昌 张秋堂 李旭洲 张 旭 马学军(84)
对抗滑桩埋深设计方法的探讨……孙东亚 陈祖煜 徐千军 高广淳 廖忠刚(92)
卫星通信在水情自动测报系统中的应用……田秋生 孙增义 吴 跃(98)

主办 中国水利水电科学研究院 主编 张泽祯
编辑 《中国水利水电科学研究院学报》编辑室
（100044 北京车公庄西路20号） 印刷 北京巨方印刷厂

1997年第1期试刊目录

二、创刊阶段（2003—2012年）

在历经了6年的内部试刊后，办刊经验和办刊条件逐步臻于成熟，《中国水科院学报》于2003年正式创刊，不再是水科院内部刊物，而是变成了面向全国并主要刊登水利水电领域较高学术水平的学术论文、专题综述和工程技术总结，同时针对水利学科前沿问题开展讨论和评论并介绍国内外相关领域科技动态的公开发行的正式刊物。同时特色鲜明地确定了论文刊登的专业方向，主要为水文及水资源、水灾害与水安全、环境水利、农田水利、水力学、河流动力学及泥沙研究、岩土力学及地基基础、水工结构及材料、水力机电、水信息、水利经济、水利史等方面。

在《创刊词》中时任院长高季章写道："我对本刊的问世抱有深深的期待，同时也希望我院的广大专家、学者，特别是年轻的科技工作者坚持严谨的学风，更加勤勉、努力，共同把本刊办好。"

《中国水科院学报》创刊封面（2003 年第 1 期）

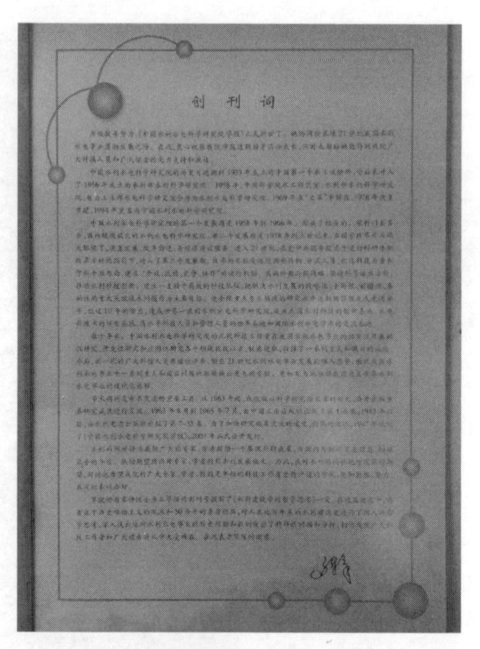

创 刊 词

时任院长高季章撰写的《中国水科院学报》创刊词

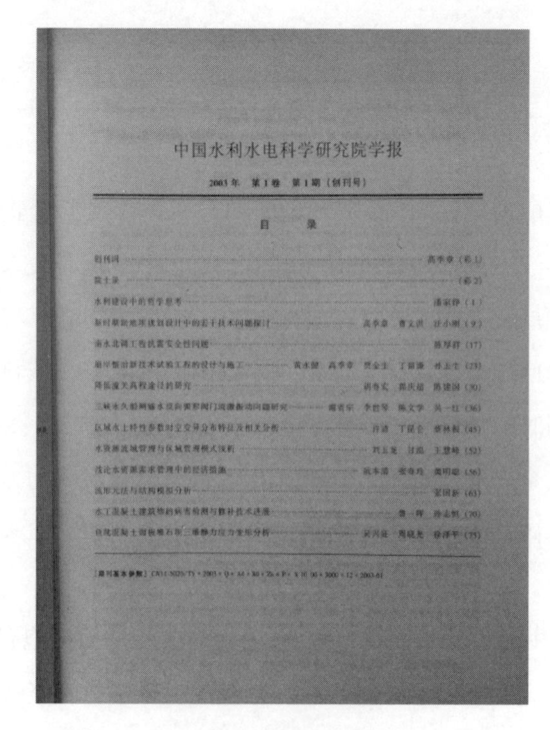

中国水利水电科学研究院学报

2003 年 第 1 卷 第 1 期（创刊号）

目 录

创刊词 …… 高季章（彩 1）
院士录 ……（彩 2）
水利建设中的哲学思考 …… 潘家铮（1）
南水北调工程抗震安全性问题 …… 陈厚群（17）

2003 年第 1 期试刊目录

在创刊号上，潘家铮院士撰写了《水利建设中的哲学思考》一文。在这篇论文中，潘家铮院士基于历史唯物主义的观点和50余年的亲身经历，对人类近百年来的水利建设史进行了深入的哲学思考，深入浅出地对水利水电事业的历史经验和教训作出了精辟的回顾和分析，直到今天很多的科技工作者和读者都还能从此文中受到启发并大受裨益。

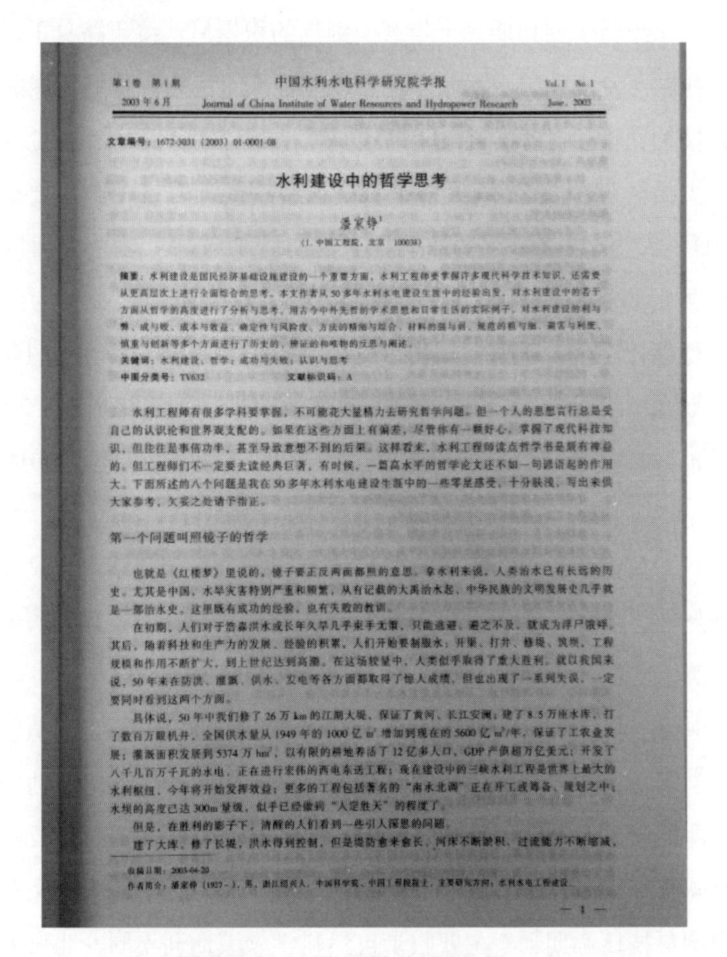

第1卷 第1期 中国水利水电科学研究院学报 Vol.1 No.1
2003年6月 Journal of China Institute of Water Resources and Hydropower Research June，2003

文章编号：1672-3031（2003）01-0001-08

水利建设中的哲学思考

潘家铮[1]
（1. 中国工程院，北京 100038）

摘要：水利建设是国民经济基础设施建设的一个重要方面，水利工程师要掌握许多现代科学技术知识，还需要从更高层次上进行全面综合的思考。本文作者从50多年水利水电建设生涯中的经验出发，对水利建设中的若干方面从哲学的高度进行了分析与思考，用古今中外先哲的学术思想和日常生活的实际例子，对水利建设的利与弊、成与败、成本与效益、确定性与风险度、方法的精细与综合、材料的强与弱、规范的粗与细、谦虚与利度、慎重与创新等多个方面进行了历史的、辩证的和唯物的反思与阐述。

关键词：水利建设；哲学；成功与失败；认识与思考
中图分类号：TV632 文献标识码：A

水利工程师有很多学科要掌握，不可能花大量精力去研究哲学问题。但一个人的思想言行总是受自己的认识论和世界观支配的。如果在这些方面上有偏差，尽管你有一颗好心，掌握了现代科技知识，但往往是事倍功半，甚至导致意想不到的后果。这样看来，水利工程师读点哲学书是颇有裨益的。但工程师们不一定要去读经典巨著，有时候，一篇高水平的哲学论文还不如一句谚语起的作用大。下面所述的八个问题是我在50多年水利水电建设生涯中的一些零星感受，十分肤浅，写出来供大家参考，欠妥之处请予指正。

第一个问题叫照镜子的哲学

也就是《红楼梦》里说的，镜子要正反两面都照的意思。拿水利来说，人类治水已有长远的历史。尤其是中国，水旱灾害特别严重和频繁，从有记载的大禹治水起，中华民族的文明发展史几乎就是一部治水史。这里既有成功的经验，也有失败的教训。

在初期，人们对于浩淼洪水或长年久旱几乎束手无策，只能逃避，避之不及，就成为浮尸饿殍。其后，随着科技和生产力的发展，经验的积累，人们开始要制服水：开渠、打井、修堤、筑坝，工程规模和作用不断扩大，到上世纪达到高潮。在这场较量中，人类似乎取得了重大胜利。就以我国来说，50年来在防洪、灌溉、供水、发电等各方面都取得了惊人成绩，但也出现了一系列失误，一定要同时看到这两个方面。

具体说，50年中我们修了26万km的江湖大堤，保证了黄河、长江安澜；建了8.5万座水库，打了数百万眼机井，全国供水量从1949年的1000亿m^3增加到现在的5600亿m^3/年，保证了工农业发展；灌溉面积发展到5374万hm^2，以有限的耕地养活了12亿多人口，GDP产值超万亿美元；开发了八千几百万千瓦的水电，正在进行宏伟的西电东送工程；现在建设中的三峡水利工程是世界上最大的水利枢纽，今年将开始发挥效益；更多的工程包括著名的“南水北调”正在开工或筹备、规划之中；水坝的高度已达300m量级，似乎已经做到“人定胜天”的程度了。

但是，在胜利的影子下，清醒的人们看到一些引人深思的问题。

建了大库，修了长堤，洪水得到控制，但是堤防愈来愈长，河床不断淤积，过流能力不断缩减，

收稿日期：2003-04-20
作者简介：潘家铮（1927－），男，浙江绍兴人，中国科学院、中国工程院院士，主要研究方向：水利水电工程建设。

— 1 —

潘家铮院士《水利建设中的哲学思考》一文

随着数字化和网络化时代的来临，2010年《中国水科院学报》引进了远程稿件处理系统；采用了远程审稿系统后，内容生产过程实现了全数字化，不仅改变了传统的投审稿流程和办公方式，还大大缩短了审稿和录用周期；2011年编辑部

制定了《编辑部网站数据备份方法（试行）》，并纳入编辑部运行流程中；2012 年实现了纸质期刊与数字期刊同步出版。

三、核心收录阶段（2013 年至今）

2013 年《中国水科院学报》首次入选“中国科技核心期刊”，标志着《中国水科院学报》在经历了创刊期“十年磨一剑”的积累后，终于跻身于水利学科科技期刊的前列，也使《中国水科院学报》逐步迎来了稳定并快速发展的时期。

作为科技期刊评价体系，中国科学技术信息研究所的“中国科技核心期刊”在业界有较大的认可和知名度。“中国科技核心期刊”以《中国科技论文与引文数据库》为基础，采用科学可观的研究方法与评价方式，遴选中国自然科学领域各个学科类别的重要期刊作为统计来源期刊，以文献引文数据为依据，选择多项指标进行综合筛选，再根据期刊论文引用情况列出排名顺序。每年发布《中国科技核心期刊引证报告》，所以能较客观地反映期刊的当年情况。2013 年《中国水科院学报》被收录到“中国科技核心期刊”“工程技术”学部中的“水利工程”学科。

2014 年《中国水科院学报》首次尝试将远程审稿平台与学术会议征文进行协同合作，使会议论文快速便捷地进行筛选和审稿。《中国水科院学报》远程审稿平台当年为“第十二届青年学术交流会”提供投稿审稿服务。

2015《中国水科院学报》又首次入选了“全国中文核心期刊”，从此进一步跻身具有鲜明学术特色和国内水利行业具有重要影响力的“双核心期刊”行列。“双核心期刊”即期刊界普遍认可的“全国中文核心期刊”与“中国科技核心期刊”。两者均能反映与某一专业有紧密联系的期刊，但在概念上、内容上又有一定的区别。与“中国科技核心期刊”主要收录自然科学领域期刊不同，北京大学图书馆发布的“全国中文核心期刊”包括社会（人文）科学和自然科学两大类，采用多指标综合筛选的方法，制定出核心期刊排名表，但整体上收录的自然科学类期刊数量少于“中国科技核心期刊”。

随着《中国水科院学报》入选“双核心期刊”，来稿数量和质量大大提升，《中国水科院学报》刊期在 2015 年由季刊改为双月刊，并且还通过远程审稿平台为“第七届水力学与水利信息学大会”提供了投稿审稿服务，也进一步扩大了自身的宣传和业界知名度。

《中国水科院学报》近几年来连续每年策划组织一期特色专刊。如 2017 年策划出版了“离心模拟试验技术在岩土工程中的应用”专刊；2018 年策划出版了中国水利水电科学研究院组建 60 周年专辑；2019 年针对我国防洪抗旱减灾的成就和最新进展出版了防洪抗旱减灾专辑；2020 年策划出版了反映新中国成立 70 年来新疆水利科技进展的“新疆水利专辑”；2021 年密切跟进中国水科院“五大人才”资助计划和最新科研成果，策划组织了“五大人才专刊”。这些专刊的出版既介绍了水利学科中某一方面的重大成就和进展，也扩大了《中国水科院学报》的学术影响力。

经过厚积薄发，《中国水科院学报》在水利期刊中的影响力逐年提升，形成了稳定的作者群和读者群；同时编辑部也采取了一系列新举措，如发行电子期刊和网络期刊首发，组建“学习型编辑部”等，积极适应并拥抱学术期刊生存和发展环境的变化。

近 5 年来出版的专刊

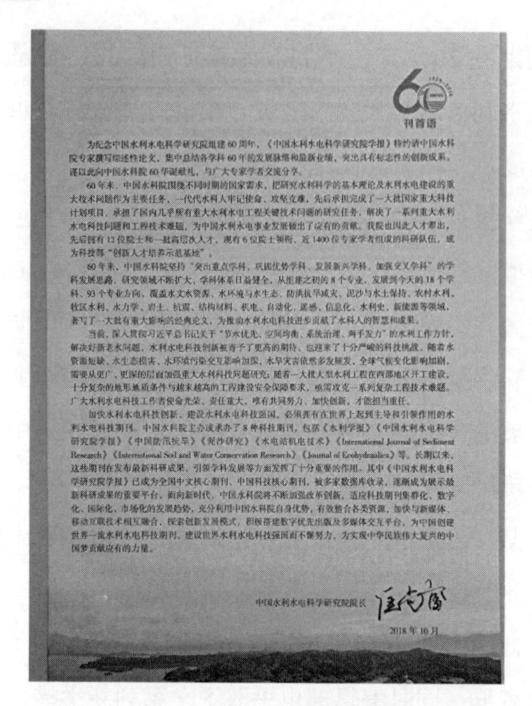

刊首语

为纪念中国水利水电科学研究院组建60周年，《中国水利水电科学研究院学报》特约请中国水科院专家撰写综述性论文，集中总结各学科60年的发展脉络和最新业绩，突出具有标志性的创新成果。谨以此向中国水科院60华诞献礼，与广大专家学者交流分享。

60年来，中国水科院围绕不同时期的国家需求，把研究水利科学的基本理论及水利水电建设的重大技术问题作为主要任务，一代代水科人牢记使命、攻坚克难，先后承担完成了一大批国家重大科技计划项目，承担了国内几乎所有重大水利水电工程关键技术问题的研究任务，解决了一系列重大水利水电科技问题和工程技术难题，为中国水利水电事业发展做出了应有的贡献。我院也因此人才辈出，先后拥有12位院士和一批高层次人才，现有6位院士领衔、近1400位专家学者组成的科研队伍，成为科技部"创新人才培养示范基地"。

60年来，中国水科院坚持"突出重点学科、巩固优势学科、发展新兴学科、加强交叉学科"的学科发展思路，研究领域不断扩大、学科体系日益健全，从组建之初的8个专业，发展到今天的18个学科、93个专业方向，覆盖水文水资源、水环境与水生态、防洪抗旱减灾、泥沙与水土保持、农村水利、牧区水利、水力学、岩土、抗震、结构材料、机电、自动化、遥感、信息化、水利史、新能源等领域，著写了一大批有重大影响的经典论文，为推动水利水电科技进步贡献了水科人的智慧和成果。

当前，深入贯彻习近平总书记关于"节水优先、空间均衡、系统治理、两手发力"的水利工作方针，解决好新老水问题，水利水电科技创新被寄予了更高的期待，也迎来了十分严峻的科技挑战。随着水资源短缺、水生态损害、水环境污染交互影响加深，水旱灾害依然多发频发，全球气候变化影响加剧，需要从更广、更深的层面加强重大水利科技问题研究；随着一大批大型水利工程在西部地区开工建设，十分复杂的地形地质条件与越来越高的工程建设安全保障要求，亟需攻克一系列复杂工程技术难题。广大水利水电科技工作者使命光荣、责任重大，唯有共同努力、加快创新，才能担当重任。

加快水利水电科技创新、建设水利水电科技强国，必须拥有在世界上起到主导和引领作用的水利水电科技期刊。中国水科院主办或承办了8种科技期刊，包括《水利学报》《中国水利水电科学研究院学报》《中国防汛抗旱》《泥沙研究》《水电站机电技术》《International Journal of Sediment Research》《International Soil and Water Conservation Research》《Journal of Ecohydraulics》等。长期以来，这些期刊在发布最新科研成果、引领学科发展等方面发挥了十分重要的作用。其中《中国水利水电科学研究院学报》已成为全国中文核心期刊、中国科技核心期刊，被多家数据库收录，逐渐成为展示最新科研成果的重要平台。面向新时代，中国水科院将不断加强改革创新，适应科技期刊集群化、数字化、国际化、市场化的发展趋势，充分利用中国水科院自身优势，有效整合各类资源，加快与新媒体、移动互联技术相互融合，探索创新发展模式，积极搭建数字优先出版及多媒体交互平台，为中国创建世界一流水利水电科技期刊、建设世界水利水电科技强国而不懈努力，为实现中华民族伟大复兴的中国梦贡献应有的力量。

中国水利水电科学研究院院长

2018年10月

匡尚富院长为院庆60周年专刊撰写刊首语（2018年）

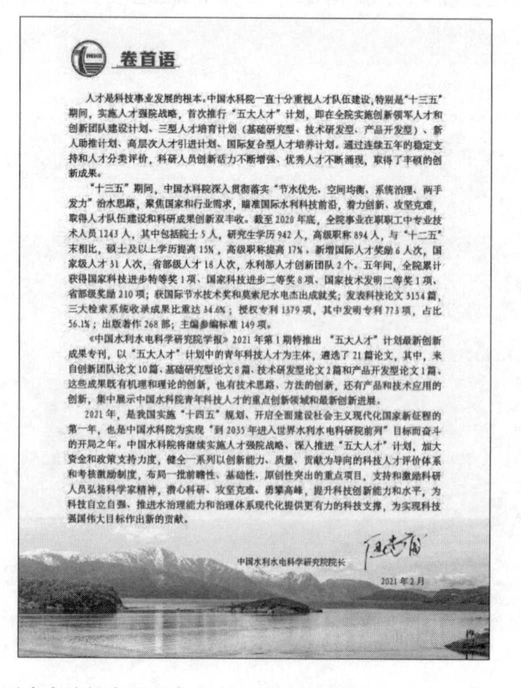

卷首语

人才是科技事业发展的根本。中国水科院一直十分重视人才队伍建设，特别是"十三五"期间，实施人才强院战略，首次推行"五大人才"计划，即在全院实施创新领军人才和创新团队建设计划、三型人才培育计划（基础研究型、技术研发型、产品开发型）、新人助推计划、高层次人才引进计划、国际复合型人才培养计划。通过连续五年的稳定支持和人才分类评价，科研人员创新活力不断增强、优秀人才不断涌现，取得了丰硕的创新成果。

"十三五"期间，中国水科院深入贯彻落实"节水优先、空间均衡、系统治理、两手发力"治水思路，聚焦国家和行业需求，瞄准国际水利科技前沿，着力创新、攻坚克难，取得人才队伍建设和科研成果创新双丰收。截至2020年底，全院事业在职职工中专业技术人员1243人，其中包括院士5人，研究生学历942人，高级职称894人，与"十二五"末相比，硕士及以上学历提高15%，高级职称提高17%。新增国际人才奖励6人次，国家级人才31人次，省部级人才18人次，水利部人才创新团队2个。五年间，全院累计获得国家科技进步特等奖1项、国家科技进步二等奖8项、国家技术发明二等奖1项、省部级奖励210项；获国际节水技术奖和莫索尼水电杰出成就奖；发表科技论文3154篇，三大检索系统收录成果比重达34.6%；授权专利1379项，其中发明专利773项，占比56.1%；出版著作268部；主编参编标准149项。

《中国水利水电科学研究院学报》2021年第1期特推出"五大人才"计划最新创新成果专刊，以"五大人才"计划中的青年科技人才为主体，遴选了21篇论文，其中，来自创新团队论文10篇、基础研究型论文8篇、技术研发型论文2篇和产品开发型论文1篇。这些成果既有机理和理论的创新，也有技术思路、方法的创新，还有产品和技术应用的创新，集中展示中国水科院青年科技人才的重点创新领域和最新创新进展。

2021年，是我国实施"十四五"规划、开启全面建设社会主义现代化国家新征程的第一年，也是中国水科院为实现"到2035年进入世界水利水电科研院前列"目标而奋斗的开局之年。中国水科院将继续实施人才强院战略、深入推进"五大人才"计划，加大资金和政策支持力度，健全一系列以创新能力、质量、贡献为导向的科技人才评价体系和考核激励制度，布局一批前瞻性、基础性、原创性突出的重点项目，支持和激励科研人员弘扬科学家精神，潜心科研、攻坚克难、勇攀高峰，提升科技创新能力和水平，为科技自立自强、推进水治理能力和治理体系现代化提供更有力的科技支撑，为实现科技强国伟大目标作出新的贡献。

中国水利水电科学研究院院长

2021年2月

匡尚富院长为"五大人才"专刊撰写卷首语（2021年）

《水利发展研究》着重刊载水利软科学成果

《水利发展研究》编辑部

《水利发展研究》原刊名为“中国水利水电文摘”。2001 年 7 月创新刊名为“水利发展研究”，月刊，由水利部主管、水利部发展研究中心主办，是报道水利行业软科学研究领域综合性学术刊物。《水利发展研究》综合报道国家的水利发展战略、水利政策、法制建设、水利经济、水利管理、水利信息和工程建设等方面的方针政策、理论、技术和经验，为我国水利事业的可持续发展提供服务和支撑，紧紧围绕水利部的中心工作和重点，对我国水利发展具有普遍性、关键性的重大问题，开展理论与实践上的探讨，同时依托水利部发展研究中心的信息和政策研究优势，适当介绍国外的先进理论和经验。

《水利发展研究》历届编委会主任为：敬正书、陈小江、李国英、刘宁、魏山忠，历届编委会成员为各业务司局、流域机构的主要负责人。主要服务对象为从事与水利事业相关工作的机关领导、科研人员、企事业单位的管理者、大专院校师生以及广大的基层水利工作者。2001 年创刊以来，期刊共出版 20 卷、230 余期，近 20 年来，根据国家、水利行业不同时期重点工作策划了相关的专辑、专栏，报道了大量软科学成果，如《辽宁省水土保持与生态建设专辑》《水利改革 30 年专辑》《建国 60 周年纪念专辑》《〈水法〉修订实施十周年纪念专辑》《水利风景区建设与发展专辑》《水利发展研究学术周》等。

《水利发展研究》已入选中华人民共和国新闻出版总署“中国期刊方阵”（双效期刊），并被“中国核心期刊（遴选）数据库”“中国科技期刊数据库（VIP）”“中国期刊全文数据库（CNKI）”“数据化期刊全文数据库（NLW）”“中文电子期刊服务数据库（CEPS）”收录。

《水利发展研究》栏目设置：本刊特稿、水势论坛、深度分析、水系民生、工作交流、青年视角、关注基层、国际瞭望、水利史、水与文化。

近年来，《水利发展研究》深度聚焦水利改革发展，精心策划了“全面推行河长制”等重点专栏，刊登了一批有深度、有分量的优秀稿件；充分发挥水利政策研究权威媒体平台作用，面向水利全行业开展了“历史巨变——水利改革开放40周年”征文活动，为各级水利单位提供有力的宣传支撑；不断加强与协办单位和通讯员的联系沟通，大力宣传水利改革发展中的重点、特点、亮点。

《水资源开发与管理》曾经的刊名是“国际沙棘研究与开发”

王宁昕（《水利建设与管理》杂志社有限公司）

《国际沙棘研究与开发》创刊于 2003 年，是应国际沙棘协会和国际沙棘协调委员会的要求和我国沙棘事业发展的需要而创刊的，当时主办单位为水利部沙棘开发管理中心。2014 年 12 月 24 日，该刊正式更名为“水资源开发与管理”，主办单位由水利部沙棘开发管理中心变更为中国水利工程协会，出版单位由《国际沙棘研究与开发》杂志社（非法人编辑部）变更为《水利建设与管理》杂志社有限公司。2015 年 1 月正式出版第 1 期《水资源开发与管理》。2016 年 7 月 25 日，由季刊改为月刊，截至 2021 年底，共出版 71 期。2021 年 12 月 6 日，主管单位由中华人民共和国水利部变更为中国水利工程协会。

《水资源开发与管理》办刊宗旨为：关注水污染、水质评价和水环境治理领域，传播水资源开发利用、管理、保护和水生态治理的新成果、新技术、新经验，服务水利建设与管理政策研究和信息交流。封面以白色为底，图片多征集于作者投稿，内文版式采用双栏排列，刊物采用四色印刷，字体清晰、图表醒目立体。

《水资源开发与管理》是集政策性、学术性、技术性、创新性和实用性于一体的专业期刊，是水资源管理与研究领域广大从业人员深度交流科技信息的重要平台。自创办以来，设立的栏目有水资源管理、水文、水源地开发与管理、水资源开源节流、科研设计、地下水资源开发与利用、节水、节水型社会达标建设、河湖长制、水生态保护、水生态文明城市建设、水污染治理、水土保持、水市场、智慧水利、水利信息化、水文化、水利风景区建设与管理、防汛与抗旱、经验交流、工程设计与管理、河道治理、协会相关专题等。主要目标读者群为各级水行政主管领导、水利水电建设和管理人员、规划设计人员、科研院所和大专院校专家和师生、水资源相关工作者等。期刊现收录于中国知网、万方数据库、维普数据库、超星数据库，同时由国家图书馆馆藏、上海图书馆馆藏。发行对象主要面向中国水利工程协会广大会员。

近年来，期刊开通在线投审稿系统，提升审稿服务的质量和速度的同时，提升稿源整体质量，丰富栏目内容，增强期刊学术性，加大研究性稿件的征集力度，《水资源开发与管理》重点向科研机构、高等院校等单位从事科学研究的作者倾斜，尤其是各类科研基金资助支持的研究项目。严格按照研究性稿件质量标准把控，并对符合要求的稿件一律免费优先刊发，对特别优秀的支付稿酬。新的举措，正逐步显示出效果，来稿类型进一步丰富，高质量的研究性稿件比例逐步提高，编校印刷质量稳步提升。

期刊封面

《南水北调与水利科技》由中文出版走向中英文双语出版

《南水北调与水利科技》编辑部

随着国家南水北调工程的开工，《南水北调与水利科技》于 2003 年 12 月正式公开发行，2020 年开始以中英文双语出版，刊名由“南水北调与水利科技”变更为“南水北调与水利科技（中英文）”。创刊以来，始终聚焦水利行业发展需要，围绕国家重大调水工程、京津冀协同发展、黄河流域生态保护和高质量发展以及节水型社会建设、生态文明建设等国家战略问题，组织和刊发高质量学术论文，致力于基于内容为王、创新办刊思路，在拓展新媒体、学术交流、科普公益宣传和节水志愿者服务等多个方面紧跟国家科技创新前沿，为繁荣学术交流、促进学科发展、推动水利科技进步发挥了重要作用。

截至 2021 年，共发表科技论文 4153 篇，有 1313 篇文章被 SCIE 施引，总被引频次 2250 次，基金论文比为 92.3%。现已成为全国中文核心期刊、中国科技论文统计源期刊（中国科技核心期刊）、RCCSE 中国核心学术期刊（A）。在国际方面，先后成为俄罗斯《文摘杂志》（AJ）来源期刊、《日本科学技术振兴机构数据库（中国）》（JSTChina）来源期刊、美国《乌利希期刊指南（网络版）》（Ulrichsweb）注册期刊，加入中文精品科技学术期刊外文版数字出版工程。2019 年 9 月，期刊入选中国期刊协会组织的“庆祝中华人民共和国成立 70 周年精品期刊展”。被国家知识资源服务中心列为知识服务模式（综合类）试点单位。

《南水北调与水利科技（中英文）》积极探索媒体融合在科技期刊影响力、传播力建设中的相关性，建立了“期刊+新媒体+志愿报务+科普”模式，建设“水利科技知识服务平台”和微信公众平台。以微信公众平台为代表的新媒体建设得到行业广泛认可，现有专业学者用户 5.8 万人，为科技期刊数字传播以及推动行业科技期刊媒体融合发展提供重要参考。为践行国家媒体融合发展指导意见，我刊除完成单篇论文首发，还加入了 OSID 开放科学计划，探索出版融合发展新路径，实现轻量化的数字化转型。

为进一步加大对《南水北调与水利科技》期刊+的社会效益最大化，以期刊为平台多次组织学术会议。先后举办“水科学高层论坛”“白洋淀生态环境治理与未来城市水安全高层论坛”“水利机构知识管理与专家智库建设研讨会”“水利科技创新论坛暨现代节水理论与技术互鉴研讨会”“中国水利学会 2019 学术年会京津冀水安全保障分会场”。通过学术会议的召开大大提升了期刊在业内的影响力，为业届广泛开展学术交流提供了平台。

在节水公益科普方面，以编辑为核心的乐水志愿者团队多次在 “世界水日”“中国水周”期间开展公益科普活动，通过进校区、进公园、进社区公益宣传活动，面向社会公众开展丰富多彩的水利科普活动。由于创新宣传形式，活动被人民网、河北电视台等国家级和省级媒体专题报道。多次承担河北省科技厅科普项目“防洪科普活动”“2019 年节水科普活动”等；承担河北省水利厅、教育厅和共青团省委等单位组织的节水主题宣传教育实践活动。2020 年，乐水志愿者节水志愿服务活动获水利部节水护水志愿服务活动 3 等奖，获第五届中国青年志愿者大赛铜奖。

微信公众号二维码

英文期刊《水科学与工程（*WSE*）》历时八年创办成功

WSE 编辑部

Water Science and Engineering（*WSE*）创刊于 2008 年，是河海大学主办的唯一一种英文学术期刊。河海大学为 *WSE* 办刊提供了学术和资源保障，经过三任期刊部领导和四届编委以及编辑部不懈努力，*WSE* 正茁壮成长，逐渐成为有一定国际影响力的高质量学术期刊。

一、概况

WSE 作为国内为数不多的水利科技领域英文学术期刊，构建了一个反映水科学与水工程领域最新研究进展的国际化交流平台。*WSE* 现任主编为中国工程院院士王超教授，执行主编为水资源领域知名专家余钟波教授。*WSE* 主要刊登全球水资源、水环境、水生态、水工程等领域创新性研究成果和专题综述，关注大尺度、大流域水资源演变机理和高效利用、水旱灾害形成机理及防治、河湖水环境生态演变规律和综合治理、河口海岸综合治理和防护、大型水利工程建设和安全运行等热点研究方向。在关注和体现全球相关领域研究前沿和热点的同时，*WSE* 将期刊定位在中国特色水问题和国内重大水利科技研究成果的展示、应用和推广，如三峡工程、西南高坝建设和水电能源开发、太湖水环境治理、黄河泥沙治理、流域水资源研究等，在水资源、水环境、水工程领域形成了显著学科特色，有效促进了该领域国内外学术交流。

二、申办过程

WSE 申办过程历时八年。2000 年期刊部向校领导口头提出创办英文期刊的建

议，之后这一设想在校内开始酝酿并筹划。2003年校领导会同期刊部对于创办英文刊的必要性和可行性进行论证，决定创办英文刊，并力排众议，否定了创办综合性英文刊的思路，而创办有明确专业学术定位的*WSE*。随后制定了创办英文刊实施方案，申报工作由时任河海大学期刊部主任张荣安负责实施。为确保*WSE*顺利申办，河海大学组建了高水平办刊团队，聘请中国工程院院士吴中如教授担任*WSE*主编、流体力学专家汪德爟教授和岩土力学专家刘汉龙教授担任*WSE*副主编，聘请时任期刊部副主任马敏峰编审兼任*WSE*编辑部主任。

期刊部经过周密调研和准备工作，起草了《创办 Water Science and Engineering 的可行性论证报告》，分别于2003年10月、2004年9月、2005年7月向教育部科技司提交了《申请创办英文版〈Water Science and Engineering〉的请示》，但均未获批。

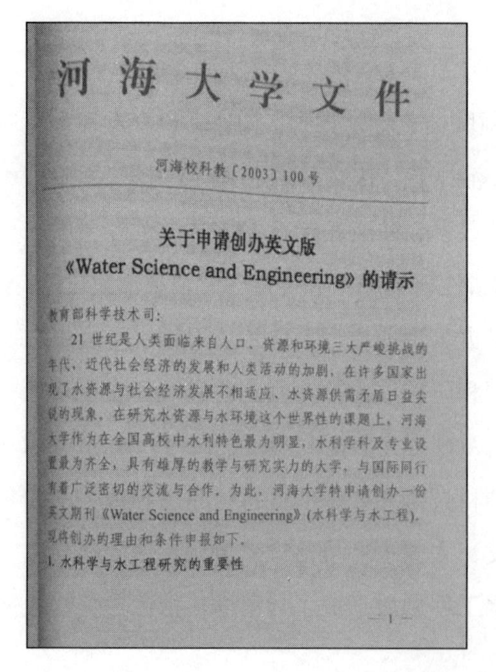

河 海 大 学 文 件

河海校科教〔2003〕100号

关于申请创办英文版
《Water Science and Engineering》的请示

教育部科学技术司:

21 世纪是人类面临来自人口、资源和环境三大严峻挑战的年代，近代社会经济的发展和人类活动的加剧，在许多国家出现了水资源与社会经济发展不相适应、水资源供需矛盾日益尖锐的现象，在研究水资源与水环境这个世界性的课题上，河海大学作为在全国高校中水利特色最为明显，水利学科及专业设置最为齐全，具有雄厚的教学与研究实力的大学，与国际同行有着广泛密切的交流与合作，为此，河海大学特申请创办一份英文期刊《Water Science and Engineering》(水科学与水工程)，现将创办的理由和条件申报如下，

1. 水科学与水工程研究的重要性

— 1 —

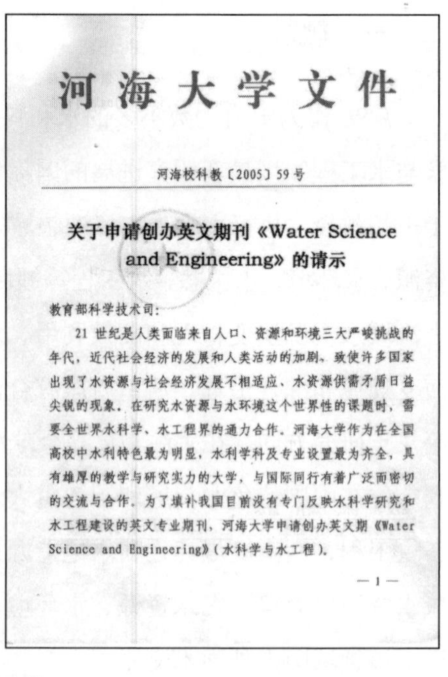

河 海 大 学 文 件

河海校科教〔2005〕59号

关于申请创办英文期刊《Water Science and Engineering》的请示

教育部科学技术司:

21 世纪是人类面临来自人口、资源和环境三大严峻挑战的年代，近代社会经济的发展和人类活动的加剧，致使许多国家出现了水资源与社会经济发展不相适应、水资源供需矛盾日益尖锐的现象，在研究水资源与水环境这个世界性的课题时，需要全世界水科学、水工程界的通力合作，河海大学作为在全国高校中水利特色最为明显，水利学科及专业设置最为齐全，具有雄厚的教学与研究实力的大学，与国际同行有着广泛而密切的交流与合作，为了填补我国目前没有专门反映水科学研究和水工程建设的英文专业期刊，河海大学申请创办英文期《Water Science and Engineering》(水科学与水工程)，

— 1 —

期刊创办申请文件

多次以创办新刊的方式申报未果后，校领导会商期刊部主任，并经广泛征求意见，决定在主办单位不变的前提下，停办《河海大学常州分校学报》，并创办新

的英文期刊。依据这一思路，期刊部于 2007 年 6 月起草了《〈河海大学常州分校学报〉变更为英文期刊“Water Science and Engineering”的可行性研究报告》，分别向教育部科技司和江苏省新闻出版局提交了《关于将〈河海大学常州分校学报〉变更为英文期刊〈Water Science and Engineering〉的请示》，2007 年 6 月获教育部科技司批复，同意更名申请，并由江苏省新闻出版局上报国家新闻出版总署。2007 年 11 月收到国家新闻出版总署《关于同意〈河海大学常州分校学报〉更名的批复》，批复明确《河海大学常州分校学报》原刊号作废，同时也明确 *WSE* 使用的国内统一连续出版物号。至此，*WSE* 申办工作圆满完成。艰辛的申办过程体现了河海大学创办 *WSE* 的决心、以及时任期刊部领导的智慧和坚持不懈的工作作风。

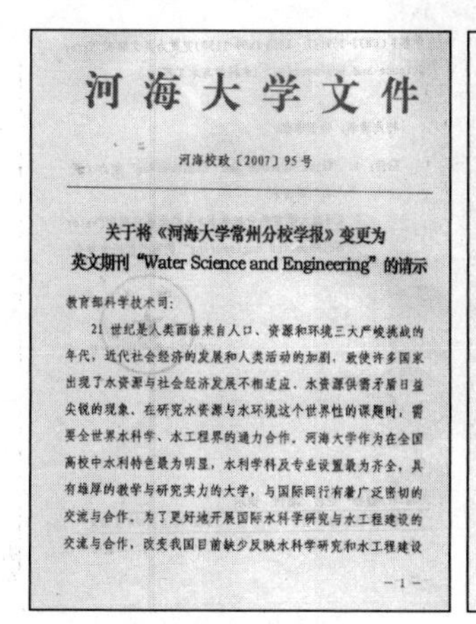

河海大学文件

河海校政〔2007〕95号

关于将《河海大学常州分校学报》变更为
英文期刊“Water Science and Engineering”的请示

教育部科学技术司：

21 世纪是人类面临来自人口、资源和环境三大严峻挑战的年代，近代社会经济的发展和人类活动的加剧，致使许多国家出现了水资源与社会经济发展不相适应，水资源供需矛盾日益尖锐的现象，在研究水资源与水环境这个世界性的课题时，需要全世界水科学、水工程界的通力合作，河海大学作为在全国高校中水利特色最为明显，水利学科及专业设置最为齐全，具有雄厚的教学与研究实力的大学，与国际同行有着广泛密切的交流与合作，为了更好地开展国际水科学研究与水工程建设的交流与合作，改变我国目前缺少反映水科学研究和水工程建设

—1—

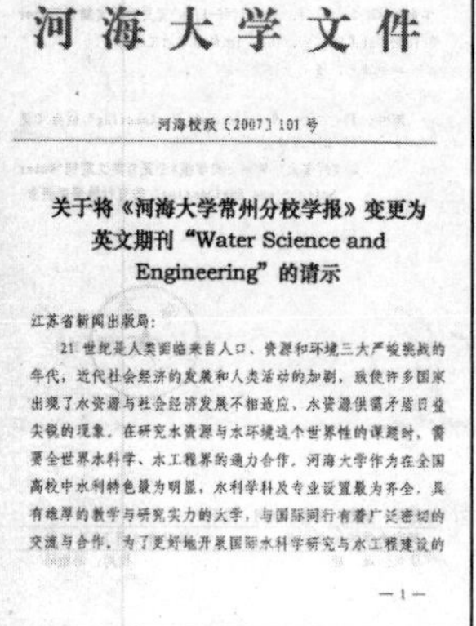

河海大学文件

河海校政〔2007〕101号

关于将《河海大学常州分校学报》变更为
英文期刊“Water Science and Engineering”的请示

江苏省新闻出版局：

21 世纪是人类面临来自人口、资源和环境三大严峻挑战的年代，近代社会经济的发展和人类活动的加剧，致使许多国家出现了水资源与社会经济发展不相适应，水资源供需矛盾日益尖锐的现象，在研究水资源与水环境这个世界性的课题时，需要全世界水科学、水工程界的通力合作，河海大学作为在全国高校中水利特色最为明显，水利学科及专业设置最为齐全，具有雄厚的教学与研究实力的大学，与国际同行有着广泛密切的交流与合作，为了更好地开展国际水科学研究与水工程建设的

—1—

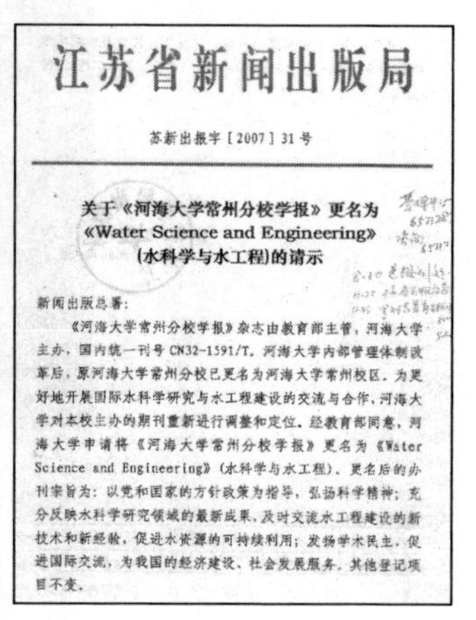

江苏省新闻出版局

苏新出报字［2007］31号

关于《河海大学常州分校学报》更名为
《Water Science and Engineering》
(水科学与水工程)的请示

新闻出版总署：

《河海大学常州分校学报》杂志由教育部主管，河海大学主办，国内统一刊号 CN32-1591/T。河海大学内部管理体制改革后，原河海大学常州分校已更名为河海大学常州校区。为更好地开展国际水科学研究与水工程建设的交流与合作，河海大学对本校主办的期刊重新进行调整和定位。经教育部同意，河海大学申请将《河海大学常州分校学报》更名为《Water Science and Engineering》(水科学与水工程)。更名后的办刊宗旨为：以党和国家的方针政策为指导，弘扬科学精神；充分反映水科学研究领域的最新成果，及时交流水工程建设的新技术和新经验，促进水资源的可持续利用；发扬学术民主，促进国际交流，为我国的经济建设、社会发展服务。其他登记项目不变。

三、封面和 Logo

WSE 封面和 Logo 设计是创刊工作中一个重要环节，期刊部面向社会，广泛征集设计方案，从十多个设计方案中选择了蓝底波纹封面和形似“蓝色水球”的 Logo 设计方案。封面波纹结合了河海大学校徽的轮廓，体现了 *WSE* 主题，很好地将主办单位的元素注入封面设计。而 Logo 蓝色色调和球形轮廓体现水的韵味，象征“蓝色水球”，整体寓意为“水与世界”。该标志由外围文字和中央图形共同组成。中央图形是两撇海浪和一滴水珠。海浪相互交错，翻腾而起，代表水利人

不屈不饶的奋斗精神；浪花交错构成DNA双螺旋，体现“水是生命的摇篮”。Logo图案的设计灵感来自中国的太极（又称“阴阳鱼”），而水是生命之源，与太极“派生万物”本意相照应。这款设计巧妙地将博大精深的中国文化融入其中。

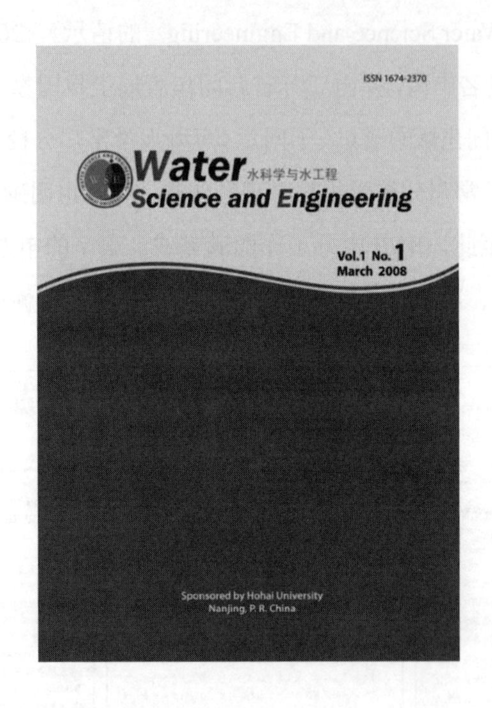

四、办刊成就

主办单位在创刊伊始便积极开拓具有国际视野的办刊思路，构建高水平国际化编委会，定期进行换届调整和召开编委会会议，依据*WSE*栏目设置，设立水资源、水环境、水工程学科主编，充分发挥编委对于期刊引领和推动作用。2017年12月*WSE*编委会实施了新一轮换届调整，本届编委为活跃在全球水科学与水工程领域知名学者和专家，其中海外编委约占50%。

*WSE*办刊团队重视刊文学术质量，建立了规范的国际化审稿机制和审稿团队，利用国际期刊通用的ScholarOne Manuscripts在线投审稿系统提升国际化同行评议质量和效率。*WSE*通过一系列国际学术会议，广泛开展全球约稿和组稿工作。近年来，*WSE*不断组织、刊发了反映学科热点和前沿研究的专栏和国际知名学者

高质量论文，对于提升 *WSE* 在相关领域学术影响力发挥了积极作用。

WSE 办刊团队重视期刊出版质量，专业化、国际化的编辑团队依据严格的国际期刊编辑规范，从形式到内容对 *WSE* 刊文进行深度加工和审读。同时 *WSE* 积极践行国际化和数字化出版理念，与国际知名出版集团 Elsevier 合作，在 ScienceDirect 平台实施数字化 OA 预出版，并利用 DOAJ、网刊平台、社交平台等多媒体融合技术广泛推广 *WSE*。

WSE 国际化办刊理念催生了一系列国际化交流和合作，*WSE* 办刊团队不断与来自美国、法国、英国、奥地利、澳大利亚、意大利、荷兰、西班牙等国的学术团队、编委团队和学术机构等开展形式多样的沟通和交流，组织国际学术活动等。2018 年 6 月，河海大学与国际水利与环境工程学会（IAHR）达成了合作意向，签署了合作备忘录合作，共同促进 *WSE* 全球化发展，*WSE* 也成为 IAHR 期刊群的成员。

国际化、高起点、规范、高效的办刊模式，使 *WSE* 得到长足的发展，学术质量和国际影响力显著提升。2010 年以来，*WSE* 陆续被 EI、Scopus、CSCD、ESCI 等国际重要数据库收录，入选“中国科技核心期刊”。*WSE* 在 2013—2015 年获首届“中国科技期刊国际影响力提升计划”项目资助。2016 年以来，*WSE* 多次入选“中国国际影响力优秀学术期刊”或“中国最具国际影响力学术期刊”。在 2019 年 1 月发布的《世界学术期刊学术影响力指数》中，*WSE* 在水利工程领域期刊中位列 Q2 区。在 2019 年“水利学科领域高质量科技期刊分级目录”中，*WSE* 位列 T1 级。

网站二维码

英文期刊《国际水土保持研究》首获影响因子为 3.77

宁堆虎

《国际水土保持研究》（*International Soil and Water Conservation Research*，*ISWCR*）于 2013 年 6 月正式创刊，是由水利部主管，国际泥沙研究培训中心、中国水利水电出版社有限公司和中国水利水电科学研究院联合主办的英文学术期刊，同时也是世界水土保持学会的会刊。主要刊登土壤侵蚀、水土保持、保护性农业、土壤评价管理、土地退化、流域管理和可持续发展等方面的研究和综述性文章。

自创刊以来，期刊快速发展，在国际学术和出版界树立了良好的声誉。期刊于 2015 年 4 月被中国科学引文数据库（CSCD）核心库收录，2017 年 1 月被目前世界最大的文摘和引文数据库 SCOPUS 收录，2017 年 10 月被科睿唯安的 Emerging Sources Citation Index（ESCI）数据库收录。2019 年 7 月正式被 Science Citation Index Expanded（SCIE）收录。2020 年 6 月获得第一个影响因子（IF）3.770，在水资源 （Water Resources）和土壤科学（Soil Science）领域均为一区（Q1）期刊。《2020 年中国科学院文献情报中心期刊分区表》中，*ISWCR* 在环境科学与生态学和水资源学科领域均为一区，并被认定为环境科学与生态学大类领域 TOP 期刊。2021 年，*ISWCR* 影响因子为 6.027，在水资源、土壤科学和环境科学领域均位于 Q1。

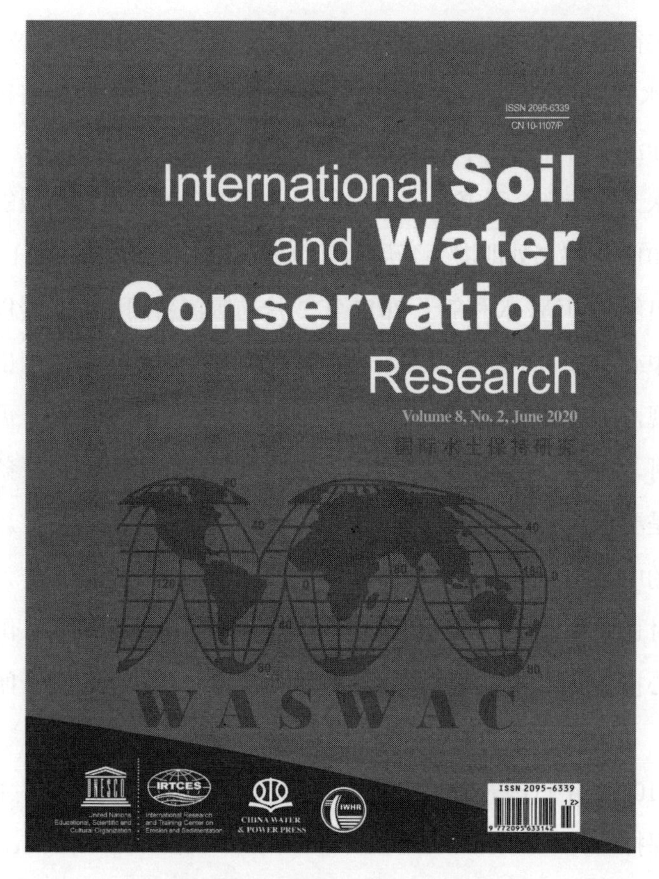

《国际水土保持研究（英文）》期刊封面

一、*ISWCR* 的申办过程

2010 年，世界水土保持学会（World Association of Soil and Water Conservation, WASWAC）前主席 Samran Sombatpanit 先生两次到中国来，与水利部水土保持司及相关单位协商，拟将世界水土保持学会秘书处正式迁移到中国。当时我本人刚从水土保持司调到国际泥沙研究培训中心工作。国际泥沙研究培训中心是中国政府与联合国教科文组织共同组建的机构，其职责是促进土壤侵蚀和河流泥沙科学研究，为世界各国专家交流研究成果和科技信息创造条件，当时泥沙中心已承担世界泥沙研究学会秘书处工作，主办的《国际泥沙研究》英文期刊已运营多年。为此，我提出可以由国际泥沙研究培训中心承担世界水土保持学会秘书处工作。

这一提议很快得到水利部水土保持司、世界水土保持学会及相关单位的同意。2010年10月，经水利部领导同意，世界水土保持学会理事会正式决定将秘书处迁移到中国，由国际泥沙研究培训中心承担秘书处工作。

在世界水土保持学会秘书处迁移过程中，理事会便提出，希望能创办一个学会的会刊。2011年秘书处即着手开展前期调研和准备工作，于2011年11月正式向水利部提出创刊申请，水利部于2012年2月向国家新闻出版总署以部函形式正式转报泥沙中心的办刊申请。收到水利部转报的办刊申请后，新闻出版总署主管司局高度重视，主管处室同志专门到泥沙中心，对办刊的必要性、可行性等进行了调研。同时，在申办期间，国家新闻出版总署更改了期刊的申报条件，其中最主要的一条是要求期刊出版单位必须是有国家期刊出版资质的单位。为此，泥沙中心与当时的中国水利水电出版社协商，由中国水利水电出版社作为该期刊的出版单位，同时也作为期刊的第二主办单位参与期刊的申请和出版工作。2012年8月，泥沙中心按新的要求和条件，再次经水利部办公厅转报，向新闻出版总署提出办刊申请。

2012年10月31日国家新闻出版总署批复国际泥沙研究培训中心，同意出版《国际水土保持研究（International Soil and Water Conservation Research）》，并分配国内统一出版物号。该刊由水利部主管，由国际泥沙研究培训中心、中国水利水电出版社主办，出版单位为中国水利水电出版社。2017年根据期刊发展的需要，国际泥沙研究培训中心、中国水利水电出版社和中国水利水电科学院签订三方协议，共同支持期刊的长期发展，并向水利部和国家新闻出版广电总局提交了增加主办单位的申请。不久，国家新闻出版广电总局即批复，同意《国际水土保持研究（英文）》主办单位正式变更为国际泥沙研究培训中心、中国水利水电出版社、中国水利水电科学研究院。

二、*ISWCR*的组织和创刊号发行

接到国家新闻出版总署的批复后，相关单位随即启动期刊的创刊工作，多次研究讨论，明确了期刊的宗旨和定位、工作分工、编委组成等重大事项。

2013 年 3 月 19 日时任水利部副部长刘宁主持期刊筹备工作会议

ISWCR 办刊宗旨为，及时跟踪国内外水土保持学科的发展动向，报道国内外水土保持学科前沿领域的科学理论、创新技术及其实践应用研究的最新成果，积极引导和推动世界水土保持学科和水土保持事业的发展与繁荣，尽快使该期刊成为世界水土保持领域水平最高、影响力最强的学术交流平台。在期刊上开设的重点栏目有研究论文、专题论述、综合评述、学位论文、研究简报、学术动态、水保监测、应用技术以及政策法规、专家论坛和专家介绍等。期刊定位和努力方向为国际高水平学术期刊。

为了强化对期刊的管理，成立了以时任水利部副部长刘宁为主任委员的期刊管理委员会，副主任委员由主办单位的领导和世界水土保持学会主席等人员组成。聘请时任世界水土保持学会主席李锐为主编、美国水土保持专家 John Lafle 为英文主编，聘请全球 16 位知名专家为副主编，72 位为编委。这些专家聘请，主要依托世界水土保持学会进行，各大洲、各水土流失严重国家均有专家参与。

工作安排方面，泥沙中心负责组稿、外审、与作者联络、英语润色等工作，水电出版社负责编辑、排版、制图、校对、印刷和发行等工作。

明确工作班子和分工后，大家立即分头开展工作。特别是李锐主编，立即通过各种方式约稿。水电出版社的徐丽娟和张潭两位编辑也认真开始版面设计等相关工作。在大家的努力下，2013 年 6 月创刊号终于和大家见面了。在创刊号里，刘宁副部长亲自撰写了热情洋溢的发刊词，并以中英文双语发布，中文发刊词是该刊到目前为止刊登的唯一中文内容。同时，世界水土保持学会的先后三任主席，Samran Sombatpanit、Miodrag Zlatic 和李锐，共同撰写了发刊词。

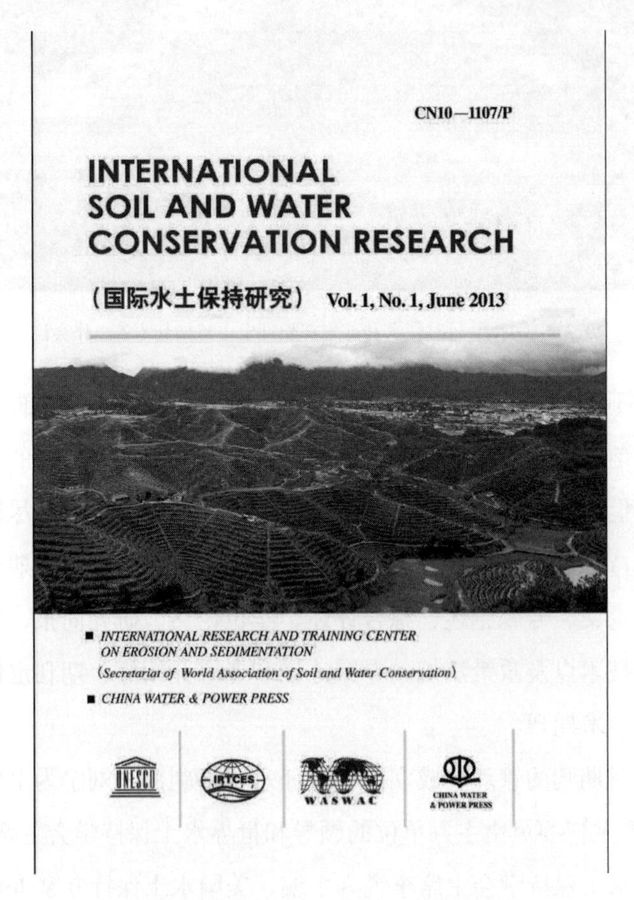

《国际水土保持研究（英文）》创刊号封面

三、*ISWCR* 的发展历程

过去的几年时间里，*ISWCR* 经历了 3 个阶段的发展历程。

2013—2014 年为初创阶段。这两年时间里，*ISWCR* 主要是自办发行，且以纸质发行为重点，办刊初期缺乏经验，期刊本身也没有影响力，来稿量很少，经常处于等米下锅的状态。各位主编和副主编的工作重点都放在约稿上，这两年绝大部分刊用的稿件都是约稿，其中很多中国专家为了支持期刊的成长，在期刊没有任何影响力的情况下，把自己很好的研究成果投在了期刊上发表。这两年拒稿率相对较低。

2015—2018 年为快速发展阶段。2014 年底，屈丽琴博士从美国留学回来后入职国际泥沙中心，专职负责期刊的整体运行和编辑管理工作，并很快落实了与国际出版平台的合作等重大事项。2015 年，期刊与 Elsevier 合作正式启动，线上与纸质同时发行，线上采用 OA（Open Access）发行方式。至此开始，期刊来稿量逐步增加，在扩大影响力的同时，解决了稿源问题，且来稿的质量也在稳步提升。2016 年 9 月，期刊主编换届，实行了双主编制，由美国西南流域研究中心前任主任 Mark Nearing 教授和中国农大的雷廷武教授接任主编。这段时间的拒稿率由 2015 年的 55%上升到 2018 年的 85%。

2019 年以来进入高水平发展阶段。2019 年 7 月期刊正式被 SCIE 收录，所刊文章的引用量快速增加，期刊来稿量又上升了一个台阶，2020 年的拒稿率达到 90%。

四、*ISWCR* 的国际化特点

ISWCR 最显著的特点就是国际化水平高，主要体现在以下几方面：

一是主办单位的国际化。期刊的主办单位和主要的技术力量依托单位世界水土保持学会，都有很强的全球视野。对期刊的定位和发展有高度的一致性，从各方面保障了期刊的运行。

二是编委会的国际化。期刊现有主编 2 人，特邀顾问 17 人，来自 6 个国家和地区，副主编 41 人，来自 13 个国家和地区；编委 36 人，来自 12 个国家和地区。强大的国际化编委，使期刊能及时跟踪全球研究动态和热点，保持较高的学术水平。

三是稿源的国际化。期刊作者的国际化程度一直保持在较高水平，且作者的国家分布广泛，近几年中国作者的刊稿量一直保持在 20%以内。

《水电与抽水蓄能》紧扣行业热点和前沿技术

《水电与抽水蓄能》编辑部

2015 年 6 月，原《水电自动化与大坝监测》更名为“水电与抽水蓄能”，并由英大传媒投资集团与国网新源控股有限公司联合主办。作为国内抽水蓄能领域唯一期刊，《水电与抽水蓄能》创刊 6 年来，秉承中国水电与抽水蓄能行业严谨求实的优良传统，站在水电与抽水蓄能学术前沿，追踪报道水电与抽水蓄能事业理论研究和建设实践的最新动态，汇集水电与抽水蓄能的最新成果，成为最受水电与抽水蓄能领域专业技术人员欢迎的学术期刊之一，成长为具有一定核心竞争力的精品学术期刊，得到了国家电网有限公司科技部、中国电机工程学会、中国水力发电工程学会等权威机构的积极评价。

《水电与抽水蓄能》期刊

一、筚路蓝缕，岁月流金

6 年间，《水电与抽水蓄能》对水电与抽水蓄能行业的影响从创刊时的“星星之火”，已蔓延为如今的燎原之势，这艰辛而又荡气回肠的历程中，贯穿着期刊主管、主办单位的倾力支持，倾注着承办、协办单位的不断探索，浸透着编辑部全体员工的涔涔汗水，更承载着广大读者的殷殷期盼。6 年峥嵘岁月，《水电与抽水蓄能》迎着行业腾飞的曙光，亲历了中国水电与抽水蓄能产业飞速发展的重要进程，伴随着中国水电与抽水蓄能事业共同成长。

紧扣行业热点，挖掘前沿技术。《水电与抽水蓄能》紧密围绕水电与抽水蓄能技术研发、设备研制、工程建设、标准制定、专利及新技术推广等，积极开展组稿、约稿，打造了“特别策划”等重点栏目，紧扣行业内热点、重点、前沿技术，邀请国内外顶级专家担任栏目主编，组织发表高质量论文。6 年来，累计刊发“特别策划”专题 31 个、高水平论文超过 160 篇，聚合国内外顶级专家学者超过 100 人，为推动技术创新和行业发展发挥了重要作用。

立足内容为王，提升学术品位。《水电与抽水蓄能》自 2015 年创刊以来，始终追求内容为王，学术优先，先后被中国学术期刊综合评价数据库、中国期刊全文数据库、中国核心期刊（遴选）数据库、中文科技期刊数据库等全文收录，其学术影响力也在逐年提高，期刊影响因子提升显著。

搭建学术交流平台，坚持线上线下并进。2015—2021 年，期刊与中国水力发电工程学会合作，先后协办了“中国水力发电工程学会信息化专委会、水电控制设备专委会学术交流会”“中国堆石坝运行性态及水下检修技术学术交流会”“电网调峰与抽水蓄能学术会议暨抽水蓄能技术青年发展论坛”；承办了第六届全国水工抗震防灾学术交流会等共 20 余次学术交流活动。通过这些活动，《水电与抽水蓄能》期刊构建了良好的学术生态，将专业会议的技术观点与专题出版相结合，开辟出线上线下齐头并进的模式，影响力不断提升。

二、实者重行，虚者妄言

《水电与抽水蓄能》横跨水利工程、动力工程和电气工程三个学科，未来将继续面向水电与抽水蓄能行业技术人员，发布相关专业科技成果，交流国内外先进技术和经验，促进和引领水电与抽水蓄能行业科学技术发展。

坚持精品、专业办刊理念，打造高质量科技期刊。《水电与抽水蓄能》将继续发挥专业顶尖编委专家队伍的作用，保证期刊学术权威性，在中国工程院院士陈厚群、中国科学院院士林皋领衔的专家顾问委员会指导下，聚集国内抽水蓄能领域科研、设计、制造等方面的权威专家，进行严格质量把关，遵守专家审核制度和同行评议制度，规范编审校出版流程，保障稿件技术内容和编辑出版的高质量。

坚持学术性、国际性，提高实用性、指导性。《水电与抽水蓄能》是服务整个抽水蓄能行业的科技期刊。一方面，要放眼世界，跟踪专业发展的新动态、新方向、新热点，既要成为国内学者向世界展现自己学术成果的交流平台，又要成为读者洞察国际学术动态的窗口。另一方面，紧密结合当前抽水蓄能一线技术人员的实际需要，增加抽水蓄能案例分析、案例报道、技术交流等方面的论文，充分发挥期刊在抽水蓄能建设、运维、安全实践中的指导作用。

服务主业发展，强化特色栏目。《水电与抽水蓄能》的发展永远要立足抽水蓄能行业，紧跟国网新源控股有限公司科技发展布局和工程建设成效，密切跟踪国家自然科学基金项目、国家电网公司重点科技项目等重大课题的研究进程，强化与高校、研究所等高层次科研单位的对接和协作，通过组织一系列有影响的“特别策划”，持续吸引高质量的稿件，不断挖掘新的学科带头人和年轻专家学者，突出抽水蓄能的技术优势和特色，使期刊成为国内外了解抽水蓄能研究优势和特色的一个重要窗口。

三、栉风沐雨，再踏征程

科技期刊传承人类文明，荟萃科学发现，引领科技发展，直接体现国家科技竞争力和文化软实力。2018 年 11 月 14 日，中央全面深化改革委员会第五次会议通过《关于深化改革培育世界一流科技期刊的意见》等文件。该文件的出台，开启了中国科技期刊的新纪元，科技期刊作为科技创新体系中的重要组成部分，将会迎来前所未有的重大机遇。

中国水电是中国制造的重要名片。由于电网安全和新能源消纳的需要，我国抽水蓄能未来 10～20 年将迎来快速发展期。国网新源控股有限公司已经成为世界最大抽水蓄能公司。《水电与抽水蓄能》期刊身处得天独厚的行业，具备成为世界一流科技期刊的潜力和素质。2021 年 5 月，国家电网有限公司科技部将该刊纳入“2021 年公司高品质科技期刊重点培育计划目录”，为期刊下一步高质量发展提供了新的契机。

附录1　中国水利学术期刊百年之路

季山　马敏峰　刘越男　高建群

从1917年11月中国第一所水利高等学校河海工程专门学校主办的《河海月刊》创刊算起，中国水利学术期刊创办至今已100年。这100年经历了近现代（1917—1949年）和当代（1949年至今）两个大时代。据不完全统计，中国近现代水利学术期刊有50多种[1]，当代水利学术期刊有100多种[2]，加上若干种水利社科期刊，现已初步形成了具有中国特色的水利学术期刊体系。在中国水利学术期刊创办百年之际，笔者根据历史资料和已有研究成果，简要回顾中国水利学术期刊的发展历程，概述其历史影响和重要贡献，并展望中国水利学术期刊的未来发展。

1　中国水利学术期刊的发展历程

辛亥革命以后20年间，我国江河失治，洪水肆虐，“几至无年无地不遭水患”。社会各界治水呼声高涨。1913年全国水利局成立。之后，河海工程专门学校以及扬子江水道整理委员会、华北水利委员会、导淮委员会、黄河水利委员会、珠江水利局和江苏省水利局、陕西省水利局等水利机构以及中国水利工程学会等相继成立。这些单位的主事者深知创办学术期刊的重要性。为了适应各自业务工作的需要，遵循“（孙中山）总理‘水利救国’”的教导[3]，以“研究学术，推进水利事业发展”为办刊宗旨，创办水利学术期刊，刊发“学理有所新得，事业有所新展，法令有所新颁，考察有所新获”的文章[4]。

考证研究表明，近现代中国创办最早的水利学术期刊是 1917 年河海工程专门学校主办的《河海月刊》[5-6]。办刊时间最长的是 1931 年中国水利工程学会主办的《水利》（含《水利特刊》），长达 18 年[5]。

1949 年新中国诞生后，水利成为百业待兴的基础行业之一。为宣传党和国家水利建设方针政策，传播科学技术，交流治水经验，指导水利实践，以及适应大规模水利建设、培养水利人才和开展学术交流的需要，《人民水利》（《中国水利》前身）、《治淮》、《人民长江》、《水利学报》、《华东水利学院学报》（《河海大学学报（自然科学版）》前身）等相继问世。“文革”中，此前出版的水利学术期刊全部停刊。1978 年以来，当代水利学术期刊进入了全面复刊和蓬勃发展时期，其总数约占全国科技期刊总数的 2%[2]。较之近现代，当代水利学术期刊数量翻番，质量更高。

研究表明，一些知名度很高的当代水利学术期刊，其办刊历史相当长，具有较深厚的历史积淀和社会影响，且大多可在近现代水利学术期刊中找到创刊源头[7]（表 1）。

表 1　部分当代水利学术期刊与近现代水利学术期刊的历史关系[7]

当代水利期刊	可追溯的近现代水利期刊	
	名称	创刊年份
《河海大学学报（自然科学版）》	《河海月刊》	1917
《江苏水利》	《江苏水利协会杂志》	1918
《海河水利》	《华北水利月刊》	1928
《人民长江》	《扬子江水道季刊》	1929
《水利学报》	《水利》	1931
《陕西水利》	《陕西水利月刊》	1932
《人民黄河》	《黄河水利月刊》	1934
《治淮》	《导淮委员会半年刊》	1936
《人民珠江》	《珠江水利》	1947

2　中国水利学术期刊的历史影响和重要贡献

近现代中国水利学术期刊的特点是，各刊具有明确的办刊理念，学风、文风端正，编校认真，印装简朴。但只因当时国力贫弱，水利工程建设少，导致结合工程实践的论著较少。其历史影响和重要贡献可概括为：

a. 记载了中国的治水历史。近现代发生的水利大事件，从 1917 年海滦河大水，1921—1922 年和 1929 年陕西大旱，1931 年全国性大水灾，乃至导淮、黄河堵口、北方大港建设、黄河模型试验、中国第一水工试验所试验、水利行政改革等，《河海月刊》《水利》《华北水利月刊》等均有详实记载。近现代水利学术期刊当年为水利建设和管理提供决策依据，今日为《中国水利史稿》《长江水利志》《中国水文志》等志书所参考引证。

b. 促进水利高等教育，推进水利工程建设。《河海月刊》等发表的论（译）著，被当时水利高校学生作为“最实际的教材来学习”，被教师用作自编讲义教材的素材[6]。《水利》《陕西水利月刊》等发表的关于陕西泾洛渭梅四惠渠灌溉工程勘测、设计、施工、管理等报告和计划，为该工程的顺利建设起到了指导作用，时至今日仍惠及关中百姓[7]。

c. 总结治水经验，提升治水理论。李仪祉、张含英等在前人的治水经验和理论基础上，融进国外先进科学技术，在水利学术期刊发表了大量关于黄河治理的论著，在当时指导江河治理中起了重要作用。钱正英院士指出，这些治黄观点“改变了几千年来单纯着眼于黄河下游的治黄思想，把我国的治黄理论和方略推进了一大步。今天看来仍然具有现实意义”[8]。

d. 造就作者队伍，培养水利人才。据粗略统计，近现代水利学术期刊作者多达数百人，他们既是作者又是水利专门人才。其中李仪祉、汪胡桢、张含英、须恺、孙辅世、沈百先、宋希尚、李书田、顾世楫、张光斗、黄文熙、粟宗嵩、沙玉清等都是活跃的作者，更是我国近现代水利事业的奠基者或开拓者。

e. 初步勾绘出中国大江大河的治理轮廓（规划）。近现代水利学术期刊刊载了大量探讨大江大河治理的方案或规划论文，1937 年卢沟桥事变前夕，“淮河、海河、黄河、长江、珠江等大江河都有了比较全面的治理轮廓（规划）和重点工程查勘研究”[9]，为当代七大江河流域规划提供了详实的基础资料。

1949年后中国当代水利学术期刊进入了新的发展时期，其特点是，涵盖学科齐全，期刊数量多，载文量大，印装精美，发行面广。随着我国国力日益昌盛，水利工程建设成就举世瞩目，水利科研机构及高等教育实力大幅度增强，许多作者结合治水实践开展科学研究和技术革新，论著科技内涵十分丰富。其历史影响和重要贡献表现在：

a．期刊被国内外重要数据库收录。当代水利学术期刊被国内外重要数据库（《中文核心期刊要目总览》、《中国科技核心期刊》和中国科学引文数据库（CSCD）、SCI、EI、CA、SA、SC、JI、AJ等）收录的已有40多种[10]，约占水利学术期刊总数的40%（表2），表明中国当代水利学术期刊已具有较大的学术贡献和社会影响。

表2 国内外重要数据库收录的中国水利学术期刊数量[10]

中文核心	科技核心	CSCD	SCI	EI	CA	SA	SC	JI	AJ
29	34	23	4	14	8	3	6	14	13

b．期刊论文被编入教材（或专著）、国家（或行业）标准或构成专利、科研成果。目前，中国设置水利类专业的高等学校有140多所[11]，并有众多各级水利科研机构，为满足传播科学技术的需要，期刊上发表的创新论文不仅自然地被写进教材、专著，更有的被纳入国家或行业标准，或构成专利及科研成果在国内外推广应用[7]，取得经济、生态和社会效益。这是近现代水利学术期刊不能比拟的。

c．快速反映（记录）重大水利突发事件。例如：2008年5月12日，四川汶川发生大地震，河流因地震形成堰塞湖，《中国水利》迅速组织发表了20多篇专题文章，为工程技术人员现场排除唐家山堰塞湖危害和地震灾区水利工程险情做出了贡献；1998年长江流域特大洪水后，《人民长江》《水利水电科技进展》等组织出版了防洪专辑或专栏，组织专家撰写专题论文，为长江流域防汛抗洪与灾后恢复献计献策。

d. 英文水利期刊走向国际。*Journal of Hydrodynamics* B，*International Journal of Sediment Research*，*Water Science and Engineering* 等刊物一经面世就广受读者关注和好评，已分别被 SCI、EI 等收录。*International Journal of Sediment Research* 依托设在北京的国际泥沙研究培训中心的优势，突出学科特色，使一些多沙河流国家的读者能从中分享到我国江河治沙的先进理论和经验。

e. 水利社科期刊从无到有发展迅速。20 世纪后期，河海大学、华北水利水电大学和三峡大学先后创办水利社科期刊。《河海大学学报（哲学社会科学版）》已入选中国社会科学引文索引（CSSCI）核心期刊。

3 摇中国水利学术期刊的未来发展

回顾中国水利学术期刊发展的百年历程，中国水利学术期刊源于水利实践，服务于水利实践，发展于水利实践。离开水利科学研究、水利技术革新和水利工程建设这个主题，其社会影响力和历史贡献度将会受到影响。百年历程之后，中国水利学术期刊正在进入一个网络发达、人工智能、大数据挖掘的新历史时期。中国水利学术期刊如同其他学科学术期刊一样，将朝着期刊质量精品化、期刊出版数字化、信息传递网络化、办刊方式集约化、期刊运行集群化的方向发展。

a. 期刊质量精品化。期刊的质量主要体现在学术质量、编校质量和传播质量方面。对于水利学术期刊的未来发展，学术质量是永远不变的核心；编校质量是真实反映内容的重要保证；传播质量是期刊产生社会影响力的必然依靠。可以说，质量永远是中国水利学术期刊发展的灵魂，努力提升水利学术期刊的学术水平和编校质量，确保水利学术期刊论文的快速、高效传播是期刊质量精品化进程的坚固基石。

b. 期刊出版数字化。期刊出版数字化主要体现在内容服务互动化和数字媒体移动化方面。期刊出版数字化不仅仅是把期刊论文内容数字化，而是一种全新的期刊传播和阅读方式，是实现期刊全流程网络出版和跨媒体融合，是出版能读、能听、需要时即可获得的期刊。这种内容出版和内容服务融合互动的数字化趋势亦将成为今后中国水利学术期刊的重要发展方向。

c. 信息传递网络化。信息传递网络化是借助互联网进行期刊组稿、编辑、传播和服务等活动的一种工作模式。在期刊论文的创作发表体系中，基于网络的信息传递无时不刻地发挥着重要的作用，从作者（读者）→编辑（期刊）→读者（作者），从论文创作→编辑出版→作品传播，网络提供服务，服务创造价值。互联网带来的不仅是期刊出版方式的变革，更对编辑业务工作带来深远的影响，促使期刊出版打破编辑、印刷、发行间的界限，淡化“刊”与“期”的概念，改变期刊论文的组稿方式、写作方式、审稿机制、编排形式、传播途径等，这种变革将重造中国水利学术期刊的编辑出版流程。

d. 办刊方式集约化。办刊集约化是指一个期刊出版单位拥有多种期刊，进行实质性的统一管理和经营，在编辑、排版、印刷、发行和传播环节具有规模效应的一种办刊方式。在数字技术、信息技术、网络技术高度发达，媒体融合日益广泛的背景下，单个期刊小作坊式的办刊方式终将成为过去，由多个期刊集约化办刊的模式将是中国水利学术期刊今后的发展方向之一[12]。

e. 期刊运行集群化。期刊集群化是指依托主管或主办单位，或依托出版单位，或依托学科专业内容的网络化期刊集群运行模式。依托水利专业内容的网络集群模式将成为中国水利学术期刊集群化发展的重要方向。专业期刊集群平台将由内容网络发布平台为主向数字出版+数字发布平台转型。编营分离将成为依托出版单位进行期刊集群化发展模式的必然选择[13]。

在当今网络发达、人工智能、大数据环境下，如何满足作者完成论文创作后快速发表以及如何满足读者对学术信息快速、高效的阅读需求，如何最大化地挖掘期刊内容资源的价值，将成为中国水利学术期刊创造价值、服务中国水利建设的关键。

中国水利学术期刊的百年之路充分说明，只有新中国才能真正实现水利大发展，才能促进水利学术期刊新发展。中国进入特色社会主义新时代，中国水利学术期刊将在新时代水利建设中发挥更大的作用。

参考文献：

[1] 全国第一中心图书馆委员会全国图书联合目录编写组．1833—1949 全国中文期刊联合目录（增订本）[M]．北京：书目文献出版社，1981．

[2] 张松波，王红星，季山，等．中国水利科技期刊的发展和学术影响[J]．中国科技期刊研究，2010，21（6）：746-752．

[3] 编辑．序一[J]．扬子江水道整理委员会年报，1929（6/7）：1-2．

[4] 李仪祉．序言[J]．陕西水利月刊，1932，1（1）：1．

[5] 王红星，张松波，季山，等．中国近现代水利科技期刊概况及学术影响[J]．黑龙江大学工程学报，2015，6（1）：89-96．

[6] 王红星，张松波，季山，等．《河海月刊》的历史定位和社会影响[J]．河海大学学报（自然科学版），2015，43（5）：495-504．

[7] 季山，王红星，张松波，等．当代水利科技期刊对其根脉的传承和发展[J]．中国科技期刊研究，2016，27（9）：919-927．

[8] 钱正英．在纪念李仪祉先生诞辰一百周年大会上的讲话[C]//黄河水利委员会．李仪祉水利论著选集．北京：水利电力出版社，1988．

[9] 徐乾清．近代江河变迁和洪水灾害与新中国水利发展的关系[J]．长江志季刊，1993（1-2）：38-41．

[10] 程琳，龚婷，季山．水利科技期刊在不同评价系统收录中的统计分析[J]．水文，2015，35（4）：77-84．

[11] 姚纬明，谈小龙，朱宏亮，等．中国水利高等教育 100 年[M]．北京：中国水利水电出版社，2015．

[12] 钱向东，马敏峰，高建群，等．整合办刊资源实现规模效应：河海大学期刊集约式发展的实践与思考[C]//沈建国．期刊品位与市场：江苏期刊研究 2013 年度论文集．南京：江苏人民出版社，2014：68-81．

[13] 杨春兰．我国科技期刊集群化发展现状及未来发展趋势[J]．编辑之友，2015（3）：38-41．

原载《河海大学学报（自然科学版）》2017 年 45 卷 6 期。本次刊出，略有改动。

附录2 国内水利期刊主办单位及投稿联系方式

1. International Soil and Water Conservation Research

   主办：国际泥沙研究培训中心、中国水利水电出版社、中国水利水电科学研究院

   网址1：http://www.irtces.org/nszx/cbw/gjstbc/A550404index_1.htm

   网址2：https://www.sciencedirect.com/journal/international-soil-and-water-conservation-research

2. International Journal of Sediment Research

   主办：国际泥沙研究培训中心

   网址1：http://www.irtces.org/nszx/cbw/gjnsyj/A550403index_1.htm

   网址2：https://www.sciencedirect.com/journal/international-journal-of-sediment-research

3. 岩土工程学报

   主办：中国水利学会、中国土木工程学会、中国力学学会等

   承办：南京水利科学研究院

   网址：http://manu31.magtech.com.cn/Jwk_ytgcxb/CN/column/column11.shtml

4. Water Science and Engineering

   主办：河海大学

   网址1：http://wse.hhu.edu.cn

   网址2：https://www.sciencedirect.com/journal/water-science-and-engineering

5. China Ocean Engineering

主办：中国海洋学会

网址：http://www.chinaoceanengin.cn

6. 水利学报

主办：中国水利学会、中国水利水电科学研究院、中国大坝工程学会

网址：http://jhe.ches.org.cn

7. 水科学进展

主办：南京水利科学研究院、中国水利学会

网址：http://skxjz.nhri.cn

8. 水力发电学报

主办：中国水力发电工程学会

网址：http://www.slfdxb.cn

9. 电网与清洁能源

主办：西北电网有限公司、西安理工大学水电土木建筑研究设计院

网址：http://www.apshe.cn

10. 水利水电科技进展

主办：河海大学

网址：http://jour.hhu.edu.cn

11. 南水北调与水利科技（中英文）

主办：河北省水利科学研究院

网址：http://www.nsbdqk.net

12. 水资源与水工程学报

主办：西北农林科技大学

网址：http://szyysgcxb.alljournals.ac.cn

13. 水文

主办：水利部信息中心

网址：http://sw.allmaga.net

14. 水利规划与设计

主办：水利部水利水电规划设计总院

网址：https://slgh.cbpt.cnki.net

15. 水利水电技术

主办：水利部发展研究中心

网址：http://218.249.40.235/slsdjs/CN/volumn/home.shtml

16. 水利水运工程学报

主办：南京水利科学研究院

网址：http://slsy.nhri.cn/

17. 人民长江

主办：长江水利委员会

网址：http://www.rmcjzz.com

18. 泥沙研究

主办：中国水利学会

网址：http://nsyj.cbpt.cnki.net

19. 水利与建筑工程学报

主办：西北农林科技大学

网址：http://slyjzgcxb.paperonce.org

20. 水电能源科学

主办：中国水力发电工程学会、华中科技大学

网址：https://sdny.cbpt.cnki.net

21. 中国农村水利水电

主办：武汉大学、中国灌溉排水发展中心

网址：http://www.irrigate.com.cn

22. 人民珠江

主办：珠江水利委员会

网址：http://www.renminzhujiang.cn

23. 人民黄河

主办：黄河水利委员会

网址：http://www.rmhh.com.cn

24. 中国防汛抗旱

主办：中国水利学会

网址：http://www.cfdm.cn

25. 水利信息化

主办：水利部南京水利水文自动化研究所

网址：http://slxxh.ijournal.cn

26. 中国水利

主办：中国水利报社

网址：https://slzg.chinajournal.net.cn

27. 水利技术监督

主办：水利部水利水电规划设计总院

网址：https://sljd.cbpt.cnki.net

28. 水动力学研究与进展 A 辑

主办：中国船舶科学研究中心

网址：http://www.sdlxyjyjz.cn

29. Journal of Hydrodynamics B 辑

主办：中国船舶科学研究中心

网址：http://www.jhydrodynamics.com/en

30. 海洋工程

主办：中国海洋学会、南京水利科学研究院

网址：http://www.theoceaneng.cn

31. 水道港口

主办：交通运输部天津水运工程科学研究院

网址：https://sdgk.chinajournal.net.cn

32．水力发电

主办：水电水利规划设计总院有限公司

网址：http://www.slfdzz.com

33．水利发展研究

主办：水利部发展研究中心

网址：http://218.249.40.235:8081/jwk_slfzyj/CN/volumn/home.shtml

34．大电机技术

主办：哈尔滨大电机研究所

网址：https://djdj.chinajournal.net.cn

35．西北水电

主办：中国电建西北勘测设计研究院有限公司、西安理工大学

网址：http://sbxx.cbpt.cnki.net

36．水电与抽水蓄能

主办：英大传媒投资集团南京有限公司、国网新源控股有限公司

网址：https://dbgc.cbpt.cnki.net

37．水科学与工程技术

主办：河北省水利学会、河北省水利水电勘测设计研究院

网址：https://hbsd.cbpt.cnki.net

38．水电与新能源

主办：中国三峡出版传媒有限公司、湖北省水力发电工程学会

网址：http://sdxny.whu.edu.cn

39．水利科技与经济

主办：哈尔滨市水务科学研究院、哈尔滨市水利规划设计研究院、哈尔滨市水利学会

邮箱：shuilikeji@163.com

40．水利水电快报

主办：长江水利委员会

网址：http://qk.slsdkb.com

41．海河水利

主办：海河水利委员会

网址：https://hhsl.cbpt.cnki.net

42．水电站设计

主办：中国电建集团成都勘测设计研究院

邮箱：p2016238@chidi.com.cn

43．东北水利水电

主办：松辽水利委员会

网址：http://dbslsd.paperopen.com

44．水利建设与管理

主办：中国水利工程协会

网址：http://www.sljsygl.com

45．水利科学与寒区工程

主办：黑龙江省水利科学研究院

网址：https://www.hljsky.org.cn/Journal.html

46．大坝与安全

主办：国家能源局大坝安全监察中心、中国水力发电工程学会

网址：http://magtech.dam.com.cn

47．小水电

主办：水利部农村电气化研究所、中国水力发电工程学会

网址：http://www.hrcshp.org/shp/cn/index.shtml

48．水电站机电技术

主办：中国水利水电科学研究院、中国水力发电工程学会、全国水利水电机电技术信息网

网址：https://www.zgsdjd.com

49. 中国水能及电气化

主办：中国水利工程协会、中国水利教育协会、中国大坝工程学会等

网址：http://zgsn.cweun.org

50. 水利水电工程设计

主办：中水北方勘测设计研究有限公司、天津市水力发电工程学会

邮箱：slsdgcsj@163.com

51. 治淮

主办：淮河水利委员会

邮箱：zhihuaibjb@hrc.gov.cn

52. 长江技术经济

主办：长江技术经济学会、长江委宣传出版中心

邮箱：cjjsjj@126.com

53. 土木与环境工程学报(中英文)

主办：重庆大学

网址：http://qks.cqu.edu.cn/cqdxxbcn/home

54. 水运工程

主办：中交水运规划设计院有限公司

网址：http://www.sygc.com.cn

55. 长江流域资源与环境

主办：中国科学院武汉文献情报中心

网址：http://yangtzebasin.whlib.ac.cn

56. 水资源保护

主办：河海大学、中国水利学会环境水利专业委员会

网址：http://jour.hhu.edu.cn/szybh

57. 生态环境学报

主办：广东省土壤学会、广东省科学院生态环境与土壤研究所

网址：http://www.jeesci.com

58．湖泊科学

主办：中国科学院南京地理与湖泊研究所、中国海洋湖沼学会

网址：http://www.jlakes.org

59．水生态学杂志

主办：水利部中国科学院水工程生态研究所

网址：http://sstxzz.ihe.ac.cn

60．湿地科学

主办：中国科学院东北地理与农业生态研究所

网址：http://wetlands.neigae.ac.cn

61．暴雨灾害

主办：中国气象局武汉暴雨研究所

网址：http://www.byzh.org.cn

62．灾害学

主办：陕西省地震局

网址：http://www.zaihaixue.com

63．冰川冻土

主办：中国科学院寒区旱区环境与工程研究所、中国地理学会

网址：http://www.bcdt.ac.cn

64．水土保持学报

主办：中国科学院水利部水土保持研究所、中国土壤学会

网址：http://stbcxb.alljournal.com.cn

65．水土保持研究

主办：中国科学院水利部水土保持研究所

网址：http://stbcyj.paperonce.org

66．干旱区研究

主办：中国科学院新疆生态与地理研究所、中国土壤学会

网址：http://azr.xjegi.com

67．中国水土保持科学

主办：中国水土保持学会

网址：http://www.sswcc.com.cn

68．水土保持通报

主办：中国科学院水利部水土保持研究所、水利部水土保持监测中心

网址：http://stbctb.alljournal.com.cn

69．水土保持应用技术

主办：辽宁省水土保持研究所

网址：https://stbk.cbpt.cnki.net

70．中国水土保持

主办：黄河水利委员会

网址：http://www.swcczz.cn

71．中国给水排水

主办：中国市政工程华北设计研究总院、国家城市给水排水工程技术研究中心

网址：http://www.cnww1985.com

72．灌溉排水学报

主办：中国水利学会、水利部中国农业科学院农田灌溉研究所

网址：http://www.ggpsxb.com

73．节水灌溉

主办：武汉大学、中国灌溉排水发展中心

网址：https://jsgu.cbpt.cnki.net

74．水资源开发与管理

主办：中国水利工程协会

网址：http://www.sljsygl.com/Home/Zzjj

75．净水技术

主办：上海市净水技术学会、上海城市水资源开发利用国家工程中心

网址：https://zsjs.cbpt.cnki.net

76. 水利经济

主办：河海大学、中国水利经济研究会

网址：http://jour.hhu.edu.cn/sljj/ch/index.aspx

77. 水文化（大江文艺）

主办：水利部精神文明建设指导委员会办公室、中国水利文学艺术协会等

电话：027-82927527

78. 中国三峡

主办：长江三峡集团传媒有限公司

邮箱：zgsxzz@ctgpc.com.cn

79. 黄河 黄土 黄种人

主办：黄河水利委员会

电话：0371-66023314

80. 水利工程移民（内部资料）

主办：水利部水库移民司

邮箱：sgcym@mwr.gov.cn

81. 中国水利教育与人才（内部资料）

主办：中国水利教育协会

邮箱：2541789158@qq.com

82. 河海大学学报(自然科学版)

主办：河海大学

网址：http://jour.hhu.edu.cn/hhdxxbzr/ch/index.aspx

83. 河海大学学报(哲学社会科学版)

主办：河海大学

网址：http://jour.hhu.edu.cn/hhdxxbsk/ch/index.aspx

84. 华北水利水电大学学报（自然科学版）

主办：华北水利水电大学

网址：https://hbsl.cbpt.cnki.net

85. 华北水利水电大学学报（社会科学版）

主办：华北水利水电大学

网址：https://slsb.cbpt.cnki.net

86. 武汉大学学报(工学版)

主办：武汉大学

网址：http://xbgx.whu.edu.cn

87. 长江科学院院报

主办：长江科学院

网址：http://ckyyb.crsri.cn

88. 中国水利水电科学研究院学报（中英文）

主办：中国水利水电科学研究院

网址：http://journal.iwhr.com

89. 三峡大学学报(自然科学版)

主办：三峡大学

网址：https://whyc.cbpt.cnki.net

90. 三峡大学学报(人文社会科学版)

主办：三峡大学

网址：https://hbsb.cbpt.cnki.net

91. 南昌工程学院学报

主办：南昌工程学院

网址：https://paper.nit.edu.cn

92. 浙江水利水电学院学报

主办：浙江水利水电学院

网址：http://zjsdxb.zjweu.edu.cn:8081

93. 黑龙江大学工程学报

主办：黑龙江大学

网址：https://hljz.cbpt.cnki.net

94．河北水利电力学院学报

主办：河北水利电力学院

网址：https://jgzx.chinajournal.net.cn

95．广东水利电力职业技术学院学报

主办：广东水利电力职业技术学院

网址：https://xb.gdsdxy.edu.cn

96．黄河水利职业技术学院学报

主办：黄河水利职业技术学院

网址：https://hhsz.cbpt.cnki.net

97．广东水利水电

主办：广东省水利水电科学研究院

邮箱：gdslsd@qq.com

98．北京水务

主办：北京水利学会、北京市水科学技术研究院、北京市水利规划设计研究院

网址：http://bjsw.magtechjournal.com

99．江苏水利

主办：江苏省水利学会

网址：http://jssl.paperopen.com

100．江西水利科技

主办：江西省水利科学院、江西省水利学会

网址：http://jxslkj.jxsks.com

101．浙江水利科技

主办：浙江省水利河口研究院、浙江省水利学会

网址：http://zjslkj.paperonce.org

102．吉林水利

主办：吉林水利电力职业学院

邮箱：jilinshuili@163.com

103. 甘肃水利水电技术

主办：甘肃省水利水电勘测设计研究院

邮箱：gsslsd@163.com

104. 广西水利水电

主办：广西水利电力勘测设计研究院有限责任公司

网址：https://gxsl.cbpt.cnki.net

105. 陕西水利

主办：陕西省水利电力勘测设计研究院

邮箱：sxwmr2008@126.com

106. 山西水利科技

主办：山西省水利学会

邮箱：sxslkj@163.com

107. 黑龙江水利科技

主办：黑龙江省水利水电勘测设计研究院、黑龙江省水利学会

邮箱：487704511@qq.com

108. 河南水利与南水北调

主办：河南省水利厅

网址：http://hnsl.hwec.edu.cn

109. 四川水力发电

主办：四川省水力发电工程学会、中国电建集团成都勘测设计研究院

邮箱：scsd50@163.com

110. 红水河

主办：广西水力发电工程学会、广西电力工业勘察设计研究院

网址：http://www.hshz.cbpt.cnki.net

111. 云南水力发电

主办：云南省水力发电工程学会

邮箱：ynwps85@163.com

112．福建水力发电

主办：福建省水力发电工程学会、福建省水利水电勘测设计研究院

邮箱：fjslfd@163.com

113．江淮水利科技

主办：安徽省水利学会、安徽省水利志编辑室

邮箱：jhslkj@126.com

114．水利科技

主办：福建省水利水电科学研究院、福建省水利学会

网址：https://slki.cbpt.cnki.net

115．湖南水利水电

主办：湖南省水利水电勘测设计研究院、湖南省水利学会

邮箱：hnslsd@163.com

116．内蒙古水利

主办：内蒙古自治区水利科学研究院、内蒙古自治区水利学会

邮箱：nmgsl124@sina.com

117．四川水利

主办：四川省水利学会、四川省水电厅科技信息中心站

邮箱：sichuanshuili727@sina.com

118．山西水利

主办：山西水利出版传媒中心

邮箱：1136313868@qq.com

119．山东水利

主办：山东省水利科学研究院

邮箱：SDSL1999@163.com

120．河北水利

主办：河北省水利信息中心、河北省水利水电第二勘测设计研究院

邮箱：hbslzazhi@126.com

121．中国三峡建设年鉴

主办：长江三峡集团传媒有限公司

邮箱：hkbj@hrc.gov.cn

122．治淮汇刊（年鉴）

主办：淮河水利委员会

邮箱：hkbj@hrc.gov.cn

123．黄河年鉴

主办：黄河水利委员会

邮箱：hhnianjian@163.com

124．长江年鉴

主办：长江水利委员会、中国长江三峡集团有限公司、交通运输部长江航务管理局

邮箱：cjnjs@163.vip.com

125．中国水利年鉴

主办：中国水利水电出版社

邮箱：slnj@mwr.gov.cn

读书心得